普通高等教育"十二五"部委级规划教材(高职高专)

机械分析与应用

梁海峰　主　编

中国纺织出版社

内 容 提 要

本教材以机械分析与应用为主线,同时兼顾学生的认知规律及职业成长规律来设计教学情境。以家用缝纫机、FA320A型并条机等完整设备为中心,以机械分析与应用为主线组织教学内容,构建了教材中前三个项目;以开口凸轮箱为载体组织机械拆装测绘与机械零件结构设计的知识内容,以及以机械结构改进及机械创新设计为载体组织机械创新设计相关知识内容,形成教材的第4、第5两个项目。

该教材既可供高职高专新型纺织机电技术专业使用,也可供相关机电类、机械类及近机类专业教学使用,还可以供有关工程技术人员参考。

图书在版编目(CIP)数据

机械分析与应用/梁海峰主编 . —北京:中国纺织出版社,2014.1
普通高等教育"十二五"部委级规划教材 . 高职高专
ISBN 978 - 7 - 5180 - 0144 - 6

Ⅰ.①机⋯ Ⅱ.①梁⋯ Ⅲ.①机械-结构分析-高等职业教育-教材 Ⅳ.①TH112

中国版本图书馆 CIP 数据核字(2013)第 263572 号

策划编辑:孔会云 特约编辑:王文仙 责任校对:余静雯
责任设计:何 建 责任印制:何 艳

中国纺织出版社出版发行
地址:北京市朝阳区百子湾东里 A407 号楼 邮政编码:100124
销售电话:010—87155894 传真:010—87155801
http://www.c-textilep.com
E-mail:faxing@c-textilep.com
官方微博 http://weibo.com/2119887771
北京通天印刷有限责任公司印刷 各地新华书店经销
2014 年 1 月第 1 版第 1 次印刷
开本:787×1092 1/16 印张:17.5
字数:315 千字 定价:49.00 元

出版者的话

《国家中长期教育改革和发展规划纲要》(简称《纲要》)中提出"要大力发展职业教育"。职业教育要"把提高质量作为重点。以服务为宗旨,以就业为导向,推进教育教学改革。实行工学结合、校企合作、顶岗实习的人才培养模式"。为全面贯彻落实《纲要》,中国纺织服装教育学会协同中国纺织出版社,认真组织制订"十二五"部委级教材规划,组织专家对各院校上报的"十二五"规划教材选题进行认真评选,力求使教材出版与教学改革和课程建设发展相适应,并对项目式教学模式的配套教材进行了探索,充分体现职业技能培养的特点。在教材的编写上重视实践和实训环节内容,使教材内容具有以下三个特点:

(1)围绕一个核心——育人目标。根据教育规律和课程设置特点,从培养学生学习兴趣和提高职业技能入手,教材内容围绕生产实际和教学需要展开,形式上力求突出重点,强调实践。附有课程设置指导,并于章首介绍本章知识点、重点、难点及专业技能,章后附形式多样的思考题等,提高教材的可读性,增加学生学习兴趣和自学能力。

(2)突出一个环节——实践环节。教材出版突出高职教育和应用性学科的特点,注重理论与生产实践的结合,有针对性地设置教材内容,增加实践、实验内容,并通过多媒体等形式,直观反映生产实践的最新成果。

(3)实现一个立体——开发立体化教材体系。充分利用现代教育技术手段,构建数字教育资源平台,开发教学课件、音像制品、素材库、试题库等多种立体化的配套教材,以直观的形式和丰富的表达充分展现教学内容。

教材出版是教育发展中的重要组成部分,为出版高质量的教材,出版社严格甄选作者,组织专家评审,并对出版全过程进行跟踪,及时了解教材编写进度、编写质量,力求做到作者权威、编辑专业、审读严格、精品出版。我们愿与院校一起,共同探讨、完善教材出版,不断推出精品教材,以适应我国职业教育的发展要求。

中国纺织出版社

教材出版中心

前言

　　本教材是南通纺织职业技术学院高职示范校建设中课程改革建设的成果,依据高等职业教育培养高技术应用型人才的目标要求,以就业为导向,以工学结合为切入点,整合理论知识和实践知识、显性知识和隐性知识,实现课程内容综合化,依据学生的认知规律和职业成长规律,以工作过程为导向,综合理论知识、操作技能和职业素养为一体的"教学做一体化"的设计思路来组织教学内容。

　　教材以机械分析与应用为主线,设计教学情境,打破传统的以机构为中心的教材组织体系,整合机械原理、机械设计、工程力学等传统学科的相关内容,同时补充了拆装、测绘、机械传动系统图的识读与绘制以及机械创新设计等相关知识。

　　教材按照项目化教学要求编写,教材体系和教材内容较传统学科性教材有重大突破,选择机械设备作为项目载体,按照项目式教学要求,通过明确任务、获取知识、任务实施三个环节来组织教学内容,使学生在任务引导下去学习理论知识,在项目驱动下去巩固应用知识,培养学生的实践能力。

　　本书立足于实际能力的培养,对内容的选择作了重要改革,突出了以工作任务为中心和对学生职业能力的训练,理论知识的选取紧紧围绕工作项目完成的需要。从选材到内容结构的安排力求既简明、实用,又兼顾知识的系统性。

　　本教材由南通纺织职业技术学院梁海峰担任主编,负责全书的总纂和统稿。参加编写的有:张海霞(项目 1 的 1.1、1.2)、保慧(项目 2 的 2.1、2.2)、符爱红(项目 4)、梁海峰(绪论、项目 1 的 1.3、项目 2 的 2.3、项目 3、项目 5 及附录)。

　　本书在编写过程中,孙凤鸣、穆征、李智明、丁锦宏以及南通二纺机有限公司许其国、南通金祥纺织机械有限公司曹金祥、南通纺织染有限公司严建,对教材的框架体系及内容安排提出了许多宝贵意见,并提供了大量的实际材料和帮助,同时编写过程中编者也参阅了相关参考文献,在此表示衷心的感谢。

　　因编者水平有限,书中错漏在所难免,恳请读者批评指正。

编者

2013 年 2 月

目录

绪论

0.1　机械的组成

本课程研究的对象是机械,它是机器与机构的总称。

0.1.1　机器与机构

在现代的日常生活和工程实践中随处都可见到各种各样的机器,例如洗衣机、缝纫机、内燃机、拖拉机、金属切削机床、起重机、包装机、复印机等。

总结这些机器,可以给出机器的定义。机器是一种人为实物组合的具有确定机械运动的装置,它用来完成一定的工作过程,以代替或减轻人类的劳动。

1. 机器的分类

按照工作类型的不同,机器可以分为以下几类。

(1)动力机器。动力机械的任务是实现能量转换,这些机械有内燃机、电动机、蒸汽机、发电机、压气机等。

(2)工作机器。工作机器能完成有用的机械功或搬运物品,如机床、织布机、汽车、飞机、起重机、输送机等。

(3)信息机器。信息机器能完成信息的传递和变换,如复印机、打印机、绘图机、传真机、照相机等。

机器的种类繁多,它们的构造、用途和功能各不相同,但具有相同的基本特征。

2. 机器的共有特征

从这些机器中抽象出一般概念,即机器的特征。

(1)人为的实物(机件)组合体,而不是自然之物。

(2)各个运动实物之间具有确定的相对运动。

(3)可以代替或减轻人类劳动,完成有用功或实现能量的转换。

只具备(1)和(2)两个特征的实物组合体称为机构。所以人们把只能实现机械运动和力的传递与变换的装置成为机构。

如图 0-1 所示,内燃机由气缸 1、活塞 2、连杆 3、曲轴 4、小齿轮 5 与大齿轮 6、凸轮 7 与顶杆 8 等机构组成。当内燃机

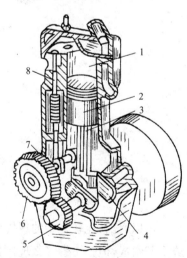

图 0-1　内燃机结构图

1—气缸　2—活塞　3—连杆　4—曲
轴　5—小齿轮　6—大齿轮
7—凸轮　8—顶杆

工作时,燃气推动活塞做往复移动,经连杆变为曲轴的连续转动。凸轮与顶杆用来控制进气和排气。曲轴经过齿数比为1∶2的齿轮5与6,带动凸轮轴转动,使得曲轴每转两周,进、排气门各启闭一次。

这样的协调运动的配合,就把燃气热能转变为曲轴连续旋转的机械能。

3. 机器与机构的区别

机器能实现能量的转换或代替人的劳动去作有用的机械功,机构则没有这种功能。

仅从结构和运动的观点看,机器与机构并无区别,它们都是构件的组合,各构件之间具有确定的相对运动。因此,通常把机器与机构统称为机械。

机器的种类很多,但基本机构的种类不多,最常用的有连杆机构、凸轮机构、齿轮传动机构等。由基本机构又可以组合成各种类型的组合机构。

0.1.2 机器的组成

在图0-2所示的自动组装机中,各个工位根据设定的程序与动作,通过气动元件和机械运动完成其相应的组装功能。载物工作台与各个工位相配合完成严格的协调动作,只有在各工位全部完成装配动作后,由控制机构发出指令,工作台将转动一个工位后停止,再进行下一个动作的循环。

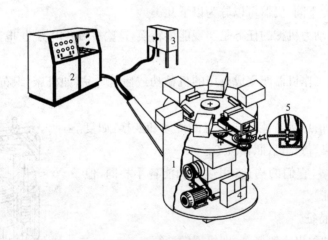

图0-2 自动组装机

1—载物工作台 2—PLC控制箱 3—电源
4—气动控制箱 5—信号采集发生器

可以看出,比较复杂的现代化机器中,包含着机械、电气、气(液)动、控制监测等系统的部分或全部组成,但是不管多么现代化的机械,在工作过程中都要执行机械运动,进行机械运动的传递和变换。

1. 从功能分析机器的组成

就功能来说,如图0-3所示,一般机器主要由动力部分、工作部分、传动部分及控制部分四个基本部分组成。

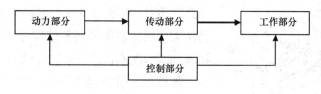

图 0-3 机器的组成

动力部分是整机的驱动部分,如组装机中的电动机、压力气源。

工作部分是完成机器预定功能的组成部分,如组装机中的夹具、工装。

传动部分完成运动形式、运动及动力参数的转变,如带传动、链传动、减速器、间歇机构等。

控制部分及其他辅助系统是对机器自动化控制与管理必不可少的重要组成部分,如信号采集发生器、编程控制器。它控制机器的启动、停止和正常协调动作。

2. 按结构分析机器的组成

一部完整的机器都是由一个或一些机构组成,能够实现机械运动,做有用的机械功或实现能量、物料、信息的传递与变换的装置,如图 0-4 所示。

图 0-4 按机构分析机器的组成

人们把机器运动的基本单元称为构件,构件可以是单一的零件,如曲轴(图 0-1),也可以是由一些零件通过联接组成的刚性体,如内燃机连杆(图 0-5)。

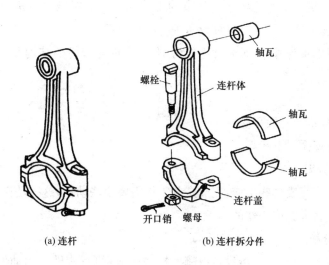

(a)连杆   (b)连杆拆分件

图 0-5 内燃机连杆

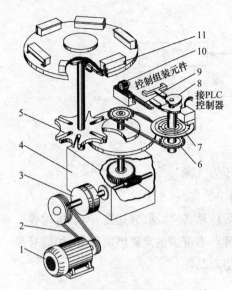

图 0-6　自动组装机的传动系统

1—电动机　2—皮带　3—电磁离合器
4—变速箱　5—槽轮机构　6—链轮
7—信号采集器　8—凸轮机构
9—齿条　10—齿轮　11—夹具

零件是制造机器的基本单元,在各种机器中都可以用到的零件,叫通用零件,如螺栓、键、带轮、齿轮等;在特定类型的机器使用的零件叫专用零件,如内燃机中的活塞、曲轴,洗衣机中的波轮,风扇中的叶轮等。

部件是一组协同工作的零件所组成的独立制造或独立装配的组合体,如减速器等。

这些零件、部件从机器的全局出发,相互关联、互相影响并与动力源相连组成一部完整的机器。图0-6所示为自动组装机的传动系统,其由多个机构与动力源电动机相连,在控制系统的协调下完成自动组装。

通过皮带 2 和变速箱 4 可以改变电动机 1 的转速;电磁离合器 3 则可以控制自动离合;槽轮机构 5 把连续的转动运动改变为工作台的间歇运动;链轮 6 与主轴同步转动;PLC 信号采集器 7 使信息的采集、反馈与机械的转动同步;各工位可以根据需要设计结构,其中一个位置的工作装置是通过凸轮机构 8、齿轮 10 与齿条 9 组成,完成一个工位的组装动作;夹具 11 与工装位置相对应,根据需要可以夹持或固定零件。

0.2　机械分析的一般程序和基本方法

在实际工作中,机电类专业毕业生从事的工作主要是对机械设备进行操作、维护保养、维修、改进设计等内容。这就需要对机械设备进行种种分析。

本课程以机械设备为载体,研究常用机构、通用零件与部件的结构及运动受力的分析方法及应用。

0.2.1　机械分析的一般程序

机械分析一般遵循以下步骤。

1. 机械动作分析

分析机械代替人完成哪些工作,完成这些工作需要哪些动作,这些动作是什么样的,动作之间是如何协调而代替人完成工作的。

2. 机械组成分析

为了实现要求的动作,该机械设备由哪些机构组成,执行构件的运动形式、发动机的类型、所用机构的类型、功能、性能特点等。

3. 机械运动分析

分析组成机械的各个机构、机器执行构件的运动特点、运动参数、几何参数及标准等。

4. 机械零件构件工作能力的分析

分析零件构件的功能、特点、结构、材料、标准,并作载荷分析、受力分析、失效分析、承载能力核算,了解提高工作能力的措施。

5. 机械常用零部件的精度分析

根据整机及其零部件的功能要求,分析其尺寸精度、配合精度、形状位置精度、表面粗糙度。

6. 机械维护与保养要点

根据机械组成机构的特点及功能能力的分析以及机器的功能要求,分析如何润滑、调节,以确保机械设备正常工作。

0.2.2 机械分析的基本方法

机械分析主要有以下几种基本方法。

1. 理论和实践紧密结合

将机械分析的理论与实际机构和机器的具体应用密切联系起来,并运用所学的原理进行观察和分析。

2. 抓住分析对象的共性

各种机构和机器具有许多共性问题,在机械分析中,不仅应分析它们的特性,也要抓住它们之间的共性,从而收到举一反三的效果,并培养创新意识。

3. 采用综合分析的方法

工程问题是涉及多方面因素的综合性问题,故要综合运用所学的基本理论和方法分析和解决有关实际问题,在这一过程中往往需要采用分析、对比、判断等多种方法,以全面分析和解决问题。

4. 从局部到整体

机械往往是由多个机构组成的,在机械分析过程中应根据机械设备的功能,分析每一个执行构件的动作,然后分析多个动作的协调,从而完成整个机械的分析。

0.3 课程的性质、任务和学习方法

0.3.1 性质和任务

1. 课程的性质

本课程是机电一体化技术、数控技术、模具设计及制造等专业的一门专业必修课,是为对机电设备维护人员所从事的设备日常保养、机械结构的拆装与精度调整、机械机构故障诊断、机械零部件的测绘与改造等典型工作任务所需的知识和能力进行分析而设置的专业学习领域。

本课程主要是要培养学生的机械分析能力、机械维护保养能力、机械机构的拆装测绘及零件的设计能力,培训学生自主学习、团队协作、沟通表达、文献检索、职业规范以及自觉遵守 5S 管理制度等综合素质和能力。

2. 课程的任务

通过本课程的学习,学生应具备以下能力。

(1)掌握与常用机构和通用零部件有关的基本知识和分析方法。

(2)掌握机械设备的分析方法及维护保养方法。

(3)掌握机械传动图、机械机构运动简图的识图及绘图方法。

(4)掌握机械零部件的拆装测绘方法及常用机械工具的使用方法。

(5)掌握机械零件的设计方法及强度校核计算方法,具有简单零件的设计能力。

(6)了解机械创新设计的方法及思路,具有初步的机械创新设计能力。

0.3.2　学习方法

为了更好地学习本课程,建议在学习过程中注意以下事项。

(1)着重基本概念的理解和基本分析方法的掌握,不强调系统的理论分析。

(2)着重理解公式建立的前提、意义和应用,不强调对理论公式的具体推导。

(3)在完成项目任务的时候,注意所学知识的应用以及知识的巩固,构建自己的知识体系。

(4)注意小组人员的分工协作,任务的完成需要小组所有成员一起努力,既要相互合作又要分工明确。

(5)多渠道查阅资料和手册,不局限于教材本身,而是注重信息的收集、整理和吸收,从而不断提升自己的自学能力。

项目1 机械机构分析

※ 学习任务

机械机构分析是对机械设备中的机械机构进行分析,主要包括以下三方面的内容。

1. 机械机构组成分析。

2. 机械机构运动分析。

3. 机械机构受力分析。

教学实施时,教师可以指定机械设备,让学生对其机械机构进行分析;也可以由学生自主选择机械设备并对其机械机构进行分析。本教材以家用缝纫机为载体。

※ 学习目标

完成本项目的学习之后,学生应具备以下能力。

1. 能够对纺织机械中连杆机构进行运动分析与受力分析。

2. 能够分析凸轮的结构,计算出从动件的运动规律。

3. 能够根据从动件的运动规律设计凸轮的轮廓曲线。

4. 能够绘制机械机构的运动简图。

5. 能够清楚地表达自己的想法并能与别人沟通交流。

6. 能够查阅资料完成任务。

任务 1.1 机械机构组成分析

★ 学习目标

1. 能够区分不同类型的平面连杆机构,并分析其结构组成。

2. 能够区分不同类型的凸轮机构,并分析其结构组成。

3. 能够分析不同类型机械机构的组成及各机构的功用。

4. 能够绘制不同类型平面连杆机构的运动简图。

★ 任务描述

任务名称:家用缝纫机机械机构组成分析

如图1-1所示,缝纫机是用一根或多根缝纫线,在缝料上形成一种或多种线迹,使一层或多层缝料交织或缝合起来的机器。家用缝纫机的工作循环由四个技术动作组成,即刺布(或称引线)、钩线、挑线、送布。刺布由一曲柄滑块机构驱动机针完成;钩线由一曲柄摇杆机构和导杆机构串联,推动摆梭实现;挑线机构是一摆动从动件圆柱凸轮机构;驱动送布机构则是一可调的凸轮连杆组合机构。

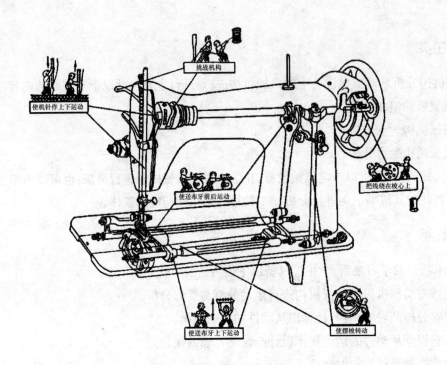

挑战机构

使机针作上下运动

使布牙前后运动

把线绕在梭心上

使送布牙上下运动

使摆梭转动

图1-1 缝纫机的机构示意图

请分析家用缝纫机主要有哪几部分组成,包含哪些机械机构? 每个机构实现什么动作? 由哪些零部件组成? 零件之间通过什么方式联结? 并绘制这些机构的运动简图。

★ 知识学习

1.1.1 平面连杆机构

连杆机构由若干构件用低副(转动副、移动副、球面副、螺旋副等)连接而成,故又称低副机构。根据机构中构件的相对运动情况,连杆机构可分为平面连杆机构、空间连杆机构和球面连杆机构。本章讨论平面连杆机构。根据平面连杆机构自由度的不同,又可将其分为单自由度、两自由度和三自由度平面连杆机构。根据机构中构件数的多少,平面连杆机构分为四杆机构、五杆机构、六杆机构等,一般将五杆及五杆以上的连杆机构称为多杆机构。

1. 铰接四杆机构

所有运动副为转动副的平面四杆机构为铰接四杆机构,如图1-2所示。它是平面连杆机构的最基本的形式,其他形式的平面四杆机构都可看作是在它的基础上演化而成的。在此机构中,构件4为机架,构件1和3为连架杆,构件2为连杆。能整周回转的连架杆称为曲柄,不能整周回转的连架杆称为摇杆或摆杆。若两构件在某一点以转动副相连接并能绕该点作整周相对转动,则称该转动副为回转副,否则,称为摆动副。

根据平面铰链四杆机构中两连架杆的运动特点,对其进行命名。例如,当一连架杆为曲柄,另一连架杆为摇杆时,称其为曲柄摇杆机构;当两连架杆均为曲柄时,称其为双曲柄机构。当两连架杆均为摇杆时,称其为双摇杆机构。

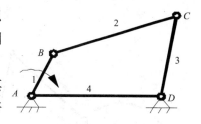

图 1-2 铰接四杆机构

1、3—连架杆 2—连杆 4—机架

2. 曲柄摇杆机构

纺织机械中很多地方都应用到曲柄摇杆机构,如图 1-3(a)所示,家用缝纫机的踏脚机构为曲柄摇杆机构。曲柄摇杆机构的两个连架杆中,一个为主动件,另一个为从动件。曲柄为主动件时,曲柄摇杆机构将主动件曲柄的转动变换为从动件摇杆的摆动或摇动。图 1-3(b)所示为织机的打纬机构,织机主轴转动,通过连杆变换为筘座的摆动。摇杆为主动件时,曲柄摇杆机构将主动件摇杆的摆动变换为从动件曲柄的转动。

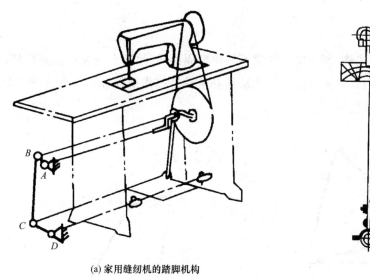
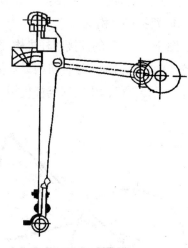

(a) 家用缝纫机的踏脚机构　　　　　　(b) 织机的打纬机构

图 1-3 机械中的曲柄摇杆机构

曲柄摇杆机构又可以分为正置曲柄摇杆机构、正偏置曲柄摇杆机构和负偏置曲柄摇杆机构。

如图 1-4 所示,曲柄 1 绕 A 点转动,曲柄转一转,摇杆绕 D 点往复摆动一个来回,摆角为 $\angle C_1DC_2$,C_1D 和 C_2D 是摇杆的两个极限位置,将摇杆的两极限位置上的点 C_1 和 C_2 连线,并将连线 C_1C_2 延长,该延长线通过曲柄的转动中心,这样的曲柄摇杆机构称为正置曲柄摇杆机构。

如图 1-5 所示,将摇杆的两极限位置上的点 C_1 和 C_2 连线,并将连线 C_1C_2 延长,该延长线没有通过曲柄的转动中心,C_1C_2 延长线距曲柄转动中心 A 的距离为 e,e 称为偏心距。TP500 型剑杆织机、喷气织机的打纬机构均采用了正偏置曲柄摇杆机构。

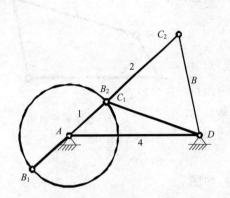

图 1-4　正置曲柄摇杆机构

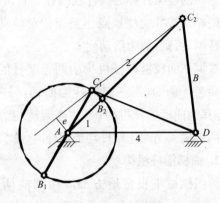

图 1-5　正偏置曲柄摇杆机构

如图 1-6 所示,将摇杆的两极限位置上的点 C_1 和 C_2 连线,并将连线 C_1C_2 延长,该延长线没有通过曲柄的转动中心,C_1C_2 延长线距曲柄转动中心 A 的距离为 e,e 称为偏心距。正偏置曲柄摇杆机构摇杆两极限位置连线的延长线通过机架 AD 外侧,负偏置曲柄摇杆机构摇杆的两极限位置连线通过机架连线。

3. 双摇杆机构

图 1-7 所示的铰接四杆机构,两个连架杆都不能作整周回转,故两个连架杆都是摇杆,这种铰接四杆机构称双摇杆机构。双摇杆机构的主动件和从动件都作摆动,图 1-8 为 SOMET 剑杆织机传剑机构中的双摇杆机构。

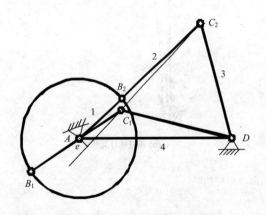

图 1-6　负偏置曲柄摇杆机构

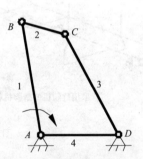

图 1-7　双摇杆机构

4. 双曲柄机构

图 1-9 所示的平面铰链四杆机构即为双曲柄机构,两连架杆 1 和 3 均能转整周,即两连架杆均为曲柄,这样的平面铰接四杆机构为双曲柄机构。一般情况下,主动曲柄与从动曲柄的传动比为变量,即主动曲柄匀速转动时,从动曲柄将作变速转动。双曲柄机构根据运动情况又可以分为正平行四边形双曲柄机构和反平行四边形双曲柄机构。

在图 1-10 所示的平面铰接四杆机构(正平行四边形机构)中,构件 1 和构件 3 的长度相等,构件 2 和构件 4 的长度相等,构件 1 和构件 3 的转向始终相同,这样的机构在运动过程中,四杆始终构成平行四边形,这样的平面铰接四杆机构称为正平行四边形机构。正平行四边形机构的两个连架杆不仅转向相同,它们的转速也恒相等,是连杆机构中能实现定传动比的一种机构。图 1-11 所示是机车车轮的传动机构,为一正平行四边形机构。为保证机构能按正确的方向运动,在机构中增加了另一连架杆(虚约束)5,这样可以使两个连架杆总能同向回转。

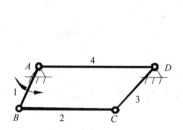

图 1-8 SOMET 剑杆织机传剑机构中的双摇杆机构

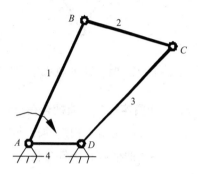

图 1-9 双曲柄机构

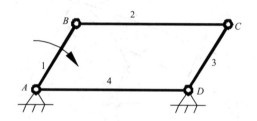

图 1-10 正平行四边形机构

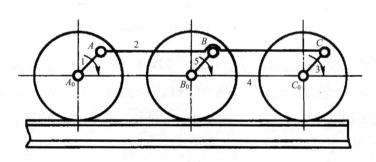

图 1-11 机车车轮的传动机构

在图 1-12 所示的平面铰接四杆机构(反平行四边形机构)中,构件 1 和构件 3 的长度相等,构件 2 和构件 4 的长度相等,构件 1 和构件 3 的转向始终相反,这样的平面铰接四杆机构称为反平行四边形机构。反平行四边形机构的两个连架杆的转向相反,而且它们的转速也恒相等,是连杆机构中能实现定传动比的另一种机构。图 1-13 所示的汽车车门开闭机构即使用的这种机构。

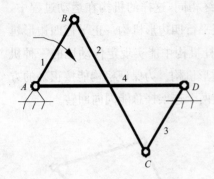

图 1-12　反平行四边形机构

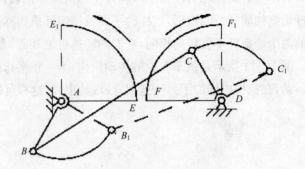

图 1-13　车门开闭机构

5. 平面四连杆机构曲柄存在条件

若连架杆中与机架相连的转动副为回转副，该构件即为曲柄。所以，分析转动副为回转副的条件又称为曲柄存在条件分析。

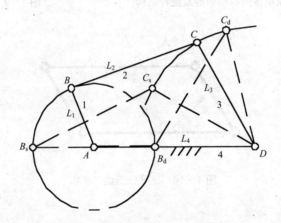

图 1-14　平面铰链四杆机构回转副条件分析

如图 1-14 所示，平面铰链四杆机构 $ABCD$，设构件 1、2、3 和 4 的长分别为 L_1、L_2、L_3 和 L_4。图中 $\overline{AB_d}$ 和 $\overline{AB_s}$ 为构件 1 运动至分别与机架线重合的两个位置。为了使构件 1 和 4 之间的转动副 A_0 能成为回转副，只要构件 1 能通过 $\overline{AB_d}$ 和 $\overline{AB_s}$ 这两个关键位置。

设 $L_1 < L_4$，由 $\triangle B_s C_s D$，有：

$$L_1 + L_4 \leqslant L_2 + L_3 \tag{1-1}$$

由 $\triangle B_d C_d D$，有：

$$L_2 \leqslant (L_4 - L_1) + L_3 \tag{1-2}$$

$$L_3 \leqslant (L_4 - L_1) + L_2 \tag{1-3}$$

整理后变为：

$$L_1 + L_2 \leqslant L_3 + L_4 \tag{1-4}$$

$$L_1 + L_3 \leqslant L_2 + L_4 \qquad (1-5)$$

$$L_1 + L_4 \leqslant L_2 + L_3 \qquad (1-6)$$

将上式两两相加后,得:

$$L_1 \leqslant L_2 \qquad (1-7)$$

$$L_1 \leqslant L_3 \qquad (1-8)$$

$$L_1 \leqslant L_4 \qquad (1-9)$$

同理,当 $L_1 > L_4$ 时,可得到转动副 A 能成为回转副的条件为:

$$L_4 + L_1 \leqslant L_2 + L_3 \qquad (1-10)$$

$$L_4 + L_2 \leqslant L_1 + L_3 \qquad (1-11)$$

$$L_4 + L_3 \leqslant L_1 + L_2 \qquad (1-12)$$

$$L_4 \leqslant L_1 \qquad (1-13)$$

$$L_4 \leqslant L_2 \qquad (1-14)$$

$$L_4 \leqslant L_3 \qquad (1-15)$$

由式(1-4)~式(1-9)可以看出,组成回转副 A 的两个构件 1 和 4 中,必有一个构件是四个杆长中的最短杆,且该最短杆与四个杆长的最长杆长度之和必小于等于其他两杆长度之和。

综合上述分析,平面铰链四杆机构中,一个构件上的两个转动副能成为回转副的必要条件是:该构件的杆长是四个杆长中的最短杆,且该最短杆与四个杆长的最长杆长度之和必小于或等于其他两杆长度之和。该条件也称之为平面铰链四杆机构曲柄存在条件或称格拉霍夫定理。

例 1-1 TP500 剑杆织机打纬机构,杆 1 与机架 4 的铰接点为 A ,杆 3 与机架 4 的铰接点为 D ,杆 1 与杆 2 的铰接点为 B ,杆 2 与杆 3 的铰接点为 C , AD 的水平距离为 498, AD 铅垂距离为 150,杆 1 长度为 75,杆 2 长度为 110,杆 3 长度为 520.2,判断此机构为何种机构?

解:

$$AD = \sqrt{498^2 + 150^2} = 520.1$$

$$520.2 + 75 \leqslant 520.1 + 110$$

答:以最短杆 1 的相邻杆 4 为机架,为曲柄摇杆机构。

6. 平面四杆机构的演变形式

在生产机械中有各种形式的平面四连杆机构,这些平面四连杆机构都由铰接四连杆机构演变而得,演变的方式主要有将转动副变为移动副、扩大转动副元素、以不同的杆件为机架三种。

(1)将转动副变为移动副。铰链四杆机构中的移动副可以认为是由转动副演变而来的。图 1-15(a)所示的曲柄摇杆机构中,1 为曲柄,3 为摇杆, C 点的轨迹为以 D 点为圆心、杆长 CD 为半径的圆弧 K_c 。今在机架 4 上制作一同样轨迹的圆弧槽 K_c ,并将摇杆 3 做成弧形滑块置于槽中滑动,如图 1-15(b)所示。这时,弧形滑块在圆弧形槽中的运动完全等同于转动副 D 的作用,圆弧槽 K_c 的圆心即相当于摇杆 3 的摆动中心 D ,其半径相当于摇杆 3 的长度 CD 。又若再

将圆弧槽 K_c 的半径增加到无穷大,其圆心 D 移至无穷远处,则圆弧槽变成了直槽,置于其中的滑块 3 作往复直线运动,从而转动副 D 演变为移动副,曲柄摇杆机构演变为含一个移动副的四杆机构,称为曲柄滑块机构,如图 1-15(c)所示。图中 e 为曲柄回转中心 A 到过 C 点的直槽中心线的距离,称为偏距。当 $e \neq 0$ 时,称为偏置曲柄滑块机构;当 $e = 0$ 时,称为对心曲柄滑块机构,如图 1-15(d)所示。

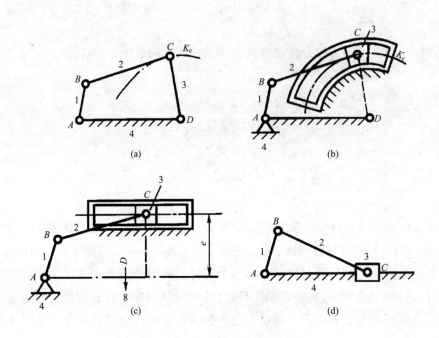

图 1-15 转动副演化为移动副图

(2)扩大转动副元素。在图 1-15(d)所示的曲柄滑块机构或其他含有曲柄的平面四杆机构中,如果曲柄长度很短,则在杆状曲柄两端设两个转动副将存在结构上的困难,而如果曲柄需要安装在直轴的两支撑之间,则将导致连杆与曲柄轴的运动干涉。为此,工程中常将曲柄设计成偏心距为曲柄长的偏心圆盘,此偏心圆盘称为偏心轮,如图 1-16 所示。曲柄为偏心轮结构的平面四杆机构,称为偏心轮机构。

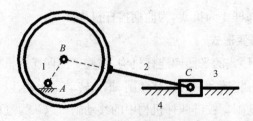

图 1-16 偏心轮机构

(3)以不同杆件为机架。当最短杆与四个杆长的最长杆长度之和小于或等于其他两杆长度之和的铰接四连杆机构,以不同的杆件为机架,分别可以得到曲柄摇杆机构、双曲柄机构、双摇杆机构,如图 1-17 所示。

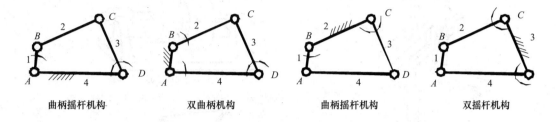

图 1-17 铰接四杆机构以不同杆件为机架得到的机构

将曲柄摇杆机构的一个转动副演变为移动副,如图 1-18 所示得到含一个移动副的机构。若以不同的杆件为机构架可得到曲柄滑块机构、转动导杆机构($L_1 < L_2$)、摆动导杆机构(($L_1 > L_2$)、曲柄摇块机构和移动导杆机构(又称定块机构)。

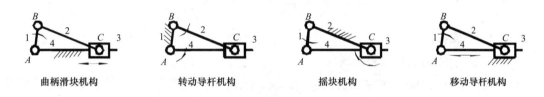

图 1-18 含一个移动副的平面四杆机构

7. 含有两个移动副的平面四连杆机构

图 1-19(a)所示为曲柄滑块机构,若再将另一个转动副变为移动副,则演变为含有两个移动副的平面四连杆机构。图 1-19(b)所示为将转动副 C 演变为移动副而得到含有两个移动副的机构,该机构有称为正弦机构的。在实际机械中应用较多,如图 1-20 所示的缝纫机的刺布机构、十字滑块联轴器、椭圆规。

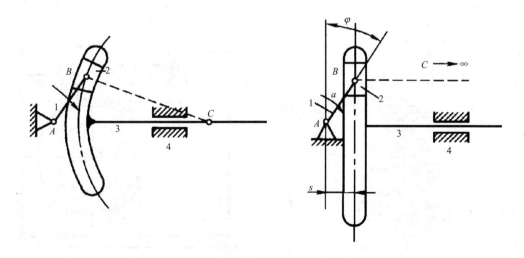

图 1-19 转动副 C 演变为移动副及所得的正弦机构

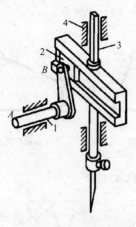

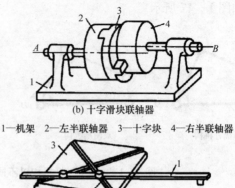

(b) 十字滑块联轴器

1—机架　2—左半联轴器　3—十字块　4—右半联轴器

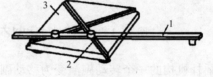

(a) 缝纫机的刺布机构
1—曲柄轴　2—滑块　3—针架　4—机架

(c) 椭圆规
1—连杆　2—十字槽　3—机架

图 1-20　正弦机构应用实例

1.1.2　凸轮机构

1. 凸轮机构的组成、应用和特点

凸轮机构是机械中的一种常用机构,主要由凸轮、从动件和机架组成。它可将凸轮的转动或移动变为从动件的移动或摆动。

凸轮机构能将主动件的连续等速运动变为从动件的往复变速运动或间歇运动。在自动机械、半自动机械中应用非常广泛。凸轮机构是机械中的一种常用机构。

图 1-21 所示为内燃机配气凸轮机构。凸轮 1 以等角速度回转时,它的轮廓驱动从动件 2 (阀杆)按预期的运动规律启闭阀门。

图 1-22 所示为绕线机中用于排线的凸轮机构。当绕线轴 3 快速转动时,绕轴线上的齿轮带动凸轮 1 缓慢地转动,通过凸轮轮廓与尖顶 A 之间的作用,驱使从动件 2 往复摇动,因而使线均匀地绕在绕线轴上。

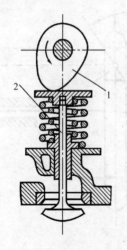

图 1-21　内燃机配气凸轮机构

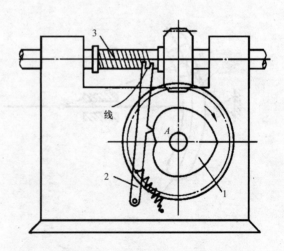

图 1-22　绕线机中排线凸轮机构

图 1-23 所示为驱动动力头在机架上移动的凸轮机构。圆柱凸轮 1 与动力头连接在一起，它们可以在机架 3 上作往复移动。滚子 2 的轴固定在机架 3 上，滚子 2 放在圆柱凸轮的凹槽中。凸轮转动时，由于滚子 2 的轴是固定在机架上的，故凸轮转动时带动动力头在机架 3 上作往复移动，以实现对工件的钻削。动力头的快速引进、等速进给、快速退回、静止等动作均取决于凸轮上凹槽的曲线形状。

图 1-24 所示为应用于冲床上的凸轮机构示意图。凸轮 1 固定在冲头上，当冲头上下往复运动时，凸轮驱使从动件 2 以一定的规律作水平往复运动，从而带动机械手装卸工件。

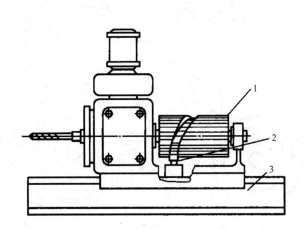

图 1-23　动力头用凸轮机构　　　　　　图 1-24　冲床上的凸轮机构

从以上所举的例子可以看出，凸轮机构主要由凸轮 1、从动件 2 和机架 3 三个基本构件组成。从动件与凸轮轮廓为高副接触传动，因此理论上讲可以使从动件获得所需要的任意的预期运动。

凸轮机构的优点为：只需设计适当的凸轮轮廓，便可使从动件得到所需的运动规律，并且结构简单、紧凑、设计方便。它的缺点是：凸轮轮廓与从动件之间为点接触或线接触，易于磨损，所以，通常多用于传力不大的控制机构。

2. 凸轮机构的分类

凸轮机构的种类繁多，可以按凸轮的形状、从动件的形状及运动、从动件与凸轮的锁合方式分类，见表 1-1。

表 1-1　凸轮机构的分类

	平板(盘形)凸轮	圆柱凸轮	圆锥凸轮
凸 轮	(a)	(b)	(c)

续表

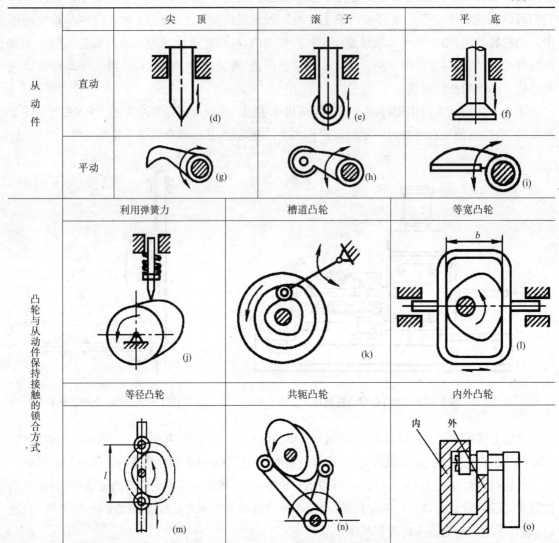

从动件	直动	尖 顶 (d)	滚 子 (e)	平 底 (f)
	平动	(g)	(h)	(i)

凸轮与从动件保持接触的锁合方式	利用弹簧力 (j)	槽道凸轮 (k)	等宽凸轮 (l)
	等径凸轮 (m)	共轭凸轮 (n)	内外凸轮 (o)

(1)按凸轮的形状分类,凸轮机构可以分为平板凸轮、圆柱凸轮、圆锥凸轮。

①平板(盘形)凸轮。其形状如表 1-1 中图(a)所示,这种凸轮是绕固定轴线转动并具有变化向径的盘形构件,这种凸轮是凸轮最基本的形式,在生产机械中应用最多,如喷水织机的夹纬器机构。

②圆柱凸轮。其形状如表 1-1 中图(b)所示,圆柱凸轮是在圆柱体上加工了槽而形成,这种凸轮机构其凸轮和从动件的运动平面不平行,是空间凸轮机构,这种凸轮机构在络筒机导纱机构上就被应用了。

③圆锥凸轮。其形状如表 1-1 中图(c)所示,圆锥凸轮是在圆锥体上加工了槽而形成,这种凸轮机构其凸轮和从动件的运动平面不平行,是空间凸轮机构。

(2)按从动件的形状分类,凸轮可以分为尖顶从动件凸轮、滚子从动件凸轮和平板从动件凸轮。

①尖顶从动件如表1-1中图(d)所示,它能与任何形状的凸轮保持接触,以实现从动件的运动规律,但尖顶易磨损,适用于作用力较小的低速凸轮机构。

②滚子从动件如表1-1中图(e)所示,在从动件上安装了个可以转动的滚子,减少了磨损,增大了承载能力,因此应用最广。

③平底从动件如表1-1中图(f)所示,从动件与凸轮轮廓表面接触的端面为平面,受力平稳,利于润滑,但不能与凹形凸轮轮廓接触,常用于高速重载凸轮机构。

(3)按从动件的运动形式分类,可以分为直动从动件和摆动从动件两类。

如表1-1所示,摆动从动件凸轮机构,从动件相对机架做往复摆动。直动从动件凸轮机构,从动件相对于机架往复移动,若从动件的导路通过凸轮转动中心,称为对心直动从动件,如图1-25(a)所示。若从动件导路中心偏离转动中心一定距离 e(e 为偏心距),称为偏置直动从动件,如图1-25(b)所示。

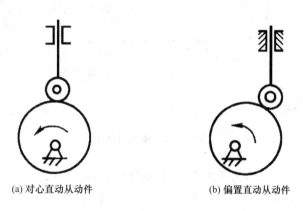

(a) 对心直动从动件　　　　　(b) 偏置直动从动件

图1-25 直动从动件

(4)按凸轮与从动件保持接触的锁合方式分类,可以分为力锁合和形锁合两类。

①力锁合凸轮机构。利用外力使从动件与凸轮保持接触,该外力可以是弹簧力、重力、压缩空气或蒸汽压力。

②形锁合凸轮机构。利用凸轮和从动件的特殊形状让从动件与凸轮始终保持接触。常见的有槽道凸轮、等径凸轮、等宽凸轮、共轭凸轮和内外凸轮。如片梭织机就应用了共轭凸轮打纬机构,自动小样机则应用了槽道凸轮机构作为打纬机构。

1.1.3 螺纹联接

螺纹联接是利用螺纹零件构成的可拆卸联接。这种联接结构简单,拆装方便,应用范围广泛。

1. 螺纹的类型和基本牙型

根据母体形状,螺纹分为圆柱螺纹和圆锥螺纹。

根据螺纹牙型不同,螺纹分为三角形螺纹、梯形螺纹、锯齿形螺纹、圆弧形螺纹和矩形螺纹,如图1-26所示。梯形螺纹多用于排污设备、水闸闸门等的传动螺旋及玻璃器皿的瓶口螺旋。

矩形螺纹因牙根强度低,精确制造困难,对中性差,已逐渐被淘汰。

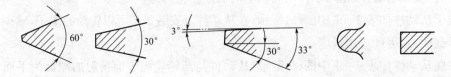

图 1 - 26 螺纹牙型

根据螺旋线的绕行方向,螺纹分为右旋螺纹和左旋螺纹,如图 1 - 27 所示。其中右旋螺纹应用较为广泛,左旋螺纹只用于有特殊要求的场合。

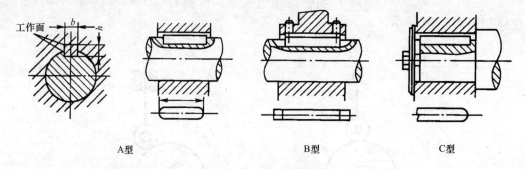

A型   B型   C型

图 1 - 27 螺纹的旋向

根据螺旋线的线数,螺纹分为单线螺纹、双线螺纹和多线螺纹。联接多用单线螺纹。根据螺纹所处位置,螺纹可分为内螺纹和外螺纹。根据用途不同,螺纹分为联接螺纹和传动螺纹。

2. 螺纹的主要参数

如图 1 - 28 所示,螺纹有以下主要参数。

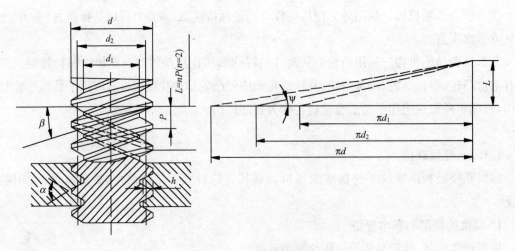

图 1 - 28 螺纹的旋向

(1)外径 d :与外螺纹牙顶相重合的假想圆柱面直径,亦称公称直径。

(2)内径 d_1：与外螺纹牙底相重合的假想圆柱面直径(危险剖面直径)。

(3)中径 d_2：在轴向剖面内,牙厚与牙间宽相等处的假想圆柱面的直径。

(4)螺距 P：相邻两牙在中径圆柱面的母线上对应两点间的轴向距离。

(5)导程 L：同一螺旋线上相邻两牙在中径圆柱面母线上对应两点间的轴向距离。

(6)线数 n：螺纹螺旋线数目,一般为便于制造, $n \leqslant 4$。

(7)螺旋升角 ψ：中径圆柱面上螺旋线的切线与垂直于螺旋线轴线的平面的夹角。

(8)牙型角 α：螺纹轴向平面内螺纹牙型两侧边的夹角。

(9)牙型斜角 β：螺纹牙的侧边与螺纹轴线垂直平面的夹角。

$$d_2 \approx 0.5(d + d_1)$$

螺距、导程、线数之间关系: $L = nP$

3. 螺纹联接的主要类型

如图 1-29 所示,常见的螺纹联接主要有螺栓联接、双头螺栓联接、螺钉联接、紧定螺钉联接。

(1)螺栓联接。螺栓联接又分为普通螺栓联接和铰制孔螺栓联接。

普通螺栓联接通常用于被联接件不太厚,螺杆带钉头,通孔不带螺纹,螺杆穿过通孔与螺母配合使用。装配后孔与杆间有间隙,并在工作中不许消失,其结构简单,装拆方便,可多个装拆,应用较广。

铰制孔螺栓联接,装配后无间隙,主要承受横向载荷,也可作定位用,采用基孔配合铰制孔螺栓联接。

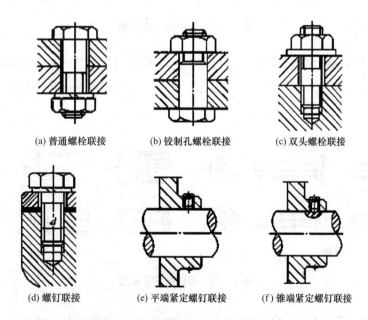

(a) 普通螺栓联接 (b) 铰制孔螺栓联接 (c) 双头螺栓联接

(d) 螺钉联接 (e) 平端紧定螺钉联接 (f) 锥端紧定螺钉联接

图 1-29 螺纹联结的主要类型

(2)双头螺栓联接。螺杆两端无钉头,但均有螺纹,装配时一端旋入被联接件,另一端配以螺母,适于常拆卸而被联接件之一较厚时,拆装时只需拆螺母,而不将双头螺栓从被联接件中拧出。

(3)螺钉联接。螺钉联接适于被联接件之一较厚(上带螺纹孔),不需经常装拆,一端有螺钉头,不需螺母,适于受载较小情况的特殊联接,如地脚螺栓联接、吊环螺钉联接。

(4)紧定螺钉联接。这种联接是利用拧入零件螺纹孔中的紧定螺钉的末端顶住另一零件的表面或顶入相应的凹坑中,以固定两零件的相对位置,可传递不大的轴向力或扭矩。

4. 螺纹联接件

常见的螺纹联接件主要有双头螺柱、螺栓、螺钉、螺母、垫圈等。

(1)双头螺柱。双头螺柱是螺杆两端均切有螺纹的联接件,一端与螺母配合,称为螺母端,另一端与被联接件的螺纹孔相配合,称为座端。

(2)螺栓。螺栓由杆部和头部组成,如图 1-30 所示。杆部制有全螺纹或半螺纹。头部形状很多,常用六角形。

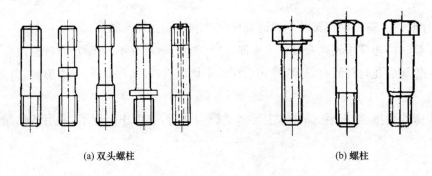

(a) 双头螺柱　　　　　　　　　　　　　(b) 螺柱

图 1-30　螺栓的主要类型

(3)螺钉。螺钉由杆部和头部组成。杆部制有全螺纹或半螺纹。螺钉头部形状很多,有圆头、扁圆头、六角头、圆柱头和沉头等。头部起子槽有一字槽头、十字槽头和内六角孔等形式,如图 1-31 所示。

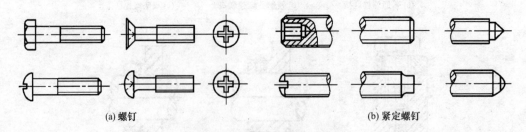

(a) 螺钉　　　　　　　　　　　　　　　(b) 紧定螺钉

图 1-31　螺钉的主要类型

(4)紧定螺钉。紧定螺钉的头部形状有方形、六角形、内六角形及开槽等形式。尾部形状有平端、圆柱端、尖端、锥端、凹端等形式。每一种头部形状均对应有不同的尾部形状。

(5)螺母。螺母是带有内螺纹的联接件。如图 1-32(a)所示,其形状有普通六角、陷入角、厚六角、小六角、圆形、蝶形、槽形、环形、方形等形式。

(6)垫圈。如图 1-32(b)所示,垫圈为中间有圆孔或方孔的薄板状零件。垫圈是螺纹联接中不可缺少的附件,常放置在螺母和被联接件之间,以增大支承面,在拧紧螺母时防止被联接件光洁的加工表面受损伤。当被联接件表面不够平整时,平垫圈也可以起垫平接触面的作用。当螺栓轴线与被联接件的接触表面不垂直时,即被联接表面为斜面时,需要用斜垫圈垫平接触面,防止螺栓承受附加弯矩。

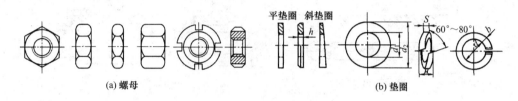

(a) 螺母   (b) 垫圈

图 1-32 螺母及垫圈

1.1.4 键联接

键主要用于轴和带毂零件(如齿轮、蜗轮等),实现周向固定以传递转矩的轴毂联接。平键和半圆键,构成松联接;斜键构成紧联接,主要有楔键和切向键,这里主要介绍常用的平键和半圆键联接。

1. 平键联接

如图 1-33 所示,键的两侧面是工作表面。工作时,靠键与键槽的互压传递转矩。平键联接结构简单,装拆方便,对中较好,应用广泛。按用途的不同平键可分为普通平键、导向平键和滑键等形式。

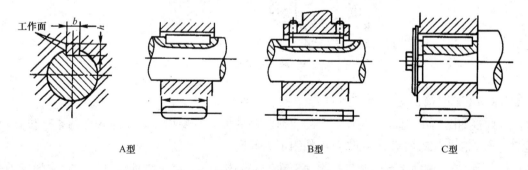

A型   B型   C型

图 1-33 平键联接

b—键宽 h—键高

(1)普通平键。普通平键用于静联接。如图 1-33 所示,按其端部形状的不同,其可分为圆头(A 型)、方头(B 型)、一端圆头一端方头(C 型)。采用 A 型和 C 型键时,轴上键槽一般用指形铣刀铣出。采用 B 型键时,键槽用盘形铣刀铣出。A 型键应用最广,C 型键一般用于轴端。

(2)导向平键、滑键。导向平键和滑键用于动联接。当轮毂需在轴上沿轴向移动时可采用这种键联接。如图1-34(a)所示,通常螺钉将导向平键固定在轴上的键槽中,轮毂可沿键移动。当被联接零件滑移的距离较大时,宜采用滑键。如图1-34(b)所示,滑键固定在轮毂上并随轮毂一同沿着轴上键槽移动。

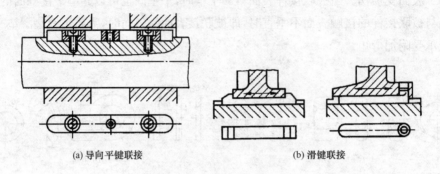

(a) 导向平键联接   (b) 滑键联接

图1-34　导向平键与滑键

采用平键时,标准件的剖面尺寸(键宽 b×键高 h)按轴径从标准中选定。

2. 半圆键联接

如图1-35所示,半圆键也是以两侧面为工作表面,与平键一样具有良好对中性。由于键在轴上的键槽中能绕槽底圆弧的曲率中心摆动,因此能自动适应轮毂键槽底面的倾斜。半圆键联接的优点是加工工艺性好,安装方便,缺点是轴上键槽较深。主要用于轻载场合的联接。

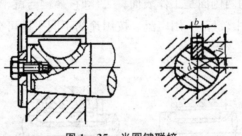

图1-35　半圆键联接

1.1.5　销联接

销联接如图所示,通常只传递不大的载荷。销的另一重要用途是固定零件的相互位置,它是组合加工和装配时的重要辅助零件,如图1-36所示。

(1)圆柱销。圆柱销利用微量过盈固定在铰光的销孔中,多次装拆将有损于联接的紧固和定位的精确。

(2)圆锥销。圆锥销有1:50的锥度,可自锁;靠锥挤作用固定在铰光的销孔中,可多次装拆。

(3)内螺纹圆锥销和螺尾圆锥销。内螺纹圆锥销和螺尾圆锥销可用于销孔没有开通或拆卸困难的场合;开尾圆锥销可保证销在冲击、振动或变载下不致松脱,如图1-37所示。

1.1.6　平面机构简图的绘制

机构由构件组成,各构件之间有确定的相对运动,但是构件任意组合不一定能运动,即使能

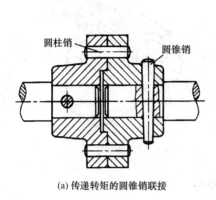

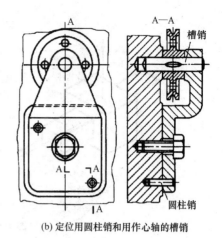

(a) 传递转矩的圆锥销联接   (b) 定位用圆柱销和用作心轴的槽销

图 1-36　销联接

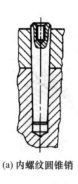

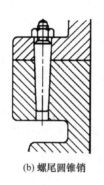

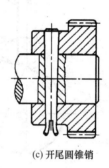

(a) 内螺纹圆锥销   (b) 螺尾圆锥销   (c) 开尾圆锥销

图 1-37　几种特殊结构的圆锥销

运动,也不一定具有确定的相对运动,那么构件应如何组合才能运动,在什么条件下才具有确定的相对运动呢?

所有构件的运动平面都相互平行的机构称为平面机构,否则称为空间机构,在实际生产生活中平面机构用得比较多,故这里只讨论平面机构。

1. 运动副

机构中两个构件之间直接接触并能产生相对运动,这样的可动连接称为运动副。两构件上直接参与接触而构成运动副的部分——点、线、面称为运动副元素。两构件之间的接触可以分为三种情况,即点接触、线接触、面接触。按照接触情况的不同,可以把运动副分为低副和高副。

(1)低副。两构件通过面接触构成的运动副称为低副。根据两构件间的相对运动形式,低副又分为移动副和转动副。两构件间的相对运动为直线运动的,称为移动副,如图1-38(a)所示;两构件间的相对运动为转动的,称为转动副或称为铰链副,如图1-38(b)所示。

(2)高副。两构件通过点或线接触构成的运动副称为高副。如图1-39(a)所示,凸轮1与尖顶推杆2构成高副,两齿轮轮齿啮合处也构成高副,如图1-39(b)所示。

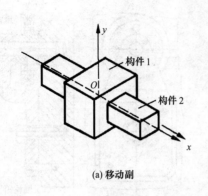

(a) 移动副

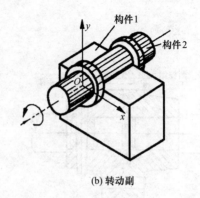

(b) 转动副

图 1 - 38　常见的低副

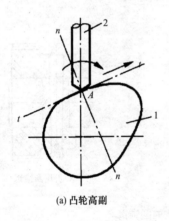

(a) 凸轮高副

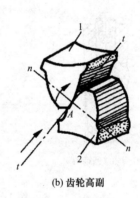

(b) 齿轮高副

图 1 - 39　常见的高副

2. 构件的形状及结构

连杆机构中的构件有杆状、块状、偏心轮、偏心轴和曲轴等形式。当构件上两转动副轴线间距较大时，一般做成杆状。图 1 - 40(a)、(b)为带两个转动副的双副杆结构，图 1 - 40(c)、(d)为带三个转动副的三副杆结构。杆状结构的构件应尽量做成直杆，如图 1 - 40(a)和(c)所示。有时为了避免构件之间的运动干涉，也可将杆状构件做成其他结构，图 1 - 40(b)和(d)为带三个转动副的三副杆结构，其设计较为灵活，这与三个转动副的相对位置和构件加工工艺有关，图

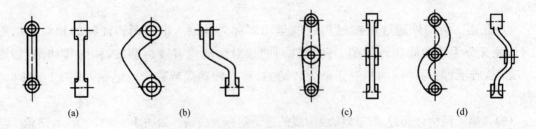

(a)　　　　　　　(b)　　　　　　　(c)　　　　　　　(d)

图 1 - 40　常见的二副三副构件

1-41所示为 8 种典型的三副杆结构形式。

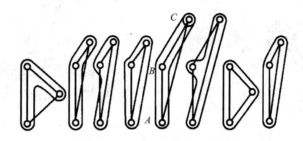

图 1-41 其他结构形式的三副杆

根据对构件强度、刚度等要求的不同,可以将构件的横截面设计成不同的形状,如图 1-42 所示。

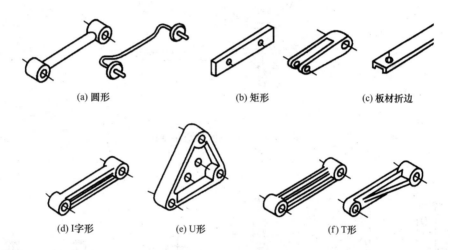

(a) 圆形　　　　　　　　(b) 矩形　　　　　　　(c) 板材折边

(d) I字形　　　　　　　(e) U形　　　　　　　(f) T形

图 1-42 具有不同横截面的构件

块状构件大都是作往复移动的构件,其结构和形状与移动副的构造有关,故在移动副的结构设计中讨论。

当两转动副轴线间距很小时,难以在一个构件上设置两个紧靠着的轴销或轴孔,此时可采用偏心轮或偏心轴结构,分别如图 1-43(a)和(b)所示, 其中的偏心轮或偏心轴相当于连杆机构中的曲柄。另外,当曲柄需安装在直轴的两支承之间时,为避免连杆与曲柄轴的运动干涉,也常用偏心轮或偏心轴结构。图 1-43(c)为偏心轮、偏心轴综合应用的结构实例,可以实现曲柄长度在一定范围内的连续调节。

当曲柄较长且需装在轴的中间时,若采用偏心轮或偏心轴形式,其结构必然庞大。这种情况下常用曲轴式曲柄,它能承受较大的工作载荷。

(1)带转动副和移动副的构件。带转动副和移动副的构件结构形式主要取决于转动副轴线与移动副导路的相对位置及移动副元素接触部位的数目和形状。图 1-44 为带转动副和移动副构件的几种结构形式。

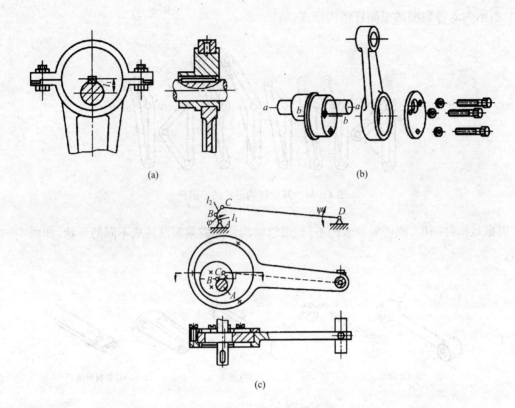

图 1-43 偏心轮、偏心轴结构

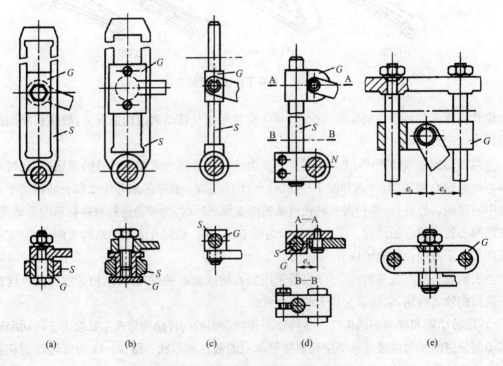

图 1-44 带转动副和移动副的构件结构

（2）带两个移动副的构件。当构件带有两个移动副时，其结构与移动副导路的相对位置及移动副元素形状有关。其典型结构如图 1-45 所示。

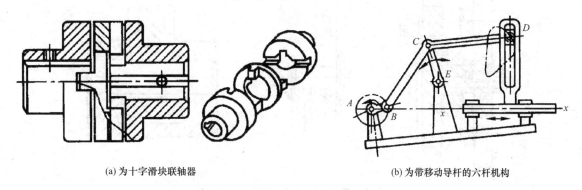

(a) 为十字滑块联轴器   (b) 为带移动导杆的六杆机构

图 1-45 带两个移动副的构件结构

3. 运动副的结构

（1）转动副的结构。

① 滑动轴承式转动副。滑动轴承式转动副结构简单，径向尺寸较小，减振能力较强，但滑动表面摩擦较大，应考虑润滑或采用减磨材料。图 1-46 所示为常用的滑动轴承式转动动副结构。

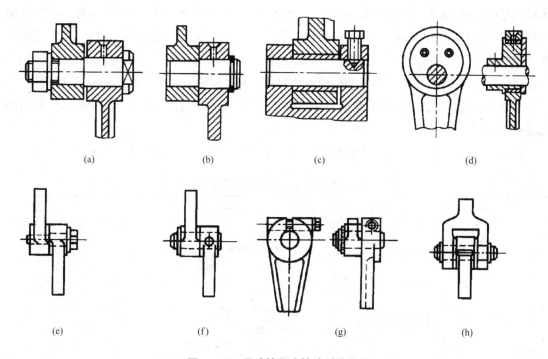

(a)   (b)   (c)   (d)

(e)   (f)   (g)   (h)

图 1-46 滑动轴承式转动副的结构

② 滚动轴承式转动副。滚动轴承式转动副摩擦小，换向灵活，润滑和维护方便，但对振动

敏感,易产生噪声,径向尺寸较大。图1-47所示为滚动轴承式转动副的几种结构形式。

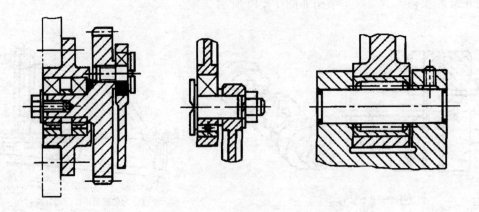

图1-47　滚动轴承式转动副的结构

(2)移动副的结构。滑块和导路相对移动摩擦性质的不同,移动副结构有滑动导轨式和滚动导轨式。

4. 机构运动简图绘制

无论是对现有机构进行分析,还是构思新机械的运动方案和对组成机械的各机构作进一步的运动及动力设计与分析,都需要一种表示机构的简明图形。由于从原理方案设计的角度看,机构能否实现预定的运动和功能,是由原动件的运动规律、联接各构件的运动副类型和机构的运动尺寸(即各运动副之间的相对位置尺寸)来决定,而与构件及运动副的具体结构、外形(高副机构的轮廓形状除外)、端面尺寸、组成构件的零件数目及固联方式等无关。因此,可用国家标准规定的简单符号和线条代表运动副和构件,并按一定的比例尺表示机构的运动尺寸,绘制出表示机构的简明图形,这种图形称为机构运动简图。它完全能表达原机械具有的运动特性。

若只是为了表明机械的组成状况和结构特征,也可以不严格按比例绘制简图,这样的简图通常称为机构示意图。

(1)运动简图符号。机构运动简图中构件及其以运动副相联接的表达方法见表1-2。

表1-2　构件及其以运动副相联接的表达方法

名　称	表示内容	常用符号	备　注
机架			
固定联接	构件永久联接		
	构件与轴的固定联接		

续表

名　称	表示内容	常用符号	备　注
可调联接			
两个构件以运动副相联接	两个活动构件以转动副联接	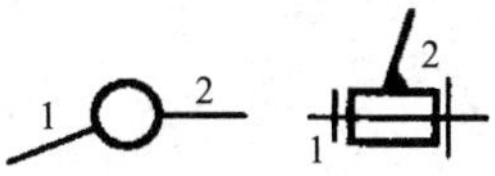	
	活动构件与机架以转动副联接	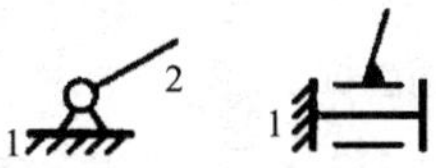	
	两个活动构件以转动副联接	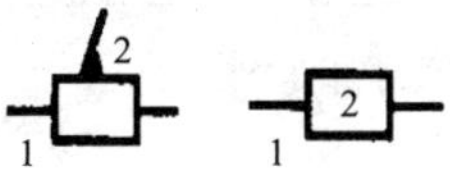	
	活动构件与机架以移动副联接	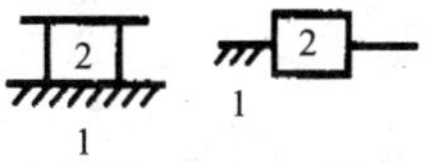	
	两个活动构件以平面高副联接		
	活动构件与机架以平面高副联接		
双副构件	带两个转动副的构件		
	带两个移动副的构件	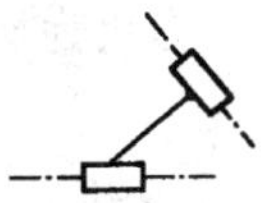	
	带一个转动副、一个移动副的构件	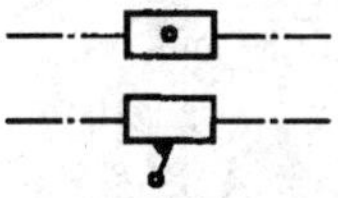	点画线代表以移动副与其联接的其他构件
	带一个转动副和一个平面高副的构件	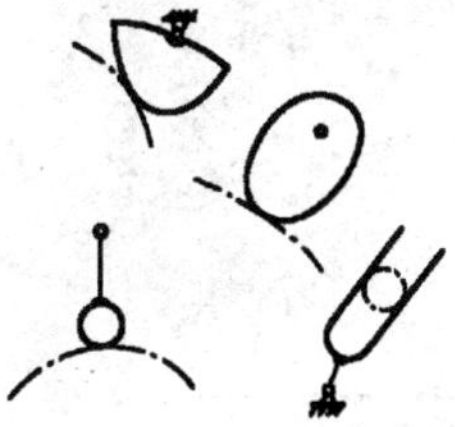	点画线代表以平面高副与其联接的其他构件
	偏心轮		可用曲柄代替

续表

名　　称	表示内容	常用符号	备　　注
三副构件	带三个转动副形成封闭三角形的构件		
	带三个转动副的杆状构件		
	带两个转动副和一个移动副的构件		
	带一个转动副和两个移动副的构件		

（2）机构运动简图画法。

①分析机械的动作原理、组成情况和运动情况，确定其组成的各构件，何为原动件、支架、执行部分和传动部分。

②沿着运动传递路线，逐一分析每两个构件间相对运动的性质，以确定运动副的类型和数目。

③恰当地选择运动简图的视图平面。通常可选择机械中多数构件的运动平面为视图平面，必要时也可选择两个或两个以上的平面，然后将其展到同一视图上。

④选择适当的比例尺 μ_1，定出各运动副的相对位置，并用各运动副的代表符号、常用机构的运动简图符号和简单线条，绘制机构运动简图。从原动件开始，按传动顺序标出各构件的编号和运动副的代号。在原动件上标出箭头，以表示其运动方向。

下面以图 1-48 所示的小型压力机为例，具体说明运动简图的绘制方法。

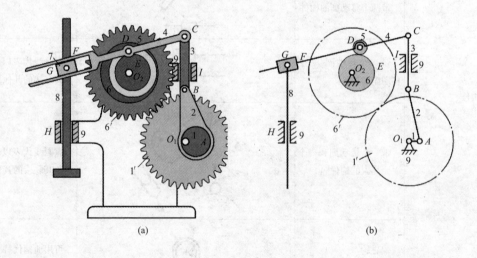

(a)　　　　　　　　(b)

图 1-48　小型压力机机构运动简图

①分析机构的组成、动作原理和运动情况。由图 1-48(a)可知,该机构是由偏心轮 1、齿轮 $1'$、杆件 2、杆件 3、杆件 4、滚子 5、槽凸轮 6、齿轮 $6'$、滑块 7、压杆 8、机座 9 组成的。其中,齿轮 $1'$ 和偏心轮 1 固结在同一转轴 A_0 上,它们是一个构件。即压力机机构由 9 个构件组成,其中,机座 9 为机架。运动由偏心轮 1 输入,分两路传递:一路由偏心轮 1 经杆件 2 和 3 传至杆件 4;另一路由齿轮 $1'$ 经齿轮 $6'$、槽凸轮 6、滚子 5 传至杆件 4。两路运动经杆件 4 合成,经滑块 7 传至压杆 8,使压杆作上下移动,实现冲压动作。由以上分析可知,构件 $1-1'$ 为原动件,构件 8 为执行部分,其余为传动部分。

②分析各连接构件之间相对运动的性质,确定各运动副的类型。由图 1-48 可知,机座 9 和构件 $1-1'$、构件 1 和 2、2 和 3、3 和 4、4 和 5、$6-6'$ 和 9、7 和 8 之间均构成转动副;构件 3 和 9、8 和 9 之间分别构成移动副;齿轮 $1'$ 和 $6'$、滚子 5 和槽凸轮 6 分别形成平面高副。

③选择视图投影面和比例尺 μ_1,测量各构件尺寸和各运动副间的相对位置,用表达构件和运动副的规定简图符号绘制出机构运动简图。在原动件 $1-1'$ 上标出箭头,以表示其转动方向。

需要指出的是,在计算机技术迅速发展和计算机应用日益普及的今天,利用计算机绘制机构运动简图不仅非常方便,而且可以通过动态仿真来观察机构的运动情况。

图 1-49 所示为喷水织机中的 zero-max 送经机构中的连杆机构,图 1-49(a)是结构示意图,图 1-49(b)为机构运动简图。

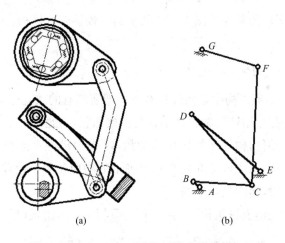

(a)　　　　　　　　(b)

图 1-49　zero-max 送经机构中的连杆机构

图 1-50 所示为 P7100 片梭织机扭力杆摆动后梁送经机构,图 1-50(a)为结构示意图,(b)图为机构运动简图,(c)图为局部放大图。

5. 平面机构的自由度

(1)机构自由度的计算公式。机构自由度是指机构中各构件相对于机架所具有的独立运动参数。由于平面机构的应用特别广泛,所以下面仅讨论平面机构的自由度计算问题。

机构的自由度与组成机构的构件数目、运动副的类型及数目有关。

设某一平面机构,共有 n 个活动构件,用 P_1 个低副和 P_h 个高副把活动构件之间、活动构件与机架之间联接起来。

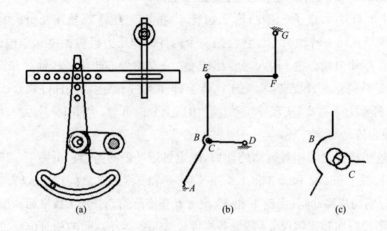

图 1-50 P7100 片梭织机扭力杆摆动后梁送经机构

在用运动副将所有构件联接起来前,这些活动构件在空间共具有 $3n$ 个自由度;联接后,这些运动副共引入了 $2P_1+P_h$ 个约束(一个低副有两个约束条件,一个高副有一个约束条件)。由于每引入一个约束构件就失去一个自由度,因此,机构的自由度可按下式计算:

$$F=3n-2P_1-P_h \qquad (1-16)$$

(2)机构具有确定运动的条件。图 1-51 所示为一铰链四杆机构。$n=3$,$P_1=4$,$P_h=0$,由式(1-16)得:

$$F=3n-2P_1-P_h=3\times3-2\times4-0=1$$

此机构的自由度为 1,即机构中各构件相对于机架所能有的独立运动数目为 1。

通常机构的原动件都是用转动副和移动副与机架相联,因此每一个原动件只能输入一个独立运动。设构件 1 为原动件,构件 1 的转角参变量 ϕ_1 表示构件 1 的独立运动,由图 1-52 可见,每给定一个 ϕ_1 的数值,从动件 2、3 便有一个确定的相应位置。由此可见,自由度等于 1 的机构在具有一个原动件时,运动是确定的。

图 1-52 所示为一铰链五杆机构。$n=4$,$P_1=5$,$P_h=0$,由式(1-16)得

$$F=3n-2P_1-P_h=3\times4-2\times5-0=2$$

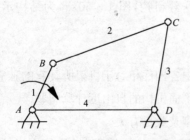

图 1-51 铰链四杆机构

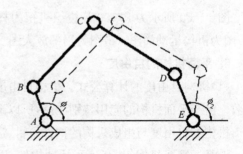

图 1-52 铰链五杆机构

如果只有构件 1 为原动件,则当构件 1 处于 ϕ_1 位置时,由于构件 4 的位置不确定,所以构件 2 和 3 可以处在图示的实线位置或虚线位置,也可处在其他位置,即从动件的运动是不确定的。

若取构件 1 和 4 为原动件,ϕ_1 和 ϕ_2 分别表示构件 1 和 4 的独立运动。如图 1-52 所示,每当给定一组 ϕ_1 和 ϕ_2 的数值,从动件 2 和 3 便有一个确定的相应位置。由此可见,自由度等于 2 的机构在具有两个原动件时才有确定的相对运动。

如图 1-52 所示,在构件组合中,$n=4$,$P_l=6$,$P_h=0$,由式(1-16)得:

$$F = 3n - 2P_l - P_h = 3 \times 4 - 2 \times 6 - 0 = 0$$

该构件组合的自由度为零,所以是一个刚性桁架。

如图 1-53 所示,在构件组合中,$n=3$,$P_l=5$,$P_h=0$,由式(1-16)得:

$$F = 3n - 2P_l - P_h = 3 \times 3 - 2 \times 5 - 0 = -1$$

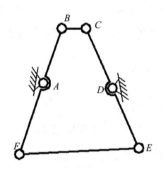
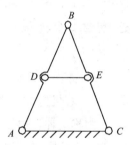

图 1-53 超静定桁架

该构件组合的自由度小于 0,说明它所受的约束过多,已成为超静定桁架。

若在图 1-51 所示 $F=1$ 的机构中,把构件 1 和构件 3 都作为原动件,这时受力较小的原动件变为从动件,机构按受力较大的原动件的运动规律运动,如果构件或运动副的强度不足,则在不足处遭到破坏。

综上所述可知:

① $F \leqslant 0$ 时,机构蜕变为刚性桁架,构件之间没有相对运动。

② $F > 0$ 时,原动件数小于机构的自由度,各构件没有确定的相对运动;原动件数大于机构的自由度,则在机构的薄弱处遭到破坏。

机构具有确定运动的条件是:机构的原动件数目应等于机构自由度数目。

例 1-2 计算图 1-54 所示瑞士毕加诺喷气织机六连杆打纬机构的自由度。

解:由图 1-54 不难看出,此机构共有 5 个活动构件,7 个

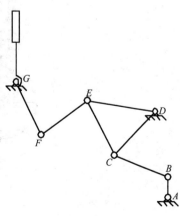

图 1-54 瑞士毕加诺喷
气织机六连杆打纬机构

低副（即转动副 A、B、C、D、E、F、G），没有高副，故根据式（1-16）可求得其自由度。

$$F = 3n - 2P_1 - P_h = 3 \times 5 - 2 \times 7 - 0 = 1$$

答：该机构要有一个主动件，其运动确定。

（3）计算机构自由度时应注意的问题。利用上述公式计算自由度时，还需注意以下三方面的问题。

①复合铰链。两个以上构件在同一处以转动副相联接，所构成的运动副称为复合铰链。在图 1-49 所示喷水织机中的 zero-max 送经机构中，构件 BC，CD，CF 同在 C 处组成转动副。3 个构件在 C 处组成了 C_1、C_2 两个转动副。同理，若有 k 个构件在同一处组成复合铰链，则其构成的转动副数目应为 $(k-1)$ 个。计算机构自由度时，应注意是否存在复合铰链，以免把运动副的数目搞错。

例 1-3　计算图 1-49 所示 zero-max 送经机构的自由度。

解：该机构中各构件均在同一平面中运动，属于平面机构，故可用式（1-16）计算其自由度。由图可知，机构中共有 6 个活动构件；A、B、D、E、F、G 处各有 1 个转动副；C 处为 3 个构件组成的复合铰链，包含 2 个转动副；无移动副和平面高副。即 $n = 6$，$P_1 = 8$，$P_h = 0$，故由式（1-16）可得：

$$F = 3n - 2P_1 - P_h = 2 \times 6 - 2 \times 8 = 2$$

②局部自由度。若机构中某些构件所具有的自由度仅与其自身的局部运动有关，并不影响其他构件的运动，则称这种自由度为局部自由度。例如，在图 1-55(a) 所示的平面凸轮机构中，为了减少高副元素的磨损，在凸轮 1 和从动件 2 之间安装了一个滚子 3。由图中可以看出，当原动件凸轮 1 逆时针转动时，即可通过滚子 3 带动从动件 2 作上、下往复的确定运动，故该机构是一个单自由度的平面高副机构。

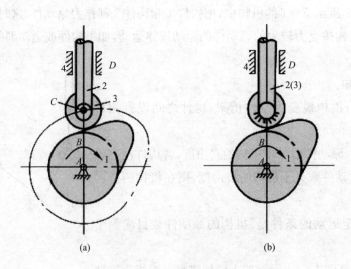

(a)　　　　　(b)

图 1-55　平面凸轮机构

但用式（1-16）计算其自由度时：

$$F = 3n - 2P_1 - P_h = 3 \times 3 - 2 \times 3 - 1 = 2$$

得出了与事实不符的结论。这是因为安装了滚子 3 和其几何中心的转动副后,引入了一个自由度($F = 3 \times 1 - 2 \times 1 = 1$),这个自由度是滚子 3 绕其自身轴线转动的局部自由度,它并不影响从动件 2 的运动规律,故在计算机构自由度时,应将该局部自由度除去不计。如设机构的局部自由度数目为 F',则该机构的实际自由度数为:

$$F = 3n - 2P_1 - P_h - F' = 3 \times 3 - 2 \times 3 - 1 - 1 = 1$$

得出与事实相符的结果。

既然滚子 3 绕其自身轴线的转动并不影响从动件 2 的运动,因此,计算机构自由度时,为了防止出现差错,也可设想将滚子 3 与安装滚子的构件 2 固结成一体,视为一个构件[如图 1 - 55(b)所示],预先排除局部自由度,然后按自由度计算公式计算。即:

$$F = 3n - 2P_1 - P_h = 3 \times 2 - 2 \times 2 - 1 = 1$$

局部自由度常见于变滑动摩擦为滚动摩擦时添加的滚子、轴承中的滚珠等场合。

③虚约束。机构的运动不仅与构件数、运动副类型和数目有关,而且与转动副间的距离、移动副的导路方向、高副元素的曲率中心等几何条件有关。在一些特定的几何条件或结构条件下,某些运动副所引入的约束可能与其他运动副所起的限制作用是一致的。这种不起独立限制作用的重复约束称为虚约束。计算机构自由度时,应除去虚约束不计。

虚约束常发生在以下场合:

a. 两构件间构成多个运动副。两构件组成若干个转动副,但其轴线互相重合[如图 1 - 56(a)中 A,A' 所示];两构件组成若干个移动副,但其导路互相平行或重合[如图 1 - 56(b)中 A,B' 所示];两构件组成若干个平面高副,但各接触点之间的距离为常数[如图 1 - 56(c)、(d)中的 C,C' 和 D,D' 所示]。在这些情况下,各只有一个运动副起约束作用,其余运动副所提供的约束均为虚约束。

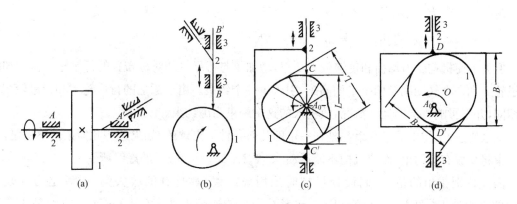

图 1 - 56 虚约束的几种情况

b. 两构件上某两点间的距离在运动过程中始终保持不变。在图 1 - 57 所示的平面连杆机构中,由于 $A_0 A \parallel B_0 B$,且 $A_0 A = B_0 B$,$A_0 A' \parallel B_0 B'$,且 $A_0 A' = B_0 B'$,故在机构的运动

过程中,构件 1 上的 A' 点与构件 3 上的 B' 点之间的距离将始终保持不变。此时,若将 A'、B' 两点以构件 5 联接起来,则附加的构件 5 和其两端的转动副 A'、B' 将提供 $F=3\times1-2\times2=-1$ 的自由度,即引入了一个约束,而此约束对机构的运动并不起实际的约束作用,故为虚约束。

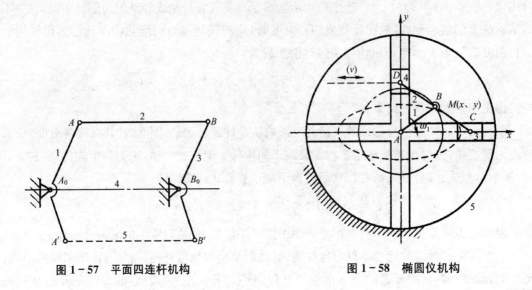

图 1−57　平面四连杆机构　　　　　　　　图 1−58　椭圆仪机构

c. 联接构件与被联接构件上联接点的轨迹重合。在图 1−58 所示的椭圆仪机构中,由于 $BD=BC=AB$,$\angle DAC=90°$,故可以证明其连杆 2 上除 B、C、D 三点外,其余各点在机构运动过程中均描绘出椭圆轨迹,而 D 点的运动轨迹为沿 y 轴的直线。此时,若在 D 处安装一个导路与 y 轴重合的滑块 4,使其与连杆 2 组成转动副,与机架 5 组成移动副,则将提供 $F=3\times1-2\times2=-1$ 的自由度,即引入了一个约束。由于滑块 4 上的 D 点与加装滑块前连杆 2 上 D 点的轨迹重合,故引入的这一约束对机构的运动并不起实际的约束作用,为虚约束。

d. 机构中对运动不起作用的对称部分。在图 1−59 所示的行星轮系中,若仅从运动传递的角度看,只需要一个行星轮 2 就足够了。

这时 $n=3$,$P_l=3$,$P_h=2$

$$机构自由度 F=3n-2P_l-P_h=3\times3-2\times3-1\times2=1$$

但为了使机构受力均衡和传递较大功率,增加了与行星轮 2 对称布置的行星轮 $2'$。增加的行星轮 $2'$ 和一个转动副及两个平面高副,引入了一个约束。由于添加的行星轮 $2'$ 和行星轮 2 完全相同,并不影响机构的运动情况,故引入的这个约束为虚约束。

综上所述,机构中的虚约束都是在一定的几何条件下出现的,如果这些几何条件不满足,则虚约束将变成有效约束,而使机构不能运动[如图 1−56(a)、(b)中的虚线所示]。

需要特别指出的是,人们设计机械时采用虚约束,都是有的放矢的,或者是为了改善构件的受力情况[图 1−56(a)、(b)],或者是为了传递较大功率(图 1−59),或者是为了某种特殊需要[图 1−56(c)和(d)、图 1−57 和图 1−58]。设计机械时,若由于某种需要而必须使用虚约束时,则必须严格保证设计、加工、装配的精度,以满足虚约束所需的特定几何条件。

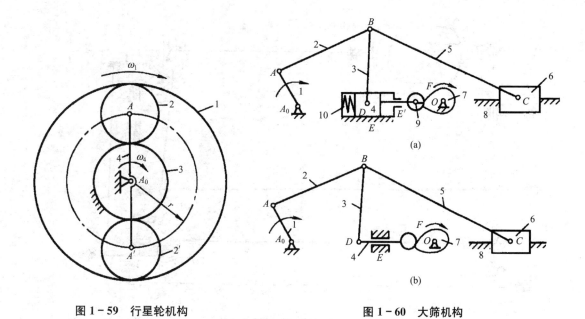

图1-59 行星轮机构

图1-60 大筛机构

例1-4 计算图1-60(a)所示大筛机构的自由度。

解:构件2、3、5在B处组成复合铰链;滚子9绕自身轴线的转动为局部自由度,可将其与活塞4视为一体;活塞4与缸体8(机架)在E、E'两处形成导路平行的移动副,将E'处的移动副作为虚约束除去不计;弹簧10对运动不起限制作用,可略去。

经以上处理,得到机构运动简图如图1-54(b)所示,其中$n=7$,$P_l=9$,$P_h=1$,因是平面机构,故可由式(1-16)得:

$$F = 3n - 2P_l - P_h = 3 \times 7 - 2 \times 9 - 1 = 2$$

由于原动件数目与自由度数目相等,故从动件具有确定运动。

★ 任务实施

小组成员相互协作,通过小组讨论、教师指导完成以下任务。

1. 家用缝纫机机头部分的组成

如图1-61所示,家用缝纫机的机头部分主要由引线(刺布)、挑线、钩线、送布四大机构组成。下面简单介绍四大机构的作用。

(1)引线机构。

缝针带引缝线刺穿缝料的机构称为引线机构。引线机构又称为刺布机构或针杆机构。

引线机构的主要作用是驱动机针,引导面线穿过缝料,形成面线线环,为缝线的相互交织作准备。引线机构的作用最终由机针来实现,缝纫机工作时为将缝料缝合在一起,机针要作穿刺运动。

(2)挑线机构。

输送、回收、收紧针线的机构称挑线机构。挑线机构又叫供线机构。

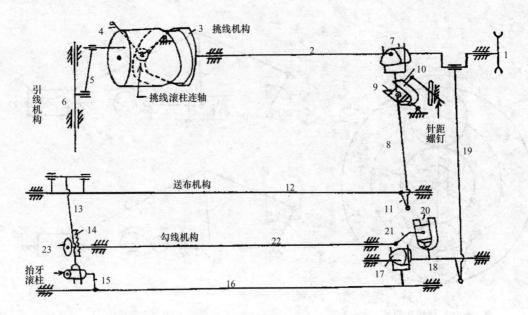

图 1-61 家用缝纫机的机头机构

1—上轮 2—上轴 3—挑线凸轮 4—挑线杆 5—小连杆 6—针杆

7—送布凸轮 8—牙叉 9—牙叉滑块 10—针距座 11—送布曲柄 12—送布轴

13—牙架 14—送布牙 15—抬牙曲柄 16—抬牙轴 17—摆轴偏心凸轮 18—摆轴

19—大连杆 20—摆轴滑块 21—下轴曲柄 22—下轴 23—摆梭托,摆梭

挑线机构的作用有两个:一是从夹线器里抽出一定长度的面线输送给机针引线和摆梭钩线的作用,并在形成线迹时收回多余的线,即收紧线迹,为下一次输线做准备。二是从梭芯里拉出每个线迹所需的底线量。

(3)钩线机构。

钩住线环的机构称钩线机构。钩线机构由摆梭和摆梭托组成。

钩线机构的作用是使摆梭按顺时针或逆时针方向摆动,钩住面线形成线环,并使面线套住底线,完成缝线的交织过程。

(4)送布机构。

输送缝料的机构称为送布机构。送布机构以送布牙轴和抬牙轴为主,在形成线迹后,将缝料向前(或向后)移动一个针距,也就是当机针引着缝料刚出时,抬布牙开始抬上来,抬上牙齿顶着缝料向前推进。一旦推送到预定距离后,接着下降与缝料脱离,往后返回到原来位置,又开始新的循环运动,推送缝料不断向前,把缝料在原有的位置上移动一个距离,以使下一个线迹在新的位置上形成的过程称为送料。

试分析这四大机构的结构组成及工作原理,分析每个机构由几个构件组成,分析构件与构件之间通过什么运动副联接,绘制四大机构的运动简图并计算其自由度。

提示:逐一分析每一个机构,按照绘制运动简图的步骤绘制机构的运动简图。再利用计算自由度来判断自己所绘制的运动简图的正确性。

2. 家用缝纫机的结构

家用缝纫机通过人连续踩脚踏板(图1-62),把摆动变成连续的转动,试分析其结构组成,绘制其运动简图,并判断属于什么机构。

图1-62 家用缝纫机脚踏板

★ 习题

1. 铰链四杆机构曲柄存在的条件是什么?
2. 满足杆长条件的四杆机构,取不同构件为机架可以得到什么样的机构?
3. 不满足杆长条件的四杆机构是什么机构?
4. 曲柄滑块、摇块、定块导杆机构是不是四杆机构,为什么?
5. 计算图示自动送料剪床机构的自由度,指出该机构的运动确定与否。

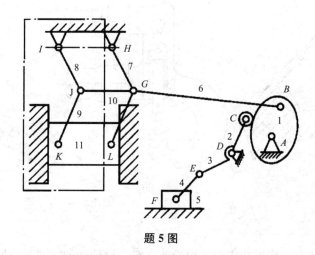

题5图

6. 计算图示压缩机的机构自由度,指出该机构的运动确定与否。

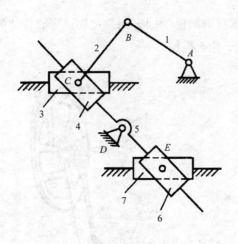

题 6 图

7. 平面铰链四杆机构中,已知 $l_{BC}=50mm$,$l_{CD}=35mm$,$l_{AD}=30mm$,取 AD 为机架。

(1)如果该机构能成为曲柄摇杆机构,且 AB 是曲柄,求 l_{AB} 的取值范围。

(2)如果该机构能成为双曲柄机构,求 l_{AB} 的取值范围。

(3)如果该机构能成为双摇杆机构,求 l_{AB} 的取值范围。

8. 常用的螺纹联接的种类有哪些? 各用于什么场合?

9. 螺纹的主要参数有哪些? 怎样计算?

10. 螺纹的导程和螺距有何区别? 螺纹的导程、螺距、线数有何关系?

11. 根据螺纹牙型不同,螺纹有哪几种? 各有何特点? 常用于连接和传动的螺纹有哪些?

12. 螺纹联接的基本形式有哪些? 各适用于何种场合? 各有何特点?

13. 分别绘制下图所示机构的运动简图,并计算其自由度。

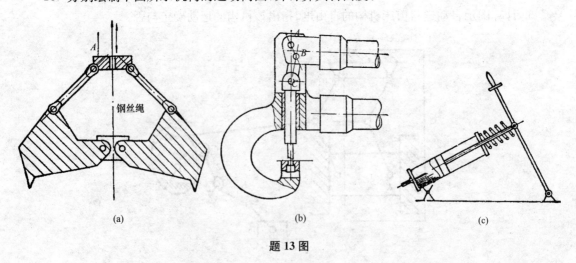

题 13 图

14. 如图所示,其为一简易冲床的初拟设计方案。设计者的思路是:动力由齿轮 1 输入,使轴 A 连续回转;而固装在轴 A 上的凸轮 2 与杠杆 3 组成的凸轮机构将使冲头 4 上下运动,以达到冲压的目的。试绘出其机构运动简图。分析其是否能实现设计意图,并提出修改方案。

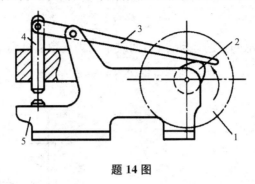

题 14 图

任务 1.2 机械机构运动分析

★ 学习目标

1. 能够分析构件的平面运动,分析构件的运动规律。
2. 掌握平面连杆机构的运动规律及特性。
3. 掌握凸轮机构的运动规律及特性。
4. 能够对平面机构进行运动分析。

★ 任务描述

任务名称:家用缝纫机机械机构运动分析

家用缝纫机的主机构和辅助机构做有规则的运动,相互配合,形成锁式线迹以缝制衣料。机头部分主要由刺布(引线)、挑线、钩线、送布四大机构组成,试对这四大机构的运动进行分析,分析四大机构运动过程中体现了哪些运动特性,是如何克服和利用这些特性的。

分析计算针刺穿布时的速度与主轴的转速是什么关系? 如何根据主轴的转速计算针刺穿布时的速度。

★ 知识学习

1.2.1 点的运动

研究点的运动就是要确定动点每瞬时在所选定参考系上的位置、运动规律、轨迹、速度和加速度。点在参考系上的位置随时间变化的关系式,称为点的运动规律。点所经过的路线称为运动轨迹。通常采用直角坐标法研究点的运动。

1. 运动方程

设动点 M 在平面内做曲线运动,取直角坐标 oxy 作为参考系,则 M 点在任一瞬时的位置可用其坐标 x、y 来确定。如图 2-1 所示,点运动时,x、y 随时间而变化,x、y 是时间的单值连续函数,即:

$$x = f_1(t)$$
$$y = f_2(t)$$

上式称为直角坐标表示的点的运动方程,两式中消去参数 t 得到动点的轨迹方程:

$$y = f(x)$$

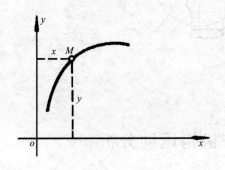

图 2-1　直角坐标法

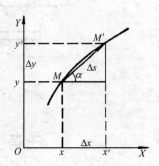

图 2-2　直角坐标系求速度

2. 速度

如图 2-2 所示,瞬时 t 动点位于 M,其坐标为 x、y,经时间间隔 Δt,动点位于 M' 其坐标为 x',y',位移为 $\overrightarrow{MM'}$,瞬时速度为:

$$\vec{v} = \lim_{\Delta t \to 0} \frac{\overrightarrow{MM'}}{\Delta t}$$

将上式两边的 $\vec{v}$、$\overrightarrow{MM'}$ 在 x、y 轴上投影,由于 $\overrightarrow{MM'}$ 在 x 轴上的投影为 Δx,在 y 轴上的投影为 Δy,故有:

$$v_x = \lim_{\Delta t \to 0} \frac{\Delta x}{\Delta t} = \frac{\mathrm{d}x}{\mathrm{d}t}$$
$$v_y = \lim_{\Delta t \to 0} \frac{\Delta y}{\Delta t} = \frac{\mathrm{d}y}{\mathrm{d}t}$$

$$(2-1)$$

上式表明:动点的速度在直角坐标轴上的投影,等于其相应的坐标对时间的一阶导数。

$$v = \sqrt{v_x^2 + v_y^2}\,, \quad \tan\alpha = |v_y/v_x|$$

α 为 v 与 x 所夹之锐角,v 的指向由 v_x、v_y 的正负确定。

3. 加速度

在瞬时 t,M 的速度为 $\vec{v}$,经 Δt 后点到达 M',速度为 $\vec{v}'$,速度的改变量 $\Delta\vec{v} = \vec{v}' - \vec{v}$,其加速度

$$\vec{a} = \lim_{\Delta t \to 0} \frac{\Delta\vec{v}}{\Delta t}$$

将上式两边向 x、y 轴投影得到:

$$a_x = \lim_{\Delta t \to 0} \frac{\Delta \vec{v}_x}{\Delta t} = \frac{\mathrm{d}v_x}{\mathrm{d}t} = \frac{\mathrm{d}^2 x}{\mathrm{d}t^2}$$

$$a_y = \lim_{\Delta t \to 0} \frac{\Delta \vec{v}_y}{\Delta t} = \frac{\mathrm{d}v_y}{\mathrm{d}t} = \frac{\mathrm{d}^2 y}{\mathrm{d}t^2}$$

$$(2-2)$$

上式表明:动点的加速度在直角坐标轴上的投影等于其相应的速度对时间的一阶导数,或相应坐标对时间的二阶导数。

若已知运动方程,则可求出 a_x、a_y,从而可求得 a 的大小和方向。

$$a = \sqrt{a_x^2 + a_y^2}$$

$$\tan\beta = |a_y/a_x|$$

β 为 a 与 x 轴正向所夹之锐角,a 的指向由 a_x、a_y 的正负确定。

例 2-1 已知点的运动方程为:$x = 2t$,$y = 2 - t^2$(x、y 单位为 m,t 的单位为 s)。
试求:(1)点的轨迹;(2)$t = 2\mathrm{s}$ 时点的速度;(3)$t = 1\mathrm{s}$ 时点的加速度。

解:(1)消去时间 t 得:

$$y = 2 - \frac{1}{4}x^2$$

点的运动轨迹为一抛物线。

(2)
$$v_x = \frac{\mathrm{d}x}{\mathrm{d}t} = 2\mathrm{m/s}$$

$$v_y = \frac{\mathrm{d}y}{\mathrm{d}t} = -2t\,\mathrm{m/s}$$

$t = 2$ 时,$v_x = 2\mathrm{m/s}$,$v_y = -4\mathrm{m/s}$

$$v = \sqrt{v_x^2 + v_y^2} = 4.47\mathrm{m/s}$$

$$\tan\alpha = 2, \alpha = 63.4°$$

(3)
$$a_x = \frac{\mathrm{d}v_x}{\mathrm{d}t} = 0 , a_y = \frac{\mathrm{d}v_y}{\mathrm{d}t} = -2\mathrm{m/s^2}$$

$a = \sqrt{a_x^2 + a_y^2} = 2\mathrm{m/s^2}$,方向指向 y 轴的负方向

例 2-2 在半径为 R 的铁环上,套一小环 M,杆 AB 穿过小环 M,并以匀速 ω 绕 A 点转动,开始时杆位于水平位置,试分别用自然坐标法和直角坐标法求小环的运动方程、速度和加速度。

解:选直角坐标系如图 2-4 所示。

$$x = AC = AO + OC = R + R\cos2\varphi = R(1 + \cos2\varphi)$$

$$y = MC = R\sin2\varphi$$

所以点的运动方程为

$$x = R(1 + \cos2\omega t)$$

$$y = R \sin 2\omega t$$

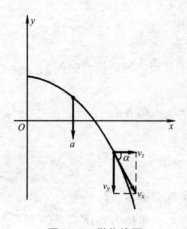

图 2-3　抛物线图

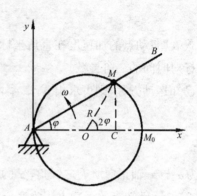

图 2-4　直角坐标图

消去时间 t 得：

$(X-R)^2 + y^2 = R^2$，此为轨迹方程

速度：

$$v_x = \frac{\mathrm{d}x}{\mathrm{d}t} = -2R\omega \sin 2\omega t$$

$$v_y = \frac{\mathrm{d}y}{\mathrm{d}t} = 2R\omega \cos 2\omega t$$

$$v = \sqrt{v_x^2 + v_y^2} = 2R\omega$$

加速度：

$$a_x = \frac{\mathrm{d}v_x}{\mathrm{d}t} = -4R\omega^2 \cos 2\omega t$$

$$a_y = \frac{\mathrm{d}v_y}{\mathrm{d}t} = -4R\omega^2 \sin 2\omega t$$

$$a = \sqrt{a_x^2 + a_y^2} = 4R\omega^2$$

1.2.2　刚体的基本运动

刚体的平行移动和绕定轴转动称为刚体的基本运动。

1. 刚体的平行移动

刚体在运动过程中,其上任一直线始终与它原来的位置保持平行,这种运动称为平行移动,简称平动。刚体平动时,刚体上任意两点的轨迹相同。如图 2-5 所示,任何时间间隔内两点的位移相同,因而具有相同的速度,任意瞬时的速度相同,因而具有相同的加速度。可得出如下结论:刚体平动时,刚体上各点的轨迹、速度、加速度都相同,因而刚体上一点的运动即可代表整个刚体的运动。

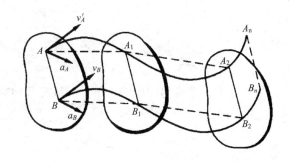

图 2-5 刚体的平动

2. 刚体的定轴转动

刚体运动时,刚体内(或其延伸部分)有一条直线始终保持不动,这种运动称为刚体的定轴转动,不动的直线称为定轴,刚体上其他各点都绕此轴作不同半径的圆周运动。

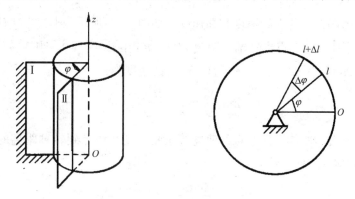

图 2-6 刚体的定轴转动

(1)转动方程。如图 2-6 所示,过轴线作一假想固定平面 I,再过轴线作动平面固结在刚体上,两平面间夹角 φ 称为刚体的转角,刚体的位置由转角 φ 确定。刚体转动时,φ 随时间而变化,即转角是时间的单值连续函数,即:

$$\varphi = f(t)$$

此即为转动方程。

φ 的单位是弧度(rad),规定逆时针转动时为正,反之为负。

(2)角速度。在时间间隔 Δt 内,刚体转过的角为 $\Delta \varphi$,则瞬时角速度为 ω。

$$\omega = \lim_{\Delta t \to 0} \frac{\Delta \varphi}{\Delta t} = \frac{\mathrm{d}\varphi}{\mathrm{d}t} \qquad (2-3)$$

上式表明:刚体的角速度等于转角对时间的一阶导数。角速度的单位为弧度/秒(rad/s)。工程上通常以转速 n 表明转动的快慢,n 的单位是转/分(r/min),ω 和 n 之间的关系为:

$$\omega = \frac{2\pi n}{60} = \frac{\pi n}{30}$$

(3)加速度。角加速度是表明角速度变化快慢的物理量。在时间间隔 Δt 内,角速度的改变量为 $\Delta\omega$,则角加速度为:

$$\varepsilon = \lim_{\Delta t \to 0} \frac{\Delta\omega}{\Delta t} = \frac{d\omega}{dt} = \frac{d^2\varphi}{dt^2} \tag{2-4}$$

上式表明:刚体的角加速度等于角速度对时间的一阶导数或是转角对时间的二阶导数。角加速度的单位是弧度/秒²($\mathrm{rad/s^2}$)。

特殊情况:

①匀速转动,$\varepsilon = 0$,$\omega = $ 常数,$\varphi = \omega t$。

②匀变速转动,$\varepsilon = $ 常数,$\omega = \omega_0 + \varepsilon t$。

$$\varphi = \omega_0 t + \frac{1}{2}\varepsilon t^2$$

$$\omega^2 - \omega_0^2 = 2\varepsilon\varphi$$

(4)定轴转动时刚体上各点的速度和加速度。如图 2-7 所示,刚体绕 O 轴转动,角速度为 ω,角加速度为 ε,刚体上任一点到转轴之距离 $OM = R$,在 Δt 时间内,刚体转过的角度为 $\Delta\varphi$,M 走过的圆弧为 Δs,显然,$\Delta s = R\Delta\varphi$,所以 M 点的速度为:

$$v = \lim_{\Delta t \to 0} \frac{\Delta s}{\Delta t} = \lim_{\Delta t \to 0} \frac{R\Delta\varphi}{\Delta t} = R\omega \tag{2-5}$$

上式表明:定轴转动刚体上任一点的速度等于角速度与该点到转轴距离的乘积,方向与转动半径垂直并与刚体的转向一致。

切向加速度:
$$a_1 = \frac{dv}{dt} = \frac{d(R\omega)}{dt} = R \cdot \frac{d\omega}{dt} = R\varepsilon \tag{2-6}$$

法向加速度:
$$a_n = v^2/R = \frac{(R\omega)^2}{R} = R\omega^2 \tag{2-7}$$

全加速度:
$$a = \sqrt{a_1^2 + a_n^2} = R\sqrt{\varepsilon^2 + \omega^4}$$

$\tan\beta = |a_1/a_n|$,β 为全加速度与法向之夹角,如图 2-7 所示。

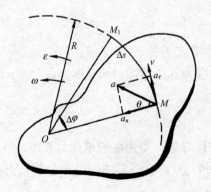
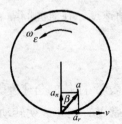

图 2-7 加速度示意图

例 2-3 电动机的带轮以匀速 $n=1500r/min$ 转动,经过 2min 电流被切断,此后带轮作匀减速转动,又经 6s 后停止转动,试求电动机在 2min 6s 内共转多少转?

解:匀速转动阶段,$N_1=nt=1500\times2=3000$(转)

匀减速阶段:

$$\omega=\omega_0+\varepsilon t$$

$$\omega=\frac{\pi\times1500}{30}+\varepsilon\times6$$

$$\varepsilon=-\frac{25}{3}\pi rad/s^2$$

$$\varphi=\omega_0 t+\frac{1}{2}\varepsilon t^2=\frac{\pi\times1500}{30}\times6-\frac{1}{2}\times\frac{25}{3}\times6^2=150(\pi rad)$$

$$N_2=\frac{150\pi}{2\pi}=75(\text{转})$$

总的转数:$N=N_1+N_2=3075$(转)

例 2-4 如图 2-8 所示,车床切削工件时的切削速度(工件圆周速度)$v=40m/min$ 工件直径 $D=200mm$,试求工件应有的转速。

解:$v=40m/min=\dfrac{40}{60}m/s=\omega\cdot\dfrac{D}{2}$

$$\omega=\frac{20}{3}rad/s$$

$$\omega=\frac{\pi n}{30}$$

所以:$n=\dfrac{30\omega}{\pi}=63.6(r/min)$

例 2-5 搅拌机构如图 2-9 所示,若 $AB=O_1O_2$,$O_1A=O_2B=25cm$,O_1A 绕 O_1 轴旋转的转速 $n=38r/min$。求 M 点的轨迹、速度、加速度。

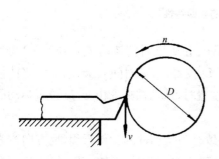

图 2-8 车刀切削速度

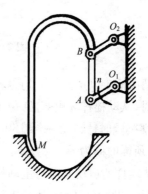

图 2-9 搅拌机构示意图

解:O_1ABO_2 为平行四边形(任何位置),故 ABM 作平动。M 点的运动轨迹、速度、加速度与 A 点相同,轨迹为 $R=O_1A$ 的圆周。

速度:$v=v_A=R\omega=R\dfrac{\pi n}{30}=\dfrac{0.25\times38\pi}{30}=1(\text{m/s})$

加速度:$a_\tau=0,a_n=\dfrac{v_A^2}{R}=\dfrac{1}{0.25}=4(\text{m/s}^2)$

1.2.3 平面四连杆机构的运动特性

工程实际应用中,必须了解已有机构的运动学和力学特性。如平面四连杆机构的基本特性,包括急慢回效应、运动的连续性、压力角(传动角)和死点等问题。下面主要讨论急回特性。

1. 曲柄摇杆机构

在图 2-10 所示的正偏置曲柄摇杆机构中,机构的一个运动周期,曲柄 1 将有一次与连杆 2 重叠,如 AB_1C_1D 位置;还有一次将与连杆拉直成一线,如图中的 AB_2C_2D 位置。这两个位置分别对应着摇杆 3 的左右摆动极限位置 C_1D 和 C_2D。定义曲柄与连杆重叠及拉直成一线两个位置之间所夹的锐角称为极位夹角 θ。对图 2-10 所示的正偏置曲柄摇杆机构,极位夹角 $\theta>0°$。如图 2-11 所示,若线 AB_1C_1 与线 AB_2C_2 重合,极位夹角 $\theta=0°$。对图 2-12 所示的负偏置曲柄摇杆机构,极位夹角 $\theta<0°$。

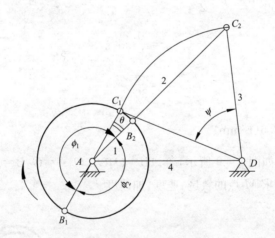

图 2-10 曲柄摇杆机构的急回特性

设主动曲柄 1 以角速度 ω 匀速转动,当曲柄 1 由 AB_1 位置顺时针转动 $\phi_1=180°+\theta$ 角到达 AB_2 位置时,从动摇杆 3 由 C_1D 位置顺时针运动到 C_2D 位置,所需时间 $t_1=\phi_1/\omega$。当曲柄由 AB_2 位置继续顺时针转动 $\phi_1=180°-\theta$ 角到达 AB_1 位置时,从动摇杆 3 由 C_2D 位置运动回到 C_1D 位置,所需时间为 $t_2=\phi_2/\omega$。

定义从动件的运动方向与主动件的运动方向相一致时为从动件的工作行程,反方向称为空回行程。所以,图 2-12 中,从动摇杆由 C_1D 位置摆动到 C_2D 位置为工作行程,由 C_2D 位置摆动到 C_1D 位置为空回行程。在这两个运动过程中,空回行程中的平均速度大于工作行程中的平均速度,这种现象称为机构具有急回效应。

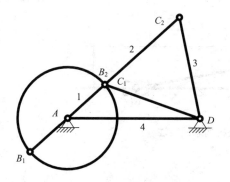

图 2-11　正置曲柄摇杆机构

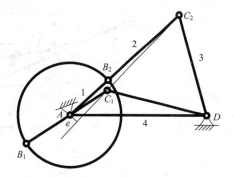

图 2-12　负偏置曲柄摇杆机构

为表示急回效应的程度,定义空回行程的平均速度与工作行程的平均速度之比为行程速比系数 K ,所以:

$$K = \frac{\text{空回行程所需时间}}{\text{工作行程所需时间}} \qquad (2-8)$$

对图 2-12 所示的正偏置曲柄摇杆机构,其行程速比系数 K 可写成:

$$K = \frac{v_2}{v_1} = \frac{\dfrac{\overline{C_2 C_1}}{t_2}}{\dfrac{\overline{C_1 C_2}}{t_1}} = \frac{t_1}{t_2} = \frac{\dfrac{180° + \theta}{\omega}}{\dfrac{180° - \theta}{\omega}} = \frac{180° + \theta}{180° - \theta} \qquad (2-9)$$

显然,对正偏置曲柄摇杆机构,$K > 1$。

对图 2-11 所示的正置曲柄摇杆机构,由于 $\theta = 0$,所以,行程速比系数 $K = 1$。此时的机构在工作行程阶段与空回行程阶段的平均速度相等。

对图 2-12 所示的负偏置曲柄摇杆机构,由于 $\theta < 0$,所以,行程速比系数 $K < 1$。机构在工作行程阶段的平均速度大于空回行程阶段的平均速度,称机构的这种现象为慢回效应。

2. 曲柄滑块机构

图 2-13 所示是偏置曲柄滑块机构。设主动曲柄 1 以角速度 ω 顺时针转动,滑块由图示 C_2 位置运动到 C_1 为工作行程,由 C_1 位置运动到 C_2 为空回行程。与曲柄摇杆机构一样,可分析出曲柄 1 与连杆 2 重叠及拉直成一线的两个极限位置,如图 2-14 中所示,并可写出与式(2-9)一样的行程速比系数 K 的表达式。对具有偏置的曲柄滑块机构,$\theta > 0$,$K > 1$,机构具有急回效应。对无偏置曲柄滑块机构,$\theta = 0°$,$K > 1$,机构无急回效应,如图 2-14 所示。

3. 曲柄导杆机构

图 2-15 所示的曲柄摆动导杆机构,主动曲柄 1 以角速度 ω 匀速转动。在一个运动周期中,曲柄有两次与摆动导杆相垂直,对应着摆动导杆的两个极限位置。曲柄的两个位置之间所夹的锐角为极位夹角 θ。同样,可写出与式(2-9)一样的行程速比系数 K 的表达式,且 $K > 1$,机构具有急回效应。

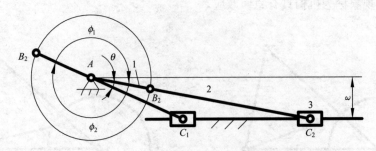

图 2 - 13 偏置曲柄滑块机构急回特性

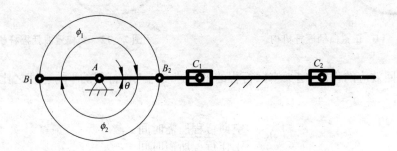

图 2 - 14 正置曲柄滑块机构急回特性

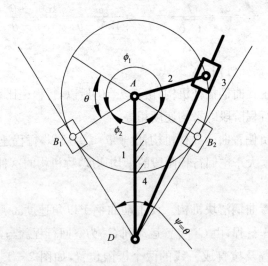

图 2 - 15 摆动导杆机构

1.2.4 凸轮机构的运动特性

凸轮机构的任务是使凸轮从动杆按照工艺程序和要求的运动规律运动。

从动杆的运动规律是指其运动参数（位移 s、速度 v 和加速度 a）随时间 t 变化的规律，常用运动线图表示，如图 2 - 16 所示。

从动杆的尖端正处于最低位置 A，当凸轮顺时针等速转动 120°时，凸轮上轮廓 AB_1 推动从动杆上 A 点上升到最高点 B_2。从动杆由最低位置到最高位置的距离称为从动杆的推程，对应

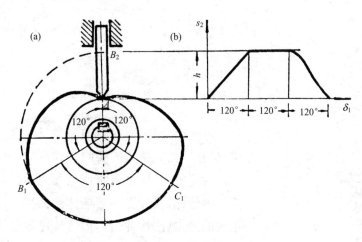

图 2-16 凸轮从动件运动规律示意图

的凸轮转角称为推程角。当凸轮再转 120°时,因凸轮上轮廓曲线为圆弧 B_1C_1,所以从动杆在这段时间里静止在 B_2 点不动,此为从动杆远休止,对应的凸轮转角为远休止角。凸轮继续转过 120°时,从动杆又从 B_2 点下降到初始位置 A 点。此为从动杆的回程,对应的凸轮转角为回程角,如此周而复始地重复以上的运动循环。这种从动杆的位置与凸轮转角的关系就是从动杆的运动(位移)规律。

运动规律可以用直角坐标的线图表示,也可用函数表示。

从动杆常用运动规律有等速运动规律、等加速等减速运动规律、简谐运动规律。

1. 等速运动规律

从动杆速度为常数的运动规律,称为等速运动规律。在速度线图上为与 x 坐标平行的直线,如图 2-17 所示。

$$v = v_0 = \frac{h}{T}$$

推程:$s = \frac{h}{\delta_0}\delta$

$$v = \frac{h}{\delta_0}\omega$$

$$a = 0$$

又因凸轮转角 $\delta = \omega t$,$\delta_0 = \omega T$,故 $\frac{\delta}{\delta_0} = \frac{t}{T}$,得:

$$s = \frac{h}{\delta_0}\delta$$

$$v = \frac{h}{\delta_0}\omega$$

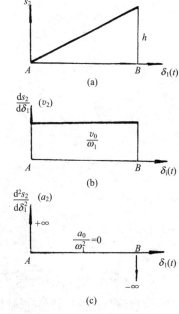

图 2-17 等速运动规律

回程：
$$s = h\left(1 - \frac{\delta}{\delta_0}\right)$$

$$v = -\frac{h}{\delta_0}\omega$$

$$a = 0$$

等速运动规律，从动杆速度为常数，可用于绕线机构，但在开始和结束的瞬间，速度都有突然的变化，使加速度为无穷大，理论上将产生无穷大的惯性力。但构件都是弹性体，实际上不可能达到无穷大。可构件却受到很大的冲击（刚性冲击），因此等速运动规律只适用于低速场合。

2. 等加速等减速运动规律

从动件在前半程为等加速，后半程为等减速的运动规律，称为等加速等减速运动规律，如图 2-18 所示。

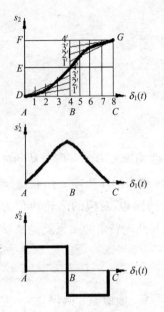

图 2-18 等加速等减速运动规律

等加速等减速运动规律，一般在从动杆总动程 h 的前半程，以等加速上升，而后半程以等减速上升，其等加速与等减速的绝对值相等。

前半程：
$$0 \leqslant \delta \leqslant \frac{\delta_0}{2}$$

$$s = \frac{2h}{\delta_0^2}\delta^2$$

$$v = \frac{4h\omega}{\delta_0^2}\delta$$

$$a = \frac{4h\omega^2}{\delta_0^2}$$

后半程：$\dfrac{\delta_0}{2} \leqslant \delta \leqslant \delta_0$

$$s = h - \frac{2h}{\delta_0^2}(\delta_0 - \delta)^2$$

$$v = \frac{4h\omega}{\delta_0^2}(\delta_0 - \delta)$$

$$a = -\frac{4h\omega^2}{\delta_0^2}$$

运动规律作图方法如图 2-18 所示。

(1)将凸轮推程转角（横轴）分为前半程和后半程，得 A、B、C 点，将从动杆动程（纵轴）分为前半程和后半程，得 D、E、F 点。过 C 点作纵轴的平行线，过 F 点作横轴的平行线，得交点为 G。

（2）将前半程和对应的横轴分成四等份，得 1'、2'、3'、4' 和 1、2、3、4 各点。

（3）过 1、2、3、4 点作平行于纵坐标轴的直线，使其分别与过 A 点所引射线 $A1'$、$A2'$、$A3'$、$A4'$ 相交，这些交点即所求位移曲线上的各点。

（4）同理，将后半程和对应的横轴分成四等份，得 1"、2"、3"、4" 和 5、6、7、8 各点。

（5）过 5、6、7、8 点作平行于纵坐标轴的直线，使其分别与过 G 点所引射线 $G1"$、$G2"$、$G3"$、$G4"$ 相交，这些交点也是所求位移曲线上的各点。

（6）将位移曲线上的点用曲线板连成一光滑的曲线，即为所求的位移曲线。

由图 2-18 可知，速度曲线变化是缓和的，但加速度曲线在 A、B、C 三处有加速度突变，造成柔性冲击，这种运动规律常用于速度较高的场合。

3. 简谐运动规律

如从动件按简谐运动规律运动，动程为 h，可由图 2-19 得出位移 s 与 θ 角的关系。

$$S = \frac{h}{2}(1 - \cos\theta)$$

式中：θ——辅助圆半径回转角。

$\theta = \pi$ 时，$\delta_0 = \delta$

式中：δ_0——从动件上升动程 h，凸轮所转过的角度。

由 $\theta = \frac{\pi}{\delta_0}\delta$ 得：

$$s = \frac{h}{2}\left[1 - \cos\left(\frac{\pi}{\delta_0}\delta\right)\right]$$

$$v = \frac{\pi h\omega}{2\delta_0}\sin\left(\frac{\pi}{\delta_0}\delta\right)$$

$$a = \frac{\pi^2 h\omega^2}{2\delta_0^2}\left[\cos\left(\frac{\pi}{\delta_0}\delta\right)\right]$$

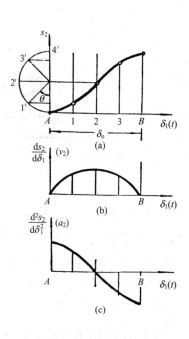

图 2-19 简谐运动规律

作图方法如图 2-19 所示。

（1）以动程 h 为直径画半圆，称辅助圆，将辅助圆周分成若干等分，图上为四等分。过等分点心 1'、2'、3'、4' 作水平线。

（2）再将 AB 线相应地分成四等分，过等分点 1、2、3、B 作垂直于横坐标的直线，分别与上面相对应的水平线相交，得到的这些交点即所求位移曲线上的各点。

（3）将这些点连成一光滑曲线，即为位移曲线。

简谐运动规律速度曲线变化缓和，A、B 两处有加速度突变，造成柔性冲击。

1.2.5 点的合成运动

一切物体都是运动着的，同一物体在不同的参考体上观察，其运动是不同的。如无风时，站在地面上的人看到雨点是铅垂下落的，但坐在行驶的车辆上的人看到的雨点却是向后倾斜下落的。被观察的物体叫做动点，用来作参考的物体叫作参考体。固结在参考体上的坐标系叫做参考坐标系。物体相对于不同参考系的运动是不同的,为了加以区别人们把固连在地面上的参考系叫做静参考系,简称静系,常用 oxy 表示。把相对于地面运动的物体上的参考系叫动参考系,简称为动系,常用 $o'x'y'$ 表示。

1. 绝对运动、相对运动、牵连运动

动点相对于静参考系的运动称为绝对运动,动点相对于动参考系的运动称为相对运动,动参考系相对于静参考系的运动称为牵连运动。如图 2-20 所示,研究直线滚动的车轮上一点 M 的运动,静系固结在地面上,动系固结在车厢上,M 点相对于地面的运动为绝对运动,其轨迹为旋轮线,M 点相对于车厢(动系)的运动为圆周运动,其轨迹为圆,牵连运动是车厢(动系)对于地面(静系)的平动。

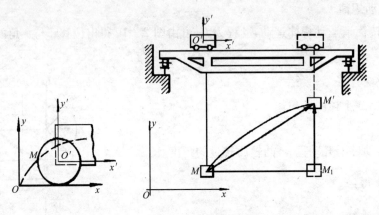

图 2-20 吊车运动示意图

再来看图 2-20 所示桥式起重机起吊重物时重物的运动,重物相对于小车沿铅直方向向上运动,小车相对地面沿水平方向运动,将静系建在地面上,动系固连在小车上,重物相对于小车(动系)的运动为相对运动,小车相对于地面的运动为牵连运动。而重物相对于地面的运动(绝对运动)是相对运动和牵连运动的合成运动,轨迹如图 2-20 中曲线 $\overset{\frown}{MM'}$。

2. 速度合成定理

动点相对于静系的速度称为绝对速度,用 $\vec{v}_a$ 表示,动点相对于动系的速度称为相对速度,用 $\vec{v}_r$ 表示,任一瞬时,动系上和动点重合的点称为牵连点,牵连点相对于静系的速度称为动点的牵连速度,用 $\vec{v}_e$ 表示。

从桥式起重机起吊重物的图 2-20 中可看出,重物的绝对位移 $\overline{MM'}$,相对位移 $\overline{M_1M'}$,牵连位移(牵连点位移) $\overline{MM_1}$。

由图 2-20 可知:$\overline{MM'}=\overline{MM_1}+\overline{M_1M'}$

将上式两边除以时间间隔 Δt,取极限可得:

$$\lim_{\Delta t \to 0}\frac{\overline{MM'}}{\Delta t}=\lim_{\Delta t \to 0}\frac{\overline{MM_1}}{\Delta t}+\lim_{\Delta t \to 0}\frac{\overline{M_1M'}}{\Delta t}$$

即有: $\vec{v}_a=\vec{v}_e+\vec{v}_r$　　　　　　　　　(2-10)

上式表明：动点的绝对速度等于牵连速度和相对速度的矢量和，这就是速度合成定理。

例2-6　如图2-21所示，圆形凸轮半径 $R=80\text{mm}$，偏心距 $e=60\text{mm}$，以匀角速度 $\omega=2\text{rad/s}$ 绕 O 轴转动，杆 AB 能沿滑槽上下平动，杆的下端点 A 紧贴在凸轮上，试求图示位置（AB 和圆心 C 在一直线上）时，杆 AB 的速度。

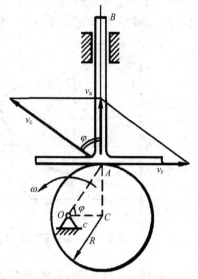

图2-21　正置平底凸轮机构从动杆运动分析

解：AB 作平动，A 点的速度即为 AB 的速度，取杆 AB 的下端点 A 为动点，动系固结在凸轮上，绝对运动，铅直方向的直线运动，绝对速度向上；相对运动为 A 点沿凸轮缘的运动，相对速度沿着圆周的切线方向向右，牵连运动为定轴转动，牵连速度为凸轮上与 A 点重合的点的速度，垂直于 OA，如图2-21所示，组成一平行四边形。

$$\because OC=60\text{mm}, AC=80\text{mm}$$

$$\therefore OA=100\text{mm}$$

$$\cos\varphi=3/5$$

$$v_e=OA\cdot\omega=200\text{mm/s}$$

$$v_a=v_e\cdot\cos\varphi=120\text{mm/s}$$

例2-7　如图2-22所示，正弦机构的曲柄 OA 绕固定轴 O 匀速转动，通过滑块带动槽杆 BC 作水平往复平动。已知曲柄 $OA=r=10\text{cm}$，$\omega=2\text{rad/s}$，求当 $\varphi=30°$ 时，BC 杆速度。

解：以滑块 A 为动点，动系固连在 BC 上，BC 作平动，所以 A 点的牵连速度即为 BC 杆的速度，A 的绝对速度、相对速度、牵连速度如图2-22所示。

$$v_A=r\omega=20\text{cm/s}$$

$$v_e=v_a\sin\varphi=10\text{cm/s}$$

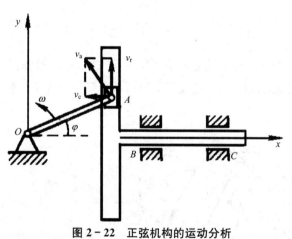

图2-22　正弦机构的运动分析

1.2.6　刚体的平面运动

刚体运动时，刚体上任意点与某一固定平面的距离始终保持不变，这种运动称为刚体的平面平行运动，简称为平面运动。

1. 平面运动方程

如图2-23所示，刚体作平面运动，刚体上各点到固定平面 I 的距离不变，在刚体内任取一个和固定平面 I 平行的横截面 S，则此截面 S 始终在平面 II 内运动，又过截面 S 上任意点 A 作一条与平面 I 垂直的直线 $A'AA''$，则 $A'AA''$ 作平动，A 代表 $A'AA''$ 运动，进而 S 可代表刚体的运动，因此，平面运动刚体可简化为截面 S 在其自身平面内的运动。

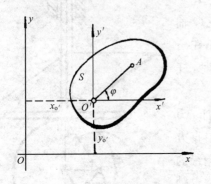

图 2-23　平面运动示意图

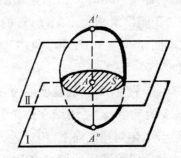

图 2-24　刚体平面投影图

如图 2-24 所示，要确定平面图形 S 的位置，只需确定图形上任一线段（例如图 2-23 中 $O'A$）的位置即可，因此平面图形的运动可以用图形中任一线段的运动来表示。取静坐标系固连于地面。动系 $o'x'y'$ 固连于图形上 O' 点并随 O' 点平动，这样 $O'A$ 的运动可分解为随动系的平动和绕动系原点的转动。$O'A$ 的位置可由 O' 的坐标及 $O'A$ 和 X 轴夹角 φ 来决定。

当平面图形 S 运动时，$x_{o'}$，$y_{o'}$ 和 φ 是时间的连续函数，即：

$$\begin{cases} x_{o'} = f_1(t) \\ y_{o'} = f_2(t) \\ \varphi = f_3(t) \end{cases} \quad (2-11)$$

上式为刚体平面运动的运动方程。

2. 平面运动的分解

如图 2-25 所示，平面图形 S 在时间间隔 Δt 内，由位置 I 运动到位置 II，这一运动过程既可看作 S 随任意点 A 平动到 A_1，再以 A_1 为中心转过 θ 角到位置 II，也可看作随任意点 O' 平动到 O_1' 点，再以 O_1' 为中心转过 θ 角到位置 II。

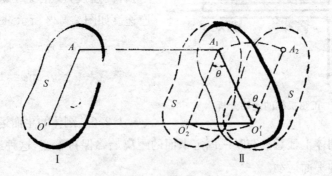

图 2-25　平面运动的分解

刚体的平面运动可看作是随基点的平动和绕基点的转动的合成，即平面运动可分解为随基点的平动和绕基点的转动。由图2-25可知,随基点的平动与基点的选取有关,而绕基点的转动与基点的选取无关。

如图2-26所示,设已知平面图形上任一点O的速度v_O和转动角速度ω,求图形S上任一点M的速度。

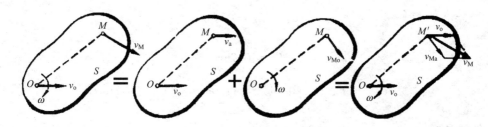

图2-26 平面运动刚体上一点的速度

由于v_O为已知,故取O为基点,将动系原点固结在O上,此时动系为平动坐标系,故$\vec{v}_O$为M点上的牵连速度,又由于转动角速度已知,M点的相对速度就是M绕基点转动的线速度$\vec{v}_{MO}$,由前点的合成运动中的速度合成可得到:

$$\vec{v}_M = \vec{v}_O + \vec{v}_{MO} \tag{2-12}$$

上式表明:平面运动刚体上任一点的速度等于基点速度和该点绕基点转动线速度的矢量和。

例2-8 曲柄滑块机构如图2-27所示,曲柄转速$n=590$r/min,活塞B的行程$S=180$mm,曲柄与连杆的长度比$\dfrac{r}{l}=\dfrac{1}{5}$,当曲柄与水平线成$\varphi=30°$角时,试用基点法求连杆的角速度和滑块B的速度。

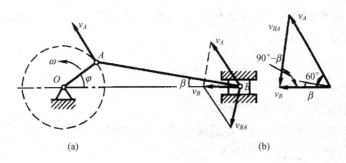

(a)　　　　　　　　(b)

图2-27 曲柄滑块机构

解:$S=180$mm,则$r=90$mm

$$v_A = r\omega = \frac{0.09 \times \pi \times 590}{30} = 5.56\text{m/s},方向垂直 OA$$

AB作平面运动,以A为基点,$\vec{v}_B = \vec{v}_A + \vec{v}_{BA}$

矢量三角形如图 2-27 所示，$\dfrac{v_{BA}}{\sin 60°}=\dfrac{v_A}{\sin(90°-\beta)}$

由 $\triangle OAB$ 求得：$\beta=5.75°$，$\cos\beta=0.995$

$$v_{BA}=4.84\text{m/s}=\omega_{AB}\cdot L$$

$$\frac{r}{L}=\frac{1}{5}，L=5r=0.45\text{m}$$

$$\omega_{AB}=v_{BA}/L=10.76\text{rad/s}$$

$$v_B=v_A\cos 60°+v_{BA}\cos(90°-\beta)=3.26\text{m/s}$$

★ 任务实施

由小组长协调组织，在小组讨论、教师指导下完成下面的任务。

1. 家用缝纫机的机头部分主要由刺布（引线）、挑线、钩线、送布四大机构组成，试对这四大机构的运动进行分析。四大机构运动过程中体现了哪些运动特性？如何克服和利用这些特性？

提示：首先分析各机构输入动作与输出动作是什么，然后从连杆要构的急回特性，凸轮从动件的运动规律来分析。

2. 分析缝纫机驱动机构的运动，绘制极限位置，阐述机构类型、运动特性。

提示：缝纫机的驱动机构把人的往复脚踏运动转换为连续的转动，分析其结构组成，判断其属于哪一种平面机构，并分析其是否具有急回特性。

3. 缝纫机缝针刺穿布时的速度与什么有关系？结合任务 1.1 绘制的机构运动简图分析缝针针尖的运动轨迹。若缝纫机主轴以 900r/min 旋转，此时缝针刺穿布时的速度为多少？

提示：刺布机构本身是一曲柄滑块机构，可以按照曲柄滑块机构来分析其运动规律，并计算给定条件下缝针刺布的速度。

★ 习题

1. 刚体平动和定轴转动各有何特点？
2. 做定轴转动时，刚体上任意一点的线量和角量之间有何关系？
3. 刚体的平面运动可以看做哪两种运动的合成？
4. 偏心凸轮机构中凸轮的半径 $R=5\text{cm}$，偏心距 $OO_1=e=2\text{cm}$，凸轮绕 O 点以匀角速度 ω 转动，$\omega=4\pi\text{rad/s}$，求 CD 的运动方程。
5. 在曲柄连杆机构中，$r=l=e$，$\varphi=\omega t$，ω 为常数，求连杆中点 M 的轨迹及滑块 A 的速度。
6. 半径为 $R=10\text{cm}$ 的轮子，作匀角加速转动，角加速度 $\varepsilon=3.14\text{rad/s}^2$，轮子从静止开始运动，求 10s 末轮子的角速度，并求轮缘上点 M 的速度、切向加速度、法向加速度、全加速度。

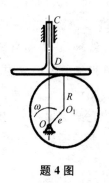

题 4 图

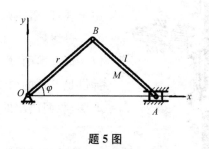

题 5 图

7. 图示曲柄滑道机构中,杆 BC 水平,而杆 DE 保持铅垂,曲柄长 $OA=10\text{cm}$,并以角速度 $\omega=20\text{rad/s}$ 绕 O 轴转动,再通过滑块 A 使杆 BC 作往复运动,求当曲柄与水平线夹角为 $30°$ 时杆 BC 的速度。

8. 图示两种曲柄导杆机构,已知两个轴心距离 $O_1O_2=20\text{cm}$,某瞬时 $\theta=20°$,$\varphi=30°$,$\omega_1=6\text{rad/s}$。试分别求这两种导杆在此瞬时 AO_2 杆的角速度 ω_2 的值。

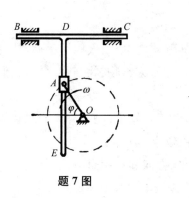

题 7 图

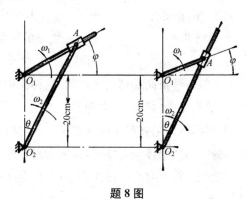

题 8 图

任务 1.3 机械机构受力分析

★ 学习目标

1. 能够绘制平面构件的受力分析图。
2. 能够对不同的平面连杆机构进行受力分析。
3. 能够对不同类型的凸轮机构进行受力分析。

★ 任务描述

任务名称:家用缝纫机机械机构受力分析

家用缝纫机的工作循环一般以机针处于最高点为循环的起始点。机针带着面线自上而下

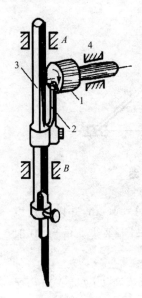

运动,穿过布料,到达最低点。与此同时,挑线机构自上而下摆至接近水平位置,摆梭逆时针摆动,到达勾线准备位置;当机针回升开始,先抛出线环,摆梭则开始顺时针摆动,勾住线环,进而带着绕有底线的梭心穿过线环。与此相配合,挑线机构先是在水平位置附近保持静止,以保证抛出的线环稳定,便于勾线,随后则迅速下摆,为摆梭穿越线环提供足够长的面线;机针继续上升,摆梭完全穿出线环,挑线杆便迅速上摆,收回放出的面线,并从线团中拉出下一循环所需的线,完成一个针迹。

缝纫机刺布机构如图 3-1 所示。缝纫机工作时,缝针刺透布层,然后带动缝纫线穿过布层,最后形成线迹。刺布过程是一个力相互左右的过程,那么针头在刺穿布层时所受的力与什么有关? 请对其进行受力分析。

★ 知识学习

图 3-1 缝纫机
刺布机构

1.3.1 静力学基本知识

1. 力、力系的基本概念

力的概念产生于人类从事劳动之中,当人们用手握、拉、推、举物体时,由于肌肉紧张而受到力的作用,这种作用广泛地存在于人与物、物与物之间,人们把这种物体之间的相互机械作用称之为力。

力对物体作用将产生两种效果,一是使物体的运动状态发生改变,称为力对物体作用的外效应,另一是使物体产生变形,称为力对物体作用的内效应。

实践证明,力对物体的作用效应,决定于力的大小、方向和作用点的位置,这三个因素称为力的三要素。

力的单位,本书采用国际单位制,用牛顿(N)或千牛(kN)。

力是一个具有大小和方向的量,和其他矢量一样,可以用一个带箭头的有向线段表示,如图 3-2 所示。线段长度按一定比例代表力的大小,线段的方位和箭头表示力的方向,其起点或终点表示力的作用点,文字符号用黑体字母表示矢量,以普通字母表示这个矢量的大小。

作用于物体上的一组力称为力系。若两个力系分别作用于同一个物体上,所产生的外效应相同,则此二力系称为等效力系。如果一个力和一个力系等效,则该力称为力系的合力,力系中各力称为该力的分力。

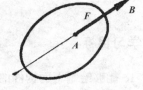

图 3-2 力的图示

在工程中,人们认为相对于地面静止或做匀速直线运动的物体是处于平衡状态的,例如桥梁、机床的床身、高速公路上匀速直线行驶的汽车等都处于平衡状态。

物体处于平衡状态时,作用于物体上的力系为平衡力系,平衡力系中各力对物体作用的外效应互相抵消。

2. 约束和约束反力

在各类工程问题中,构件总是以一定的形式与周围其他构件相互联结的。例如房梁受立柱的限制,使它在空间得到稳定的平衡;转轴受到轴承的限制,使它只能产生绕轴心的转动;小车受地面的限制,使它只能沿路面运动等。

物体受到周围物体的限制时,这种限制就称为约束。约束限制了物体本来可能产生的某种运动,从而实际上改变了物体原来可能的运动。约束有力作用于物体,这种力称为约束力。

于是,就可以将物体所受的力分为两类,一类是使物体产生可能运动的力,称为主动力;另一类则是约束限制某种可能运动的力,称为约束力,又因它是由主动力引起的反作用力,故全称应是约束反作用力,简称约束反力。

约束反力总是作用在被约束物体与约束物体的接触处,其方向也总是与该约束所限制的运动趋势方向相反,据此,即可确定约束反力的位置及方向。

(1)柔性约束。柔性约束即由柔绳、胶带、链条等所形成的约束。这类约束只能限制物体沿绳索伸长方向的运动,因此它对物体只有沿绳索方向的拉力,如图 3-3 所示,常用代号为 T。

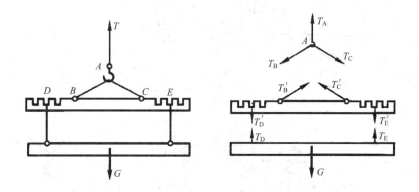

图 3-3 柔性约束

(2)光滑接触面约束。如图 3-4(a)所示,当物体与物体间接触处的摩擦力很小,与其他作用力相比,可忽略不计时,这样的接触面可以认为是理想光滑的。光滑接触面约束,不管接触面是平面还是曲面,它只能限制物体沿接触面公法线方向而朝向支承面的运动,因此光滑接触面约束对物体作用的约束反力的方位必沿公法线,并指向物体。如图 3-4(b)所示,光滑接触面约束对物体作用的约束反力一般以符号 N 表示。

如图 3-5 所示,机床的台面由床身的平导轨和三角导轨支承,导轨充分润滑,支承面可认为是光滑的。图 3-5 中分别画出了台面和导轨间的反作用力。因为摩擦力可以忽略不计,所以各力方位均沿接触面公法线,并分别指向台面和床身导轨。图 3-5 中 N_1 与 N_1'、N_2 与 N_2'、N_3 与 N_3' 均为作用力与反作用力的关系。

(3)铰链联接。两构件采用圆柱销所形成的联接为铰

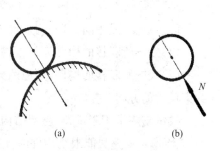

图 3-4 光滑接触面约束

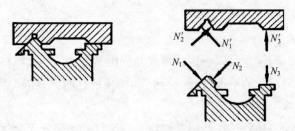

图 3-5　机床导轨

链联接,其结构为圆柱销与一构件固联,插入另一构件的孔内,如图 3-6 所示,若相连的两构件有一固定,称为固定铰链,若均无固定,则称为中间铰链。

这类约束的本质即为光滑约束。故其约束反力必沿圆柱面接触点的公法线方向通过圆销的中心。在外力未定,接触点不能确定时,只能确定反力通过圆销的中心,其大小方向均无法确定,通常用两个大小未知的正交分力来表示,如图 3-6 所示。

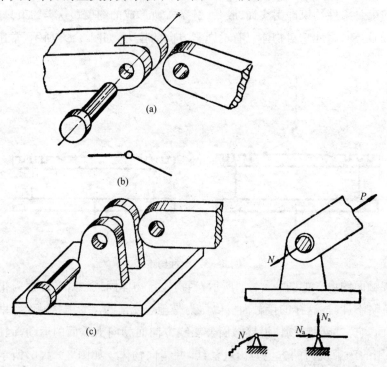

图 3-6　铰链联接受力分析

固定铰支(或中间铰)的约束反力方向,属下列情况时,约束反力方向可以确定。

(1)铰链所联接的构件为二力物件。

(2)铰链所联接的构件,其他两力方向可确定时,由三力汇交,或三力平衡,可确定固定铰链约束反力的方向。

铰链支座常用于桥架、屋架结构中,支座在滚子上任意左右移动,称为活动铰链支座,如图3-7 所示。支座只能限制构件沿支撑面垂直方向的运动,故活动铰链支座的约束反力必定通过铰链中心,并垂直于支撑面。

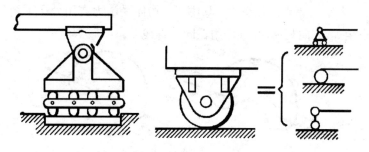

图 3-7　活动交流支座

3. 静力学公理

静力学公理是人类从长期的实践和经验中总结出来的一些基本力学规律并通过实践验证不需证明而为人们所公认,故称公理,其中基本公理有以下四条。

(1)公理一:力的平行四边形法则。作用于物体上同一点的两个力可以合成为一个合力,合力也作用于该点,其大小和方向由两个分力为邻边所构成的平行四边形的对角线表示。如图 3-8所示,$\vec{R}$ 表示合力,$\vec{F_1}$、$\vec{F_2}$ 表示分力。这种求合力的方法称为矢量加法,用公式表示为

$$\vec{R} = \vec{F_1} + \vec{F_2}$$

反之,一个力也可以分解为两个分力,分解也可按力的平行四边形法则进行。显然,以已知力为对角线可作无穷多个平行四边形,因此,力的分解是不定的,必须附加条件,才能得到确定的结果。

附加条件可以是下面四个条件中任意一个。

①规定两个分力的方向。

②规定其中一个分力的大小和方向。

③规定其中一个分力的方向和另一个分力的大小。

④规定两个分力的大小。

在实际应用中,通常是将力沿两个互相垂直的方向分解,如图 3-9所示。例如在讨论直齿圆柱齿轮的受力分析时,常将沿齿面法向的正压力(啮合力)分解为沿齿轮分度圆圆周切线方向的分力(圆周力)与指向轴心的分力(径向力)。

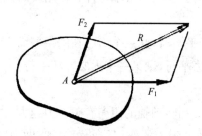

图 3-8　力的平行四边形法则

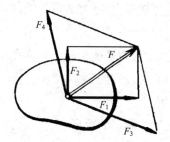

图 3-9　力在不同方向的分解

(2)公理二:二力平衡原理。如图 3-10 所示,物体受二力作用处于平衡的充分必要条件是:这两个力大小相等,方向相反,并且作用在同一直线上。

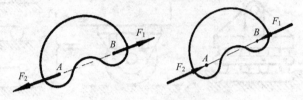

图 3-10   力的平衡

在机械或结构中,凡只受二力作用而处于平衡状态的构件,因其所受的二力必在两个力的作用点的连线上,故称为二力构件,如图 3-11 所示。

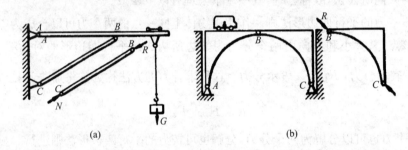

(a)   (b)

图 3-11   机构中的二力杆

(3)公理三:加减平衡力系公理。在一个已知力系上,增加或者减去一个平衡力系,不改变原力系对物体作用的外效应。本公理为力系简化的基本方法之一。

(4)公理四:作用力和反作用力定律。两个物体间相互作用的一对力,总是同时存在并且大小相等,方向相反,沿同一直线分别作用在这两个物体上。

力总是以作用与反作用的形式存在,而且以作用与反作用的方式进行传递。应该注意的是,作用力和反作用力定律与二力平衡原理是不同的。前者是表示两个物体间相互作用的力学性质,作用力和反作用力不能平衡,后者说明一个刚体在两力作用下处于平衡应满足的条件。

由以上四条基本公理可得到如下两点推论(不作证明)。

推论一:力的可传性。作用于刚体上的力可沿其作用线在刚体上任意移动而不改变力对物体作用的外效应,根据力的可传性,作用于刚体上的力的三要素为大小、方向、作用线的位置。

应当注意,力的可传性不适用于变形体。

推论二:三力平衡原理。物体在三个力作用下处于平衡时,此三个力必在同一平面内,若其中两个力相交,则这三个力必汇交于一点;若其中两个力平行,则第三个力必互相平行。

4. 力矩

力使物体转动的效果,不仅跟力的大小有关,还跟力和转动轴的距离有关。力越大,力跟转动轴的距离越大,力使物体转动的作用就越大。从转动轴到力的作用线的距离,叫做力臂。力和力臂的乘积叫做力对转动轴的力矩。

力矩是一个向量,可以被想象为一个旋转力或角力,导致出旋转运动的改变。例如当用扳手拧紧螺母时,若作用力为 F,转动轴心 O 到力作用线的垂直距离为 d,称为力臂,如图3-12所示。

由经验可知,拧紧螺母的转动效应不仅与力 F 的大小有关,且与力臂的长度有关,故力 F 对物体的转动效应的大小可用两者的乘积($F·d$)来度量,当然,若力 F 对物体的转动方向不同,其效果也不相同。

人们把力对物体绕某点转动的作用的量称为力对点之矩。据大量实例,可归纳出力对点之矩的定义为:力对点之矩为一代数量,它的大小为力 F 的大小与力臂 d 的乘积,它的正负号表示力矩在平面上的转向。一般规定力使物体绕矩心逆时针方向旋转者为正,顺时针为负。并记作 $M_o(F) = \pm F·d_o$。

F 力对点 O 的力矩值,也可用 $\triangle OAB$ 面积的两倍表示,如图 3-13 所示,即 $M_o(F) = \pm 2\triangle OAB$。

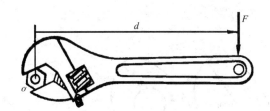

图 3-12 扳手拧紧螺母示意图

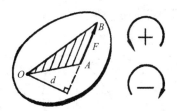

图 3-13 力矩的计算

由力矩的定义可知:

①当力的作用线通过矩心时,此时力臂值为零,力矩值为零。

②力沿其作用线滑移时,不会改变力矩的值,因为此时并未改变力、力臂的大小及力矩的转向。

力矩的法定计量单位为牛顿·米(N·m)。

合力矩定理:合力对某一点的矩等于各个分力对同一点的力矩的代数和。

5. 力偶

(1)力偶的定义。在日常生活和生产实践中,常见到物体受一对大小相等、方向相反,但不沿同一作用线的平行力作用,如司机转动方向盘。一对等值、反向、不共线的平行力组成的力系,称为力偶,此二力作用线之间的距离称为力偶臂,力偶对物体的作用效应是使物体的转动产生变化。

(2)力偶的三要素。由实践可知,在力偶的作用面内,力偶对物体的转动效应取决于组成力偶的两平行力的大小、力偶臂的长短及力偶的转向。力学上,以力 F 和力偶臂 d 的乘积及其正负号作为量度力偶的转动效应的物理量,称为力偶矩。记作 $m(\vec{F}, \vec{F}')$,即:

$$m(\vec{F}, \vec{F}') = m = \pm Fd \tag{3-1}$$

使物体作逆时针转动时,力偶矩为正,反之为负。力偶矩的单位为 N·m,力偶的三要素为力偶矩的大小、力偶的方向、力偶作用面的方位。

（3）力偶的等效、力偶的性质。凡三要素相同的力偶，彼此等效，即可以互相置换。这一点不仅从力偶的概念可以说明，还可以通过力偶的性质作进一步的证明。

①组成力偶的两个力在任意坐标轴上投影的代数和恒等于零，由于组成力偶的两个力等值、反向，所以这个结论是显而易见的，故力偶不能与一个力等效，也不能与一个力平衡。

②组成力偶的两个力对其作用面内任一点力矩的代数和恒等于力偶矩。

以上性质在列平衡方程时得到应用。由以上性质，可对力偶作如下处理。

力偶可以在其作用面内任意移动，不改变力偶的作用效应。

在不改变力偶矩的大小和转向的条件下，可同时改变力的大小和力偶臂的长短，力偶的作用面应保持不变。

由以上可知，只要力偶的作用面不变，力偶矩不变，力偶臂、力的大小和方向均可改变。所以，没有必要表明力的具体位置，力的大小、方向、力偶臂的值，如图 3 - 14 所示，有时就简明地以一个弧线来标示力偶矩。

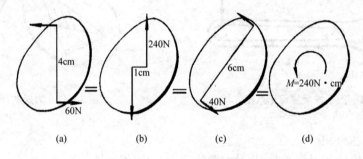

图 3 - 14　力偶的表示

6. 摩擦及摩擦力

摩擦是两个接触的物体之间由于其接触面不平整而产生的相互作用，在工程和日常生活中会经常遇到，如轴和轴承之间、滑块与导轨之间、齿轮啮合中都有摩擦。由于摩擦的存在，使零件磨损，机器发热，能量消耗，效率降低，这是其有害的一面。另一方面，摩擦在有的情况下是不可缺少的，如皮带轮的传动和制动、螺栓在拧紧后不会松动、机床上的夹头能够卡紧工件等。在纺织上，可以利用摩擦来调节纱线或织物的张力，可以实现其他一些工艺上的要求，在人们的生活中，离开了摩擦甚至寸步难行。

（1）滑动摩擦。互相接触的两个物体有相对滑动或相对滑动趋势时，接触面间产生的彼此阻碍运动的力称为滑动摩擦力。有滑动时的摩擦力为动滑动摩擦力，只有滑动趋势时的摩擦力为静滑动摩擦力。

有一个简单的实验，如图 3 - 15 所示，物块重 P，放在固定的水平面上，以水平力 T 拉物块（T 的大小等于砝码的重量 Q，砝码根据需要可增减）。

当 T 不大时，物块并不向右滑动，因此，接触面上，台面对物块不仅有法向反力 $\vec{N}$，还有切向阻力，即摩擦力 $\vec{F}$。

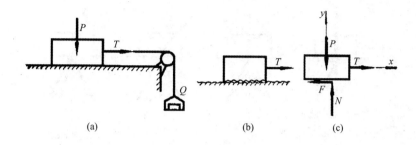

图 3 - 15　滑动摩擦力示意图

因物块处于平衡,故有:

$$F = T, N = P$$

若逐渐增加砝码,即 T 逐渐增大,物块仍静止时,摩擦力 F 也逐渐增大。当砝码增加到一定数值 Q_K 时,物块处于将要滑动而尚未滑动的临界平衡状态,也就是说砝码再增加一个微量,物块就要开始滑动了,此时静摩擦力 $\vec{F}$ 达到最大值 $\vec{F}_{max}$。我们称 $\vec{F}_{max}$ 为最大静摩擦力,

在一般平衡条件下,摩擦力 F 总是小于或等于最大静摩擦力,即:

$$0 < F \leqslant F_{max} \tag{3-2}$$

实践证明:最大静摩擦力的大小 F_{max} 与法向反作用力(正压力)N 成正比。即:

$$F_{max} = fN \tag{3-3}$$

这就是静摩擦定律,f 为静滑动摩擦因数,其大小与接触面材料和表面状况有关,可通过实验测定。

实践证明,有相对滑动时,动摩擦力的大小与正压力成正比。即:

$$\vec{F}' = f'N$$

这就是动摩擦定律,f' 称为动摩擦因数,其大小除与材料和接触面状况有关外,还与相对滑动的速度大小有关。实际工程计算中,不考虑速度的影响,将 f' 视为常量。

一般情况下,f' 略小于 f,均可由实验测定。

(2)摩擦角和自锁。如图 3 - 16 所示,当考虑摩擦时,支撑面的反力包含两个分量,即法向反作用力 N 与切向反作用力,即摩擦力 F。这两个分力的合力 $\vec{R} = \vec{N} + \vec{F}$ 称为支撑面的总反力,其作用线与支撑面法线间成一夹角 θ。θ 随 F 的增大而增大,当摩擦力达到最大值 F_{max} 时,也就是物体处于平衡的临界状态时,θ 亦达到某一最大值 φ。总反力 R 与支撑面法线间的最大偏角 φ 称为摩擦角。当物块滑动趋势方向改变时,总反力的作用线方位亦随之改变,因此,在法线的各侧都可作出摩擦角。

由图 3 - 16 可见:

$$\tan\varphi = \frac{F_{max}}{N} = \frac{fN}{N} = f$$

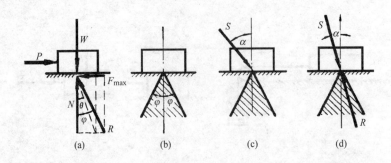

图 3-16 摩擦角

即摩擦角的正切等于静摩擦因数。因而,摩擦角和摩擦因数一样也反映了材料的摩擦性质。

在平衡的情况下,摩擦力不一定达到可能的最大值,而是在 0 与 F_{max} 之间变化,所以总反力 R 与支撑面法线方向的夹角也相应地在 0 与 φ 之间变化。但是,摩擦力不能超过其最大值 F_{max},因而支撑面总反力的作用线不可能越出摩擦角以外。

由摩擦角的这一性质,可得如下结论:若作用在物体上的主动力合力 S 的作用线在摩擦角之外,即 $\alpha > \varphi$,则不论这个力如何小,物体都不保持平衡。因为主动力的合力 S 与总反力 R 的作用线不可能共线,不符合二力平衡条件。若主动力合力 S 的作用线在摩擦角之内,即 $\alpha < \varphi$,则不论这个力如何大,物体总是处于静止状态。因为,在后者的情况下,即使主动力合力 S 不断增加,但法向反作用力 N 及阻止物体滑动的摩擦力 F 也会相应增加,所以总会有一总反力 R 与 S 相平衡,这种现象称为摩擦自锁。

工程上常应用自锁原理设计卡紧装置;反之,很多情况下,为防止机械自动卡死,也需避免发生自锁现象。

1.3.2 平面机构的受力分析

1. 受力分析和受力图

(1)什么是受力分析。在工程实际中,为了求出未知的约束反力,需要根据已知力,应用平衡条件求解。为此,先要确定物体受了几个力,各个力的作用点和力的作用方向,这个分析过程称为物体的受力分析。

作用于物体上的力种类很多,在力学中,常把约束反力以外的力统称为主动力,故作用于物体上的力分为主动力和约束反力两大类。

对物体进行受力分析时,常将对物体的约束全部解除,将全部主动力和约束反力画在其上,称为受力图。

画受力图的步骤一般为:

①画出研究对象的分离体。

②标上已知的主动力。

③在解除约束处,根据约束性质画上约束反力。

同时必须注意以下几种情况:

①二力构件，一般情况下必须判定，才能求解。

②作用与反作用的分析，在求解物系平衡时十分重要；

③受力图上只画研究对象以外的物体对研究对象的作用力（外力），而不画研究对象内各构件之间的相互作用力（内力）。

例 3-1　画出图 3-17(a)、(d) 两图中滑块及推杆的受力图，并进行比较。图 3-17(a) 是曲柄滑块机构，图 3-17(d) 是凸轮机构。

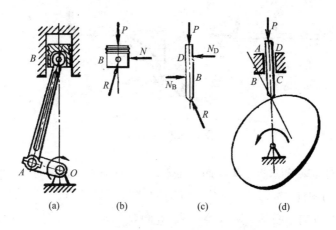

(a)　　　　(b)　　　　(c)　　　　(d)

图 3-17　曲柄滑块与凸轮机构受力分析

解：分别取滑块、推杆为分离体，画出它们的主动力和约束反力，其受力图如图 3-17(b) 和 (c) 所示。

滑块上作用的主动力 P、R 的交点在滑块与滑道接触长度范围以内，其合力使滑块单面靠紧滑道，故产生一个与约束面相垂直的反力 N，N、P、R 三力汇交。而推杆的主动力 P、R 的交点在滑道之外，其合力使推杆倾斜而导致 B、D 两点接触，故有约束反力 N_B，N_D。

例 3-2　自卸载重汽车翻斗可绕铰链支座 A 转动，油缸推杆是二力构件，如图 3-18 所示。翻斗重 P，车重 G，试画出翻斗和汽车的受力图。

解：取全车为研究对象时，则 A、B 铰链为内约束，故在图 3-18(a) 中，A、B 处不画出内力。

取翻斗为研究对象时，如图 3-18(b) 所示，A、B 铰链就成为外约束，由于油缸推杆为二力构件，故 R_B 沿推杆方向，A 处铰支反力 N_A 方向不明，以 N_{AX}，N_{AY} 表示。

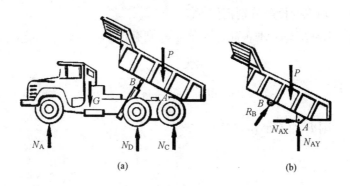

(a)　　　　　　　　　　　(b)

图 3-18　自卸载重汽车

例 3 - 3　试画出图 3 - 19 所示组合梁的受力图。

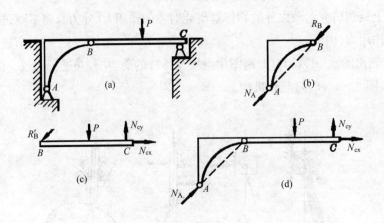

图 3 - 19　组合梁

解：中间铰 B 对曲梁 AB、直梁 BC 而言是外约束，对整体组合梁 ABC 而言是内约束。

曲梁 AB 是二力构件，N_A、R_B 必沿 AB 方向[图 3 - 19(b)]。

直梁 BC 中 N_C 方向不明，以 N_{cx}、N_{cy} 表示[图 3 - 19(c)]。

组合梁 ABC 中，内力 R_B、R_B' 不予显示[图 3 - 19(d)]。

由以上数例可见，画受力图时应该注意以下两点。

①画出分离体上受到其他物体的全部作用力，不画分离体对其他物体的作用力。

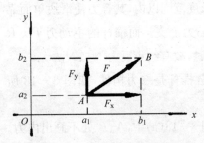

图 3 - 20　力在坐标轴上的投影

②只画外力，不画内力。内约束分离后，可以转化为外约束，应注意各物体间相互的作用力与反作用力关系。解除约束后应画出约束反力。

（2）力在平面直角坐标轴上的投影。如图 3 - 20 所示，力 F 在坐标轴上的投影定义为：过 F 的两端向坐标轴引垂线，得垂足 a_1、b_1 和 a_2、b_2，$a_1 b_1$ 和 $a_2 b_2$ 分别为 F 在 x 轴、y 轴上投影的大小。投影的正负规定为：从 a 到 b 的指向与坐标轴正向相同时为正，反之为负。

力 F 在 x 轴、y 轴上的投影分别记作 F_x 与 F_y。

若已知 F 的大小及其与 x 轴正向之夹角为 α，则有：

$$\begin{cases} F_x = F\cos\alpha \\ F_y = F\sin\alpha \end{cases} \tag{3-4}$$

若已知 F_x、F_y，则 F 的大小和方向为：

$$F = \sqrt{F_x^2 + F_y^2} \tag{3-5}$$

$$\tan\alpha = |F_x / F_y| \tag{3-6}$$

式中：α——$\vec{F}$和x轴所夹之锐角。

F的指向由F_x和F_y的正负确定。

2. 平面任意力系的受力分析

力系中各力的作用线在同一平面内称为平面力系,若各力作用线汇交于一点,称为平面汇交力系。若各力作用线互相平行,称为平面平行力系。作用线既不汇交于一点,也不互相平行,称为平面任意力系。

(1)力的平移定理。前面已介绍过力的可传性,即力可在刚体上沿其作用线移动。了解了力偶以后,可以将力平移到作用线以外的任何位置上去。但是,在移动的同时必须附加条件,才能保证力的作用效应不变。

如图3-21所示,它描述了力向作用线外一点的平移过程。欲得作用于A点的力$\vec{F}$平移到平面上任一点O,可在O点加上一对与$\vec{F}$等值的力$\vec{F'}$,$\vec{F''}$,则$\vec{F}$与$\vec{F''}$组成一个力偶。其力偶矩等于原力$\vec{F}$对O点的力矩。

$$m = m_o(\vec{F}) = \pm Fd$$

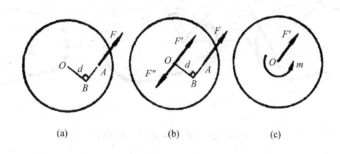

(a)　　　　　(b)　　　　　(c)

图3-21 力的平移

于是原来作用在A点的力$\vec{F}$就与作用在O点的力$\vec{F'}$和附加力偶m等效,由此可知:作用在刚体上的力,可平移到刚体内任一点,但必须同时增加一个附加力偶,附加力偶的力偶矩等于原力对新的作用点之矩,此为力的平移定理。

力的平移定理说明,力对物体在一般情况下有两种作用,一是使物体产生移动,二是使物体产生转动。

(2)固定端的约束反力。工程中还有一种常见的基本约束类型,如建筑物上的阳台、打入墙中的钉子等,这类约束称为固定端约束。

如图3-22所示,若主动力作用在一个平面内,则固定端约束反力也和力作用在同一平面内,为一平面任意力系。

可将这个约束反力系向插入点A简化,得到一个力(主矢)与一个力偶(主矩)。

因此,固定端约束力为一个约束反力$\vec{N}$和一个力偶。一般情况下,$\vec{N}$用一对正交分力$\vec{N}_x$,

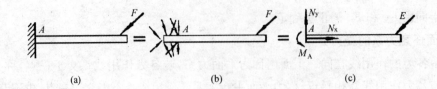

图 3 - 22 固定端的约束反力

$\vec{N}_y$ 来表示。$\vec{N}_x$，$\vec{N}_y$ 代表约束对杆件左右、上下的移动限制作用，M 表示约束杆件转动的限制作用。

(3)平面任意力系的简化。如图 3 - 23 所示，设在物体上作用一平面任意力系 $\vec{F}_1$，$\vec{F}_2$，$\cdots\vec{F}_n$，在平面内任取一点 O，称为简化中心。根据力的平移定理，将力系中各力向 O 点平移。得到一作用于 O 点的汇交力系 $\vec{F}_1'$，$\vec{F}_2'$，$\cdots\vec{F}_n'$ 以及一附加力偶系 m_1，m_2，$\cdots$，m_n。

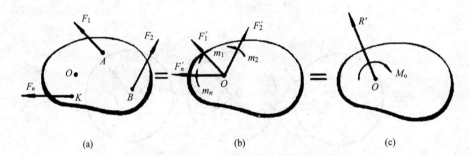

图 3 - 23 平面任意力系的简化

$$\vec{F}_1'=\vec{F}_1,\vec{F}_2'=\vec{F}_2,\cdots,\vec{F}_n'=\vec{F}_n$$

$$m_1=m_o(\vec{F}_1),m_2=m_o(\vec{F}_2),\cdots,m_n=m_o(\vec{F}_n)$$

汇交力系可合成为一个作用于 O 点的合力。

$$\vec{R}'=\vec{F}_1+\vec{F}_2+\cdots+\vec{F}_n=\sum\vec{F}$$

附加力偶系可合成为一个力偶，力偶矩 M_o 为各力偶矩的代数和，即：

$$M_o=m_1+m_2+\cdots+m_n=\sum m_o(\vec{F}) \tag{3-7}$$

原力系与 $\vec{R}'$ 与 M_o 的联合作用等效。$\vec{R}'$ 称为主矢，与简化中心的位置无关；M_o 称为主矩，与简化中心的位置有关。所以，平面任意力系向一点简化，其结果一般情况为一主矢和主矩。

主矢 $\vec{R}'$ 等于力系中各力的矢量和，主矩 M 等于各力对简化中心的力矩的代数和。

简化结果讨论：

① $\vec{R}' \neq 0, M \neq 0$。

可进一步取一简化中心简化。使附加力偶和 M 等值,但转向相反。最终简化为一个合力。

② $\vec{R}' \neq 0, M = 0$。

此时主矢 $\vec{R}'$ 就是力系的合力。

③ $\vec{R}' = 0, M \neq 0$。

此时力系简化为一合力偶,此合力偶与简化中心无关。

④ $\vec{R}' = 0, M = 0$。

平面任意力系平衡,物体在此力系作用下处于平衡状态。

(4)平面力偶系的合成与平衡。

①平面力偶系的合成。设在刚体某平面上有力偶 m_1、m_2 作用,如图 3-24(a)所示,现求其合成的结果。

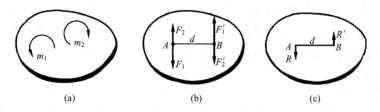

图 3-24　力偶的合成

在平面上任取线段 $AB = d$,当作公共力臂,并把每一个力偶代为一组作用在 A、B 两点的反向平行力。如图 3-24(b)所示,F_1、F_2 的大小分别为:

$$F_1 = m_1/d$$

$$F_2 = -m_2/d \ (m_2 \text{ 为负值})$$

于是在 A、B 两点各得一组共线力系,其合力为 $\vec{R}$ 和 $\vec{R}'$,其大小为:

$$R = R' = F_1 - F_2$$

$\vec{R}$ 与 $\vec{R}'$ 等值,反向,不共线,组成力偶,所以:

$$M = Rd = (F_1 + F_2)d = m_1 + m_2$$

上述合成可推广到若干个力偶共同作用,于是有如下结论:平面力偶系合成的结果为合力偶,合力偶矩等于各分力偶矩的代数和。

②平面力偶系的平衡。平面力偶系的平衡条件为:

$$\sum m = 0 \qquad\qquad (3-8)$$

平面力偶系平衡的必要与充分条件是,此力偶系中各力偶矩的代数和为 0。

例3-4 力偶 m_1 作用在四杆机构的曲柄 OA 上，m_2 作用在摇杆 BC 上，如图3-25所示，已知 $m_1=2\text{N·m}$，$OA=10\text{cm}$，并处于铅垂位置，$BC=10\sqrt{3}\text{ cm}$，$\angle ABC=90°$，$\angle OCB=60°$，$\angle OAB=120°$，求平衡时 m_2 的值。

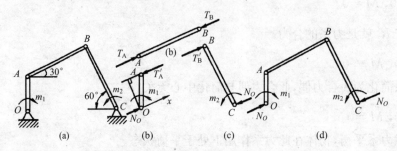

图3-25 四杆机构受力分析

解：

①分别画出 OA、BC 及整体的受力图。

②连杆 AB 为二力构件，两端受力 T_A、T_B，$T_A=T_B$，其反作用力 T'_A、T'_B 分别作用在 OA 和 BC 上，曲柄 OA 受力 m_1，T'_A，铰支 O 的反力为 N_o。由力偶只能和力偶平衡可知 N_o 和 T'_A 等值，反向组成一力偶，同理 C 处约束反力 N_C 必和 T'_B 等值，反向。

③由平衡条件 $\sum m=0$

对 OA：$T'_A OA\cos30°-m_1=0$

对 BC：$m_2-T'_B\cdot BC=0$

而 $T'_B=T_B=T_A=T'_A$

故将数值代入解得：

$$m_2=4\text{N·m}$$

(5)平面任意力系平衡方程。由上述可知，平面任意力系平衡条件为：

$$R'=\sqrt{\left(\sum F_x\right)^2+\left(\sum F_y\right)^2}=0$$

$$M_o=\sum m_o(\vec{F})=0$$

所以平面任意力系的平衡方程为：

$$\left.\begin{array}{l}\sum F_x=0\\[6pt]\sum F_y=0\\[6pt]\sum m_o(\vec{F})=0\end{array}\right\}\qquad(3-9)$$

上式表明，平面力系平衡时，力系中各力在任一坐标轴上投影的代数和为0，各力对作用面内任一点力矩的代数和为0，式(3-9)是平面力系平衡的充分和必要条件，利用这组方程可以且只可以求解三个未知量。

特殊情况,即对平面汇交力系,以力系的汇交点为简化中心,则主矩为 0 自然满足,故平衡方程只有两个,即:

$$\left.\begin{array}{l} \sum F_x = 0 \\ \sum F_y = 0 \end{array}\right\} \tag{3-10}$$

对平面平行力系,以力的作用线为一坐标轴(如 y 轴),与之垂直的方向为另一坐标轴(x 轴),则在 x 轴上投影的代数和为 0 自然满足,所以平衡方程只有两个,即:

$$\left.\begin{array}{l} \sum F_y = 0 \\ \sum m_o(\vec{F}) = 0 \end{array}\right\} \tag{3-11}$$

例 3-5 重 G 的物块悬于长 L 的吊索上,如图 3-26 所示,有人以水平力 F 将物块向右推到水平距离 x 处。已知 $G = 1.2\text{kN}, L = 13\text{m}, x = 5\text{m}$,试求所需水平力 F 的值。

解:

①取物块为研究对象,并作出其分离体受力图如图 3-26(b) 所示,水平力 F、重力 G、吊索拉力 T 汇交于一点。

②选取坐标 xay 如图 3-26(b) 所示,列平衡方程求解,有:

$$\sum F_y = 0, \quad T\cos\alpha - G = 0$$
$$T = G/\cos\alpha \tag{3-12}$$

$$\sum F_x = 0, \quad F - T\sin\alpha = 0 \tag{3-13}$$

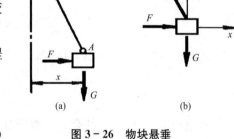

图 3-26 物块悬垂

由式(3-12)、式(3-13)可得:

$$F = G \cdot \tan\alpha = G \cdot (x / \sqrt{l_2 - x_2}) = 0.5\text{kN}$$

(6)考虑摩擦时受力分析。求解摩擦的平衡问题时,应当考虑物体将动未动的临界状态,因为此时的摩擦力为最大静摩擦力。其步骤为:

①确定研究对象,画出分离体的受力图。

②列静力平衡方程(包括摩擦力)。

③由静摩擦定律列补充方程。

④求解方程组并加以讨论。

例 3-6 摩擦制动装置如图 3-27 所示。已知 D 轮与制动块间的摩擦因数为 f,载荷重量为 Q,其他尺寸如图所示。问 P 力最小要多少才能阻止重物下降?

解:先取轮 D 为分离体,其受力图如图 3-26(c) 所示,注意摩擦力的方向与 D 轮和制动块的相对滑动趋势方向相反,因需求的是 P 的最小值,故所考虑的应是临界平衡,此时摩擦力达

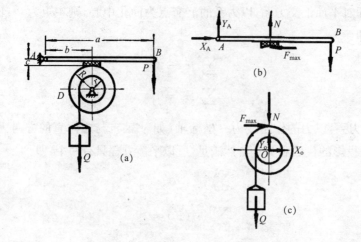

图 3 - 27 摩擦制动装置示意图

到最大值。

$$F_{max} = fN \tag{3-14}$$

列出平衡方程式:

$$\sum m_o(F) = 0 , \quad Qr - F_{max}R = 0 \tag{3-15}$$

将式(3-14)代入式(3-15)得:

$$N = \frac{Qr}{fR} \tag{3-16}$$

再以手柄为分离体,其受力如图所示。列平衡方程式:

$$\sum m_A(F) = 0 \quad N_b - P_a - fN_c = 0 \tag{3-17}$$

将式(3-16)代入式(3-17),经整理得:

$$P = \frac{N}{a}(b - fc) = \frac{Qr}{faR}(b - fc) = \frac{Qr}{aR}\left(\frac{b}{f} - c\right)$$

这就是阻止重物下降所需的 P 力最小值。

1.3.3 平面连杆机构的压力角和传动角

如图 3-28 所示的平面铰链四杆机构,若不考虑机构运动过程中的惯性力、重力和摩擦力,则连杆 2 为二力共线的构件。主动件 1 通过连杆 2 驱动从动摇杆 3 摆动,连杆 2 对摇杆 3 在 C 点的作用力 F 将沿着 BC 方向。F 力可分解为沿着与 C 点运动速度方向 v_c 相一致的分力 F_t 和垂直于 v_c 方向的分力 F_n。定义力 F 与 v_c 方向之间所夹的锐角 α 为压力角。对一般机构情况,可以定义压力角为:从动连架杆上转动副处的受力与该点速度方向之间所夹的锐角称为机构的压力角。进一步,定义压力角的余角为机构的传动角,用 γ 表示。

由图 3-28 中可以看出,分力 F_t 将对从动件产生有效回转力矩,而分力 F_n 在转动副中产生附加径向压力。因此,压力角 α 越小,传动角 γ 就越大,对机构的传动越有利。反之,机构的传动效果越差。

在机构运动的过程中,传动角的大小一般是变化的(也有例外,如导杆机构等)。在机构的一个运动周期中,传动角会有最大值和最小值。为使综合出的机构的传动性能较佳,一般规定机构的最小传动角 $\gamma_{min} > 40°$。对于高速和重载荷的场合,要求 $\gamma_{min} > 50°$,对于一些受力较小的场合,如微调机构,允许传动角小些,只要机构不发生自锁即可。

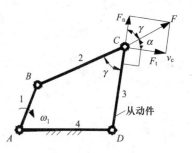

图 3 - 28　摆动导杆机构

为控制机构的最小传动角,必须分析机构的最小传动角与机构尺度之间的关系。

设图 3 - 29 所示曲柄摇杆机构的构件 1、2、3 和 4 的杆长分别为 l_1、l_2、l_3 和 l_4。当曲柄 1 与机架 4 分别重合时,设为位置 d 和位置 s,连杆 2 与连架杆 3 之间的夹角分别为 δ_1 和 δ_2。由图可写出 δ_1 和 δ_2 分别为:

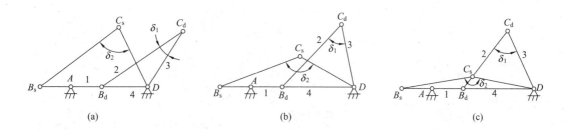

图 3 - 29　曲柄摇杆机构的最小传动角分析

$$\delta_1 = \arccos \frac{(l_4 - l_1)^2 - l_2^2 - l_3^2}{2 l_2 l_3} \tag{3 - 18}$$

$$\delta_2 = \arccos \frac{(l_4 + l_1)^2 - l_2^2 - l_3^2}{2 l_2 l_3} \tag{3 - 19}$$

如图 3 - 29(a)所示,当机构为正偏置曲柄摇杆机构时,最小传动角 γ_{min} 为:

$$\gamma_{min} = \delta_1 \tag{3 - 20}$$

如图 3 - 29(b)所示,当机构为无偏置,即正置曲柄摇杆机构时,最小传动角 γ_{min} 为:

$$\gamma_{min} = \delta_1 = 180° - \delta_2 \tag{3 - 21}$$

这种机构在曲柄与机架重合的两个位置,机构的两个传动角相等并等于机构的最小传动角。

如图 3 - 29(c)所示,当机构为负偏置曲柄摇杆机构时,最小传动角 γ_{min} 为:

$$\gamma_{min} = 180° - \delta_2 \tag{3 - 22}$$

图 3 - 30 所示为对心曲柄滑块机构,设曲柄 1 和连杆 2 的杆长分别为 l_1 和 l_2。当主动曲柄 1 转动到与导路方向垂直时,从动滑块 3 的传动角出现极值 γ_{min},且

$$\gamma_{min} = \arccos \frac{l_1}{l_2} \qquad\qquad (3-23)$$

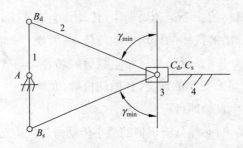

图 3 – 30   曲柄滑块机构的最小传动角分析

图 3-31 所示导杆机构,主动曲柄转动到任一位置,从动摇杆上 A_3 点的受力与该点的运动速度方向总是一致,所以,传动角恒为 $90°$。

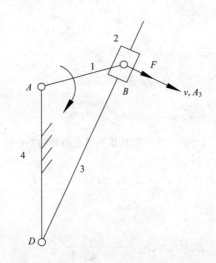

图 3 – 31   摆动导杆机构的最小传动角分析

1.3.4   平面连杆机构的死点

机构中传动角 $\gamma = 0$ 的位置称为机构的死点位置。如图 3 – 32 所示的曲柄摇杆机构,当摇杆为主动件,曲柄为从动件,机构运动到曲柄与连杆重叠或拉直成一线位置时,从动件 1 上的 A 点的传动角 $\gamma = 0$,机构的这两个位置为曲柄摇杆机构的死点位置。图 3 – 33 所示的曲柄滑块机构,滑块为主动件,曲柄为从动件。同样,当机构运动到曲柄与连杆重叠或拉直成一线位置时,为机构的死点位置。

在某些情况下,机构有死点位置对运动是不利的,需采取措施使机构能顺利通过这些位置。对于有死点位置的机构,在连续运转状态下,可以利用从动件的惯性使其通过死点位置。对平行四边形机构,可以通过增加附加杆组的方法使机构通过死点位置,如图 3 – 34 所示的机车车轮机构就是利用这种方法。

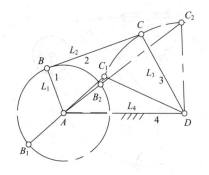

图 3-32 曲柄摇杆机构的死点位置

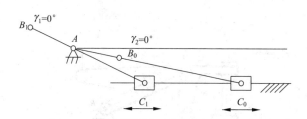

图 3-33 曲柄滑块机构的死点位置

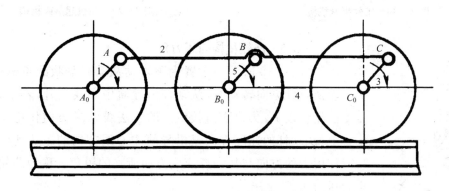

图 3-34 机车车轮机构

图 3-35 所示为蒸汽机车车轮联动机构,它采用两组同样的机构组合起来,但两组机构错位排列,使两者的曲柄位置相互错开成 90°,这样也可克服机构的死点位置。

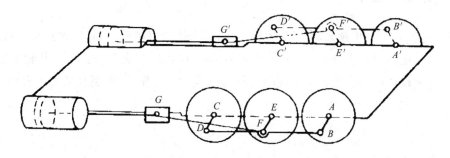

图 3-35 蒸汽机车车轮联动机构

工程实际应用中,也有利用机构的死点位置来实现特定的工作要求的。图 3-36 所示为夹紧工件用的连杆式快速夹具,它是利用机构的死点位置实现夹紧工件的。在连杆 2 的手柄处施以压力 F 将工件夹紧后,连杆 AB 与连架杆 B_0B 成一直线,即机构处于死点位置。去除外力 F 后,在工件反弹力 T 作用下,即使 T 力很大,也不会使工件松脱。图 3-37 所示为飞机的起落架机构,当连杆 2 与从动连架杆 3 位于一直线上时,因机构处于死点位置,故机轮着地时产生的巨大冲击力不会使从动件 3 摆动,总是保持着支撑状态。

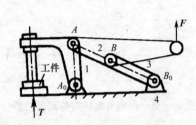

图 3-36 工件夹紧机构

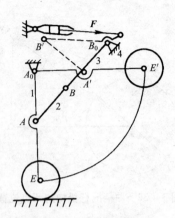

图 3-37 飞机起落架机构

1.3.5 凸轮机构的压力角

图 3-38 所示为正置尖顶直动从动杆盘状凸轮机构,当凸轮逆时针方向转动时,从动杆沿导轨中心线上升,若不计摩擦,凸轮将以 F_n 力沿着过接触点的公法线 NN 方向作用于从动杆上,从动杆的速度方向是沿导轨中心线方向的。从动杆受法向作用力的方向与从动杆速度方向所夹的锐角 α 称为凸轮机构的压力角。

将 F_n 分解为沿从动杆运动方向的有用分力 F_y 和垂直于从动杆运动方向压紧导轨的有害分力 F_x,其关系为:

$$F_y = F_n \cos\alpha$$

$$F_x = F_n \sin\alpha$$

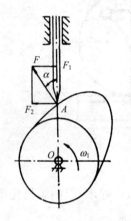

图 3-38 凸轮机构的压力

当 F_n 一定时,压力角越大,有害分力越大,凸轮机构效率越低,当 α 增大到某一数值时,有用分力 F_y 已不能克服有害分力 F_x 所引起的摩擦阻力,此时不论 F_n 有多大,凸轮也推不动从动杆运动,这种现象称为自锁。为了使凸轮机构高效正常工作,应限制其最大压力角 α_{max} 不超过许用值 $[\alpha]$。

$$\alpha_{max} \leqslant [\alpha]$$

推程:直动从动杆 $[\alpha] = 30°$

摆动从动杆 $[\alpha] = 45°$

回程: $[\alpha] = 80°$

凸轮机构工作时,随着接触点的变化,压力角的大小也随之变化。绘制出凸轮轮廓曲线后,通常需对推程轮廓各点处的压力角进行校核,检查 $\alpha_{max} \leqslant [\alpha]$ 是否满足。常用的方法是作凸轮理论轮廓曲线上若干点的法线和从动杆的速度方向线,此两条线的夹角就是压力角,比较出其中的最大值作为最大压力角 α_{max}。若校核不满足,通常可采取加大基圆半径的方法使 α_{max} 减小。

★ 任务实施

小组成员相互协作,通过小组讨论、教师指导完成以下任务。

1. 刺布机构是家用缝纫机形成缝迹完成缝纫的关键机构,结合任务 1 绘制的引线机构运动简图,选择一个周期的三个不同位置,对该机构进行受力分析,绘制各个构件的受力图。

提示:进行受力分析,绘制受力图,必须按照受力分析的步骤进行,避免多画力,或者漏画力。

2. 刺布机构是一曲柄滑块机构,缝针夹持构件相当于滑块,主轴相当于曲柄,曲柄通过连杆带动缝针夹持构件上下移动,试分析该机构的压力角取值范围。

提示:首先明确压力角的定义,然后求出最小压力角和最大压力角,计算复杂的情况时,可以用作图法求出最大和最小压力角。

3. 若上轴转矩为 100N•m,针刺穿布时连杆与垂直轴线成 30°角,忽略摩擦,试计算针刺穿布时受到布的阻力为多少? 若不忽略摩擦,针杆与机架之间的摩擦因数为 0.2,此时针刺步时的力为多大?

提示:首先要选取对象,分离受力体,进行受力分析,然后根据平衡条件联立方程求解;不忽略摩擦时,要增加摩擦力与正压力关系方程,然后求解。需要注意的是摩擦力的方向不能搞错。

★ 习题

1. 画出下列各物体的受力图。

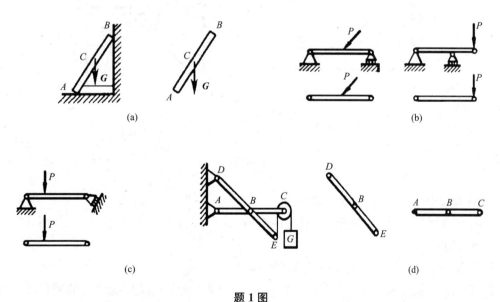

(a)　　　　　　　　　　(b)

(c)　　　　　　　　　　(d)

题 1 图

2. 计算下列各种情况下 F 力对 O 点之矩。

3. 试求下图所示支架中 A、C 处的约束反力,已知 $G=10\text{kN}$。

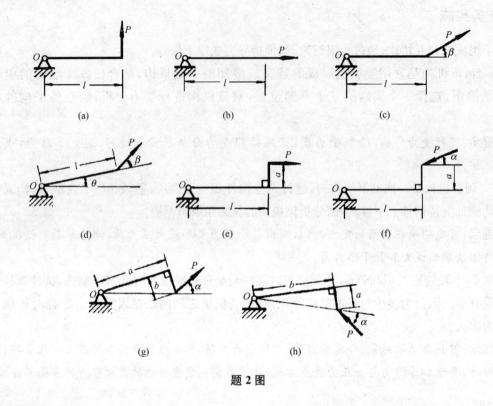

题 2 图

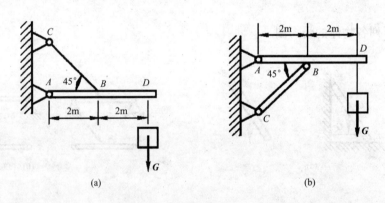

题 3 图

4. 计算图中力 G 和 F 对 A 点之矩。

5. 图中两种导杆机构,在横杆上有力偶矩 m_1 作用,在斜杆上有力偶矩 m_2 作用,试求平衡时 m_1/m_2 的值。

6. 已知 q、a,$P=qa$,$m=pa$,求下列图中支座反力。

7. 下图为一偏置直动从动件盘形凸轮机构。已知凸轮为一以 C 为中心的圆盘,问轮廓上 D 点与尖顶接触时其压力角为多少?试作图加以表示。

8. 在图示斜楔机构中,$\alpha=15°$,$Q=2$kN,各接触面摩擦角 $\varphi_m=15°$,试求举起 A 物所需力 P 的最小值。

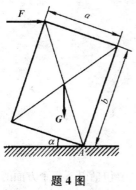

题 4 图

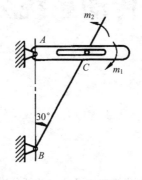

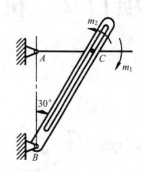

题 5 图

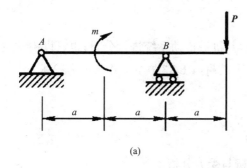

(a)

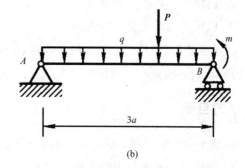

(b)

题 6 图

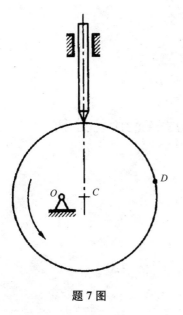

题 7 图

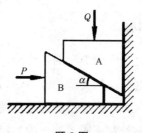

题 8 图

项目 2　机械传动系统分析

※ 学习任务

机械传动系统分析是对机械设备中的机械传动部分进行分析,主要包括以下三个方面的内容。

1. 机械传动系统组成分析。

2. 机械传动系统运动分析。

3. 机械传动系统受力分析。

教学实施时,教师可以指定机械设备,让学生对其机械传动系统进行分析;也可以由学生自主选择机械设备,并对其机械传动系统进行分析。本教材以 FA320A 型并条机为载体。

※ 学习目标

完成本项目的学习之后,学生应具备以下能力。

1. 能够对机械设备中的齿轮传动进行运动分析与受力分析。

2. 能够对机械设备中的链传动进行运动分析与受力分析。

3. 能够对机械设备中的带传动进行运动分析与受力分析。

4. 能够绘制机械传动系统的机械传动图。

5. 能够清楚地表达自己的想法与别人沟通交流。

6. 能够查阅资料,完成任务。

任务 2.1　机械传动系统组成分析

★ 学习目标

1. 能区分不同类型的带传动,并分析其结构组成。

2. 能区分不同类型的链传动,并分析其结构组成。

3. 能区分不同类型的齿轮传动,并分析其结构组成。

4. 能够绘制不同类型机构的机械传动图。

★ 任务描述

任务名称:FA320A 型并条机机械传动系统组成分析

并条机是一种常用的棉纺设备,它的主要任务是并和、牵伸、均匀混合、成条。

1. 并和

将6~8根条子并合,改善棉条的长片段不匀。

2. 牵伸

将并合后的棉条抽长拉细,使纤维伸直平行,并使小棉束分离为单纤维。

3. 均匀混合

通过各道并条机的并合与牵伸,使各种不同性能的纤维得到充分混合,以防止产生"色差"。

4. 成条

将并条机制成的棉条,有规则地圈放在棉条筒内,以便储存、运输,供下道工序使用。

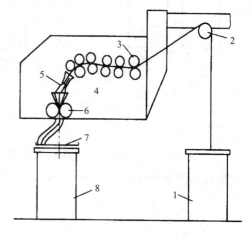

如图4-1所示,并条机的导条架下面每侧各放6个或8个喂入棉条筒1,每根棉条从棉条筒内引出来,经导条罗拉2积极引导,并列喂入给棉罗拉3,再进入牵伸装置4,须条经过牵伸装置抽长拉细由前罗拉钳口输出,经导向辊引导,进入弧形导管5,然后经喇叭口聚拢成条并由压辊6紧压成光滑紧密的棉条,最后由圈条盘7将棉条有规律地圈放在输出棉

图4-1 并条机工作原理

条筒8中。请查阅资料,分析FA320A型并条机传动系统的结构组成,绘制其传动示意图。

★ 知识学习

2.1.1 带传动

1. 带传动的类型和特点

摩擦型带传动通常由主动轮、从动轮和张紧在两轮上的挠性传动带组成,如图4-2所示。带紧套在两个带轮上,借助带与带轮接触面间的压力所产生的摩擦力来传递运动和动力。

啮合型带传动由主动同步带轮、从动同步带轮和套在两轮上的环形同步带组成,如图4-3所示。带的工作面制成齿形,与有齿的带轮相啮合,实现传动。

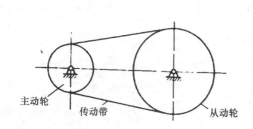

图4-2 摩擦型带传动

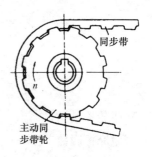

图4-3 啮合型带传动

　　摩擦型带传动,按带横剖面的形状有矩形、梯形或圆形,可分为平带传动[图 4-4(a)]、V带传动[图 4-4(b)]、楔带传动[图 4-4(c)]和圆带传动[图 4-4(d)]。

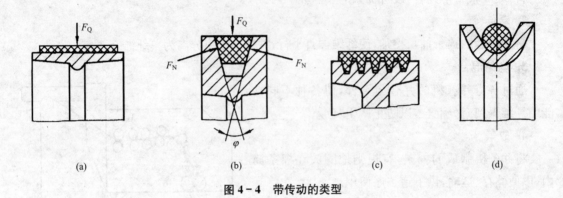

(a)　　　　　　(b)　　　　　　(c)　　　　　　(d)

图 4-4　带传动的类型

　　平带的横截面为扁平矩形,其工作面是与轮面相接触的内表面,如图 4-5(a)所示,而 V 带的横截面为等腰梯形,V 带靠两侧面工作,如图 4-5(b)所示。

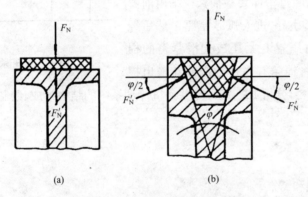

(a)　　　　　　(b)

图 4-5　平带与 V 带传动的比较

　　当平带和 V 带受到同样的压紧力 F_N 时,它们的法向力 F'_N 却不相同。平带与带轮接触面上的摩擦力为 $F_N f = F'_N f$,而 V 带与带轮接触面上的摩擦力为:

$$F'_N f = \frac{F_N f}{\sin \frac{\varphi}{2}} = F_N f' \tag{4-1}$$

$$f' = \frac{f}{\sin \frac{\varphi}{2}}$$

式中:φ——V 带轮轮槽角;

　　　f'——当量摩擦因数。

　　显然 $f' > f$,因此在相同条件下,V 带能传递较大的功率。V 带传动平稳,因此在一般机械中,多采用 V 带传动。

2. V带的结构和规格

V带已标准化,按其截面大小分为 7 种型号,见表 4-1。

表 4-1 普通 V 带截面尺寸(GB11544—1989)

型号	Y	Z	A	B	C	D	E
顶宽 b	6.0	10.0	13.0	17.0	22.0	32.0	38.0
节宽 b_p	5.3	8.5	11.0	14.0	19.0	27.0	32.0
高度 h	4.0	6.0	8.0	11.0	14.0	19.0	25.0
楔角 θ	40°						
每米质量 q	0.03	0.06	0.11	0.19	0.33	0.66	1.02

V带的横剖面结构如图 4-6 所示,其中(a)图是帘布结构,(b)图是绳芯结构,它们均由下面几部分组成。

(1)包布层:由胶帆布制成,起保护作用。

(2)顶胶:由橡胶制成,当带弯曲时承受拉伸。

(3)底胶:由橡胶制成,当带弯曲时承受压缩。

(4)抗拉层:由几层挂胶的帘布或浸胶的棉线(或锦纶)绳构成,承受基本拉伸载荷。

当带受纵向弯曲时,在带中保持原长度不变的任一条周线称为节线,由全部节线构成的面称为节面,带的节面宽度称为节宽(b_p),当带受纵向弯曲时,该宽度保持不变。在 V 带轮上,与所配用的节宽 b_p 相对应的带轮直径称为节径 d_p,通常它又是基准直径 d_d(图 4-7)。V 带在规定的张紧力下,位于带轮基准直径上的周线长度称为基准长度 L_d。普通 V 带的长度系列见表 4-2。

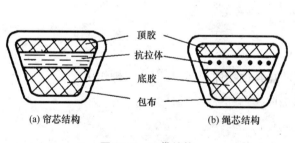

(a) 帘芯结构   (b) 绳芯结构

图 4-6 V 带结构

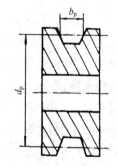

图 4-7 带轮基准直径

表 4-2 普通 V 带的长度系列和带长修正系数 K_L(GB/T13575.1—1992)

基准长度 L_d (mm)	K_L					基准长度 L_d (mm)	K_L			
	Y	Z	A	B	C		Z	A	B	C
200	0.81					280	0.87			
224	0.82					315	0.89			
250	0.84					355	0.92			

续表

基准长度 L_d (mm)	K_L					基准长度 L_d (mm)	K_L			
	Y	Z	A	B	C		Z	A	B	C
400	0.96	0.79				2240	1.10	1.06	1.00	0.91
450	1.00	0.80				2500	1.30	1.09	1.03	0.93
500	1.02	0.81				2800		1.11	1.05	0.95
560		0.82				3150		1.13	1.07	0.97
630		0.84	0.81			3550		1.17	1.09	0.99
710		0.86	0.83			4000		1.19	1.13	1.02
800		0.90	0.85			4500			1.15	1.04
900		0.92	0.87	0.82		5000			1.18	1.07
1000		0.94	0.89	0.84		5600				1.09
1120		0.95	0.91	0.86		6300				1.12
1250		0.98	0.93	0.88		7100				1.15
1400		1.01	0.96	0.90		8000				1.18
1600	1.04	0.99	0.92	0.83		9000				1.21
1800	1.06	1.01	0.95	0.86		10000				1.23
2000	1.08	1.03	0.98	0.88						

3. 带传动的特点

(1)带传动的主要优点。

①适用于中心距较大的传动。

②带具有弹性,可缓冲和吸震。

③传动平稳,噪声小。

④过载时带与带轮间会出现打滑,可防止其他零件损坏,起安全保护作用。

⑤结构简单,制造容易,维护方便,成本低。

(2)带传动的主要缺点。

①传动的外廓尺寸较大。

②由于带的滑动,因此瞬时传动比不准确,不能用于要求传动比精确的场合。

③传动效率较低。

④带的寿命较短。

带传动多用于原动机与工作机之间的传动,一般传递的功率 $P \leqslant 100kW$,带速 $v = 5 \sim 25m/s$,传动效率 $\eta = 0.90 \sim 0.95$,传动比 $i \leqslant 7$。需要指出,带传动中由于摩擦会产生电火花,故不能用于有爆炸危险的场合。

4. 带传动的几何参数

带传动的主要几何参数有中心距 a、带轮直径 d、带长 L 和包角 α 等,如图 4-8 所示。

（1）中心距 a。当带处于规定张紧力时，两带轮轴线间的距离。

（2）带轮直径 d。在 V 带传动中，指带轮的基准直径，用 d_d 表示。

（3）带长 L。在 V 带传动中，指带的基准长度，用 L_d 表示。

（4）包角 α。带与带轮接触弧所对的中心角。

由图 4-7 可知：

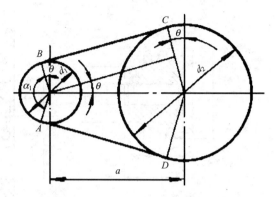

图 4-8 带传动的几何参数

$$L = 2a\cos\beta + (\pi - 2\beta)\frac{d_1}{2} + (\pi + 2\beta)\frac{d_2}{2}$$

$$\approx 2a + \frac{\pi}{2}(d_1 + d_2) + \frac{(d_2 - d_1)^2}{4a} \tag{4-2}$$

根据计算所得的带长 L，由表 10-2 选用带的基准长度。

$$a \approx \frac{1}{8}\left\{2L - \pi(d_1 + d_2) + \sqrt{[2L - \pi(d_1 + d_2)]^2 - 8(d_2 - d_1)^2}\right\}$$

$$\alpha \approx \pi \pm 2\beta \tag{4-3}$$

因 β 角很小，以 $\beta = \sin\beta = \dfrac{d_2 - d_1}{2a}$ 代入上式得：

$$\alpha = \pi \pm \frac{d_2 - d_1}{a} = 180° \pm \frac{d_2 - d_1}{a} \times 57.3° \tag{4-4}$$

式中"+"用于大轮包角 α_2，"-"用于小轮包角 α_1。

5. V 带轮的结构

V 带轮是普通 V 带传动的重要零件，它必须具有足够的强度，但又要重量轻，质量分布均匀；轮槽的工作面对带必须有足够的摩擦，又要减少对带的磨损。

V 带轮的结构与齿轮类似，直径较小时可采用实心式，如图 4-9（a）所示；中等直径的带轮可采用腹板式，如图 4-9（b）所示；直径大于 350mm 时，可采用轮辐式，如图 4-10 所示。

普通 V 带轮轮缘的截面图及轮槽尺寸，见表 4-3，普通 V 带两侧面的夹角均为 40°，由于 V 带绕在带轮上，弯曲时，其截面变形使两侧面的夹角减小，为使 V 带能紧贴轮槽两侧，轮槽的楔角规定为 32°、34°、36° 和 38°。

V 带轮一般采用铸铁 HT150 或 HT200 制造，其允许的最大圆周速度为 25m/s。速度更高时，可采用铸钢或钢板冲压后焊接。塑料带轮的重量轻，摩擦因数大，常用于机床中。

6. 同步齿形带

同步齿形带，曾称为同步带，以钢丝绳为抗拉层，外面包覆聚氨酯或氯丁橡胶组成。它是横截面为矩形，带面具有等距横向齿的环形传动带（图 4-11），带轮轮面也制成相应的齿形，工作时靠带齿与轮齿啮合传动。由于带与带轮无相对滑动，能保持两轮的圆周速度同步，故称同步带传动。与 V 带传动相比，同步带传动具有下列特点。

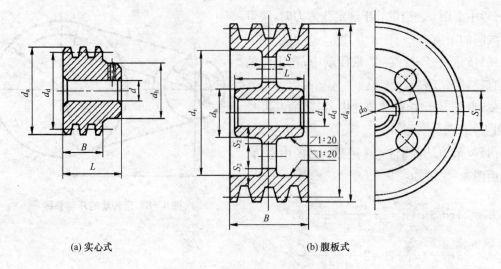

(a) 实心式　　　　　　　　　(b) 腹板式

图 4-9　实心式和腹板式带轮

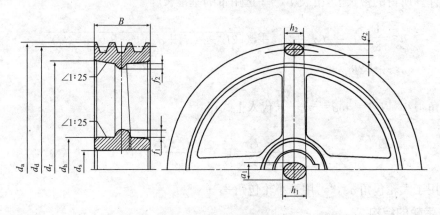

图 4-10　轮辐式带轮

表 4-3　普通 V 带轮的轮槽尺寸

槽型		Y	Z	A	B	C
基准宽度 b_d		5.3	8.5	11	14	19
基准线上槽深 h_{amin}		1.6	2.0	2.75	3.5	4.8
基准线下槽深 h_{fmin}		4.7	7.0	8.7	10.8	14.3
槽间距 e		8±0.3	12±0.3	15±0.3	19±0.4	25.5±0.5
槽边距 f_{min}		6	7	9	11.5	16
轮缘厚 δ_{min}		5	5.5	6	7.5	10
外径 d_a		$d_a = d_d + 2h_a$				
φ	32°	基准直径 d_d	≤60				
	34°		≤80	≤118	≤190	≤315
	36°		>60			
	38°		>80	>118	>190	>315

（1）工作时齿形带与带轮间不会产生滑动，能保证两轮同步转动，传动比准确。

（2）结构紧凑，传动比可达10。

（3）带的初拉力较小，轴和轴承所受载荷较小。

（4）传动效率较高，$\eta=0.98$。

（5）安装精度要求高，中心距要求严格。

齿形带传动，带速可达50m/s，传动比可达10，传递功率可达200kW。

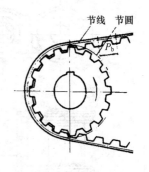

图4-11 同步带传动

带在纵截面内弯曲时，在带中保持原长度不变的任意一条周线称为节线，如图4-11所示，节线长度为同步带的公称长度。在规定的张紧力下，带的纵截面上相邻两齿对称中心线的直线距离称为带节距 P_b，它是同步带的一个主要参数。

同步带在一些机械中，如机床、轧钢机、电子计算机、纺织机械、电影放映机、内燃机等设备中得到愈来愈广泛的应用。

2.1.2 链传动

1. 链传动的特点和类型

链传动由装在平行轴上的链轮和跨绕在两链轮上的环形链条组成（图4-12），以链条作中间挠性件，靠链条与链轮轮齿的啮合来传递运动和动力。

链传动结构简单，耐用，维护容易，运用于中心距较大的场合。

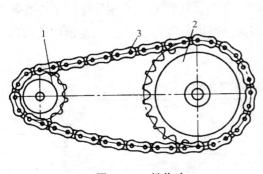

图4-12 链传动

与带传动相比，链传动能保持准确的平均传动比，没有弹性滑动和打滑，需要的张紧力小，能在温度较高、有油污等恶劣环境条件下工作。

与齿轮传动相比，链传动的制造和安装精度要求较低，成本低廉，能实现远距离传动，但瞬时速度不均匀，瞬时传动比不恒定，传动中有一定的冲击和噪声。

链传动的传动比 $i\leqslant8$，中心距 $a\leqslant5\sim6m$，传递功率 $P\leqslant100kW$，圆周速度 $v\leqslant15m/s$，传动效率 $\eta=0.92\sim0.96$。链传动广泛用于矿山机械、农业机械、石油机械、机床及摩托车中。

按照链条的结构不同，传递动力用的链条主要有滚子链和齿形链两种，如图4-13所示。其中齿形链结构复杂，价格较高，因此其应用不如滚子链广泛。

2. 滚子链传动的结构

滚子链的结构如图4-13（a）所示，其内链板1和套筒4、外链板2和销轴3分别用过盈配合固联在一起，分别称为内链节、外链节，内链节、外链节构成铰链。滚子与套筒、套筒与销轴均为间隙配合。当链条啮入和啮出时，内链节、外链节作相对转动；同时，滚子沿链轮轮齿滚动，可减少链条与轮齿的磨损。

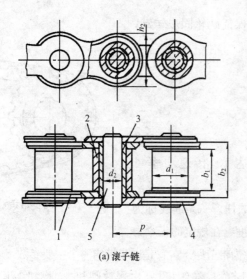

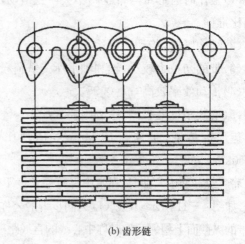

(a) 滚子链   (b) 齿形链

图 4-13　传动链的类型

为减轻链条的重量并使链板各横剖面的抗拉强度大致相等,内链板、外链板均制成"∞"字形。组成链条的各零件,由碳钢或合金钢制成,并进行热处理,以提高其强度和耐磨性。

滚子链相邻两滚子中心的距离称为链节距,用 p 表示,它是链条的主要参数。节距 p 越大,链条各零件的尺寸越大,所能承受的载荷越大。

滚子链可制成单排链和多排链,如双排链或三排链。排数越多,承载能力越大。由于制造和装配精度会使各排链受力不均匀,故一般不超过 3 排。

滚子链已标准化,分为 A、B 两个系列,常用的是 A 系列。几种 A 系列滚子链的主要参数见表 4-4。设计时,应根据载荷大小及工作条件等因素选用适当的链条型号,确定链传动的几何尺寸及链轮的结构尺寸。

表 4-4　A 系列滚子链的主要参数

链号	节距 p (mm)	排距 p_1(mm)	滚子外径 d_1(mm)	极限载荷 Q(单排,N)	每米长质量 q (单排,kg/m)
08A	12.70	14.38	7.95	13800	0.60
10A	15.875	18.11	10.16	21800	1.00
12A	19.05	22.78	11.91	21100	1.50
16A	25.40	29.29	15.88	55600	2.60
20A	31.75	35.76	19.05	86700	3.80
24A	38.10	45.44	22.23	124600	5.60
28A	44.45	48.87	25.40	169000	7.50
32A	50.80	58.55	28.58	222400	10.10
40A	63.50	71.55	39.68	347000	16.10
48A	76.20	87.83	47.63	500400	22.60

注　①摘自 GB1234.1—1983,表中链号与相应的国际标准链号一致,链号乘以 $\dfrac{25.4}{16}$ 即为节距值(mm)。后缀 A 表示 A 系列。

②使用过渡链节时,其极限载荷按表列数值的 80% 计算。

按照 GB1243.1—1983 的规定,套筒滚子链的标记为:

链号—排数×整链节数　　　标准号

如 A 级、双排、70 节、节距为 38.1mm 的标准滚子链,标记应为:

24A—2×70　　　　　GB 1243.1—1983

标记中,B 级链不标等级,单排链不标排数。

滚子链的长度以链节数 L_p 表示。链节数 L_p 最好取偶数,以便链条连成环形时正好是内、外链板相接,接头处可用开口销或弹簧夹锁紧,如图 4-14 所示。若链节数为奇数,则需采用过渡链节,如图 4-15 所示。过渡链节的链板需单独制造。另外,当链条受拉时,过渡链节还要承受附加的弯曲载荷,使强度降低,通常应尽量避免。

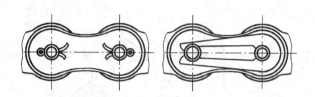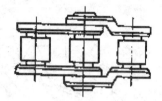

图 4-14　偶数链的链节过渡　　　　　图 4-15　奇数链的过渡链节

3. 齿形链

齿形传动链由一组齿形链板并列铰接而成。如图 4-16 所示,工作时,通过链片侧面的两直边与链轮轮齿相啮合。齿形链具有传动平稳,噪声小,承受冲击性能好,工作可靠等优点,但其结构复杂,重量较大,价格较高。齿形链多用于高速(链速 v 可达 40m/s)或运动精度要求较高的传动。

图 4-16　齿形链

4. 链轮

如图 4-17 所示,链轮有整体式、孔板式、组合式等结构形式。

轮齿的齿形应保证链节能平稳地进入和退出啮合,受力良好,不易脱链,便于加工。

滚子链链轮的齿形已标准化,有双圆弧齿形[图 4-18(a)]和三圆弧一直线齿形[图 4-18(b)]两种,前者齿形简单,后者可用标准刀具加工。

链轮上被链条节距等分的圆称为分度圆,其直径用 d 表示,z 表示齿数,则:

$$d = \frac{p}{\sin(180°/z)}$$

(4-5)

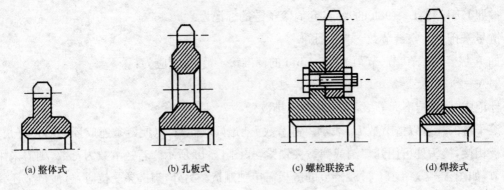

(a) 整体式　　　(b) 孔板式　　　(c) 螺栓联接式　　　(d) 焊接式

图 4-17　链轮的结构

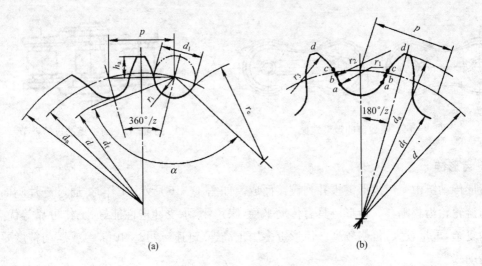

(a)　　　　　　　　　　　　　(b)

图 4-18　链轮的齿形

齿顶圆直径：

$$d_a = p\left(0.54 + \cos\frac{180^\circ}{z}\right) \tag{4-6}$$

齿根圆直径：

$$d_f = d - d_t \tag{4-7}$$

式中：d_t——滚子外径。

链轮的轮齿应有足够的接触强度和耐磨性，故齿面多经热处理。因小链轮的啮合次数比大链轮多，所受冲击力也大，故所用材料一般优于大链轮。常用的链轮材料有碳素钢（如 Q235、Q275、45、ZG310—570 等）、灰铸铁（如 HT200）等材料，重要的链轮可采用合金钢。

2.1.3　齿轮传动

1. 概述

齿轮传动的适用范围很广，可用来传递任意两轴之间的运动和动力。传递功率可高达数万千瓦,圆周速度可达 150m/s(最高 300m/s),直径能到 10m 以上,单级传动比可达 8 或更大,因此是现代机械中应用最广的一种机械传动。

(1)传动特点。和其他机械传动相比,齿轮传动的主要优点是:工作可靠,传动平稳,使用寿命长;瞬时传动比为常数;传递动力大,传动效率高;结构紧凑;功率和速度适用范围广。主要缺点是:齿轮制造需专用机床和设备,成本较高;精度低时,振动和噪声较大;不宜用于轴间距离大的传动。

(2)基本类型。齿轮传动按轴的布置方式和齿线相对于齿轮母线方向划分的常用齿轮传动类型如图 4-19 所示。

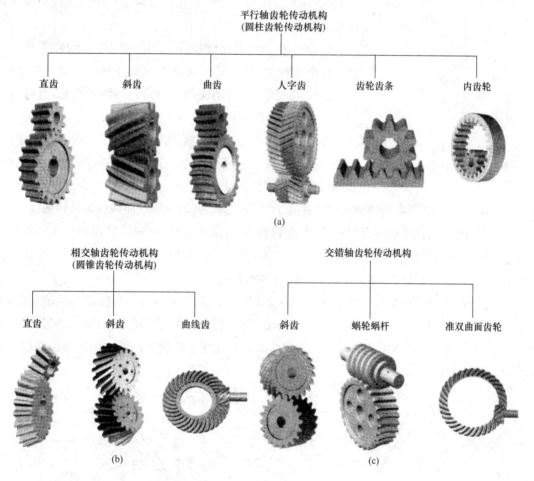

图 4-19 齿轮传动的类型

2. 基本定律和定义

(1)齿廓啮合基本定律。在齿轮机构中,主动轮的齿廓推动从动轮的齿廓来实现运动和动力的转递。两轮的瞬时角速度之比称为传动比,用 i_{12} 表示,则 $i_{12}=\omega_1/\omega_2$。

如图 4-20 所示,主动轮的齿廓 E_1 和从动轮的齿廓 E_2 在 K 点相接触。接触点的公法线与两轮连心线 O_1O_2 相交于 P 点,根据三心定理知 P 点为两轮的同速点(即相对瞬心)。则

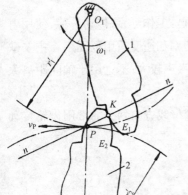

图 4 - 20 齿廓曲线与齿轮传动比的关系

$v_{p1}=v_{p2}$，即 $O_1P\cdot\omega_1=O_2P\cdot\omega_2$，因而传动比为：

$$i_{12}=\frac{\omega_1}{\omega_2}=\frac{O_2P}{O_1P}$$

上式表明，传动比等于两轮连心线被齿廓接触点的公法线所分成两段的反比。这一规律称为齿廓啮合基本定律。

由于两轮的轴心均为固定点，则连心线 O_1O_2 为一定长，若要使 $i_{12}=O_1P/O_2P=$ 常数，必须使 P 点为一定点。因此，对于定传动比的齿轮机构及其齿廓必须满足的条件是：在啮合传动的任一瞬时，两轮齿廓曲线在相应接触点的公法线必须于两齿轮的连心线相交于一定点 P。

定点 P 称为节点，分别以 O_1、O_2 为圆心，O_1P、O_2P 为半径所作的圆称为节圆，且节点 P 是两轮上速度相等的同速点，即 $v_{p1}=v_{p2}$。满足定传动比的一对齿轮为圆形齿轮，且啮合相当于一对节圆作纯滚动。

如果要求传动比按一定规律变化，则 P 点就不是一定点，而是沿连心线按一定规律移动。工程中应用的非圆齿轮机构，如椭圆齿轮机构传动，P 点即为一动点。

凡满足齿廓啮合基本定律的一对齿廓称为共轭齿廓。共轭齿廓的曲线称为共轭曲线。

从理论上讲，共轭齿廓有许多种，但考虑到制造、安装和强度等条件，常用的齿廓曲线只有渐开线、摆线、变态摆线、抛物线和圆弧线等类型。渐开线齿廓以其设计、制造、安装、使用等方面的优越性而被广泛采用。本书主要介绍渐开线齿轮机构。

（2）渐开线及渐开线齿廓。如图 4 - 21 所示，当一条直线 NK 沿一个圆周作纯滚动时，直线上任意一点 K 的轨迹 AK 就是该圆的渐开线。这个圆称为渐开线的基圆，它的半径用 r_b 表示，称为基圆半径；直线 NK 称为渐开线的发生线。渐开线齿轮轮齿两侧的齿廓是由两段对称的渐开线组成的。

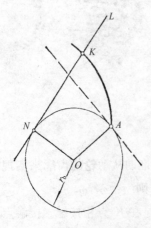

图 4 - 21 渐开线的形成

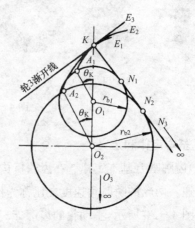

图 4 - 22 渐开线形状与基圆大小的关系

分析渐开线的形成过程,可以得出渐开线具有以下特点。

①当发生线从位置 I 在基圆上纯滚动到任意位置 II 时,它在基圆上滚动的线段长度与基圆上被滚过的线段长度、基圆上被滚过的圆弧长度相等,即 $\overline{NK}=\overset{\frown}{NA}$。

②因发生线沿基圆滚动时,N 是其瞬时转动中心,故发生线 NK 是渐开线上 K 点的法线,且线段 NK 为 K 点的曲率半径 P_K,N 为其曲率中心。又因发生线始终与基圆相切,所以渐开线上任意一点的法线必与基圆相切,即基圆的切线必为渐开线上某一点的法线。

③渐开线上离基圆越远的部分,其曲率半径越大,即渐开线越平直;反之,渐开线上离基圆越近的部分,其曲率半径越小,即渐开线越弯曲。渐开线在基圆上的 A 点,其曲率半径为 0。

④渐开线的形状与基圆半径的大小有关,如图 4-22 所示,圆半径越小,渐开线越弯曲;基圆半径增大时,渐开线趋于平直。当基圆半径为无穷大时,其渐开线将变成直线。齿条的齿廓为变成直线的渐开线。

⑤渐开线是从基圆开始向外逐渐展开的,故基圆以内无渐开线。

(3)渐开线上的压力角。在一对齿廓的啮合过程中,齿廓接触点的法向压力和齿廓上该点的速度方向的夹角,称为齿廓在这一点的压力角。如图 4-23 所示,齿廓上 K 点的法向压力 F_n 与该点的速度 v_K 之间的夹角 α_K 称为齿廓上 K 点的压力角。由图可知:

$$\cos\alpha_K=\frac{\overline{ON}}{\overline{OK}}=\frac{r_b}{r_K}$$

上式说明渐开线齿廓上各点压力角不等,向径 r_K 越大,其压力角越大,在基圆上压力角等于 0。

(4)啮合线、啮合角、齿廓间的压力作用线。一对齿轮啮合传动时,齿廓啮合点(接触点)的轨迹称为啮合线。对于渐开线齿轮,无论在哪一点接触,接触齿廓的公法线总是两基圆的内公

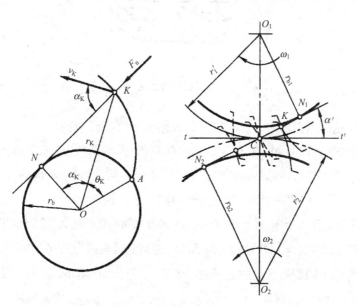

图 4-23 渐开线齿廓的压力角、啮合角、啮合线

切线 N_1N_2(图 4-23)。齿轮啮合时,齿廓接触点又都在公法线上,因此,内公切线 N_1N_2 即为渐开线齿廓的啮合线。

过节点 C 作两节圆的公切线 tt,它与啮合线 N_1N_2 间的夹角称为啮合角。啮合角等于齿廓在节圆上的压力角 α_t,由于渐开线齿廓的啮合线是一条定直线 N_1N_2,故啮合角的大小始终保持不变。啮合角不变,表示齿廓间压力方向不变;若齿轮传递的力矩恒定,则轮齿之间、轴与轴承之间压力的大小和方向均不变,这也是渐开线齿轮传动的一大优点。

3. 直齿轮传动

(1)齿轮各部分名称和符号。图 4-24 所示为直齿圆柱齿轮的一部分。

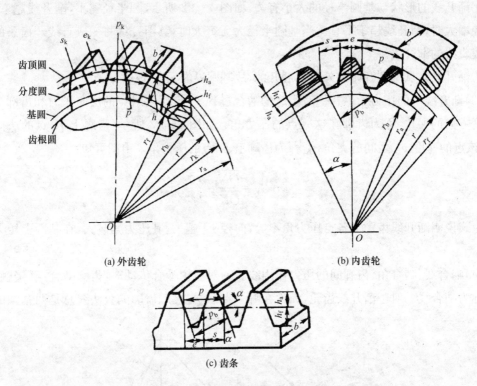

(a) 外齿轮　　　　　　(b) 内齿轮

(c) 齿条

图 4-24　齿轮各部分的名称和符号

①齿数。在齿轮圆周上均匀分布的轮齿总数称为齿数,用 z 表示。

②齿顶圆。相邻两齿间的空间称为齿槽,过所有齿槽底部的圆称为齿根圆,其半径用 r_f 表示。

③齿根圆。过所有轮齿顶部的圆称为齿顶圆,其半径用 r_a 表示。由图 4-25(a)和(b)可知,外齿轮的齿顶圆大于齿根圆,而内齿轮的齿顶圆小于齿根圆。

④齿厚。在任意半径 r_k 的圆周上,一个轮齿两侧齿廓间的弧长称为该圆上的齿厚,用 s_k 表示。

⑤齿槽宽。在任意半径 r_k 的圆周上,相邻两齿齿间的弧长称为该圆上的齿槽宽,用 e_k 表示。

⑥齿距。相邻两齿同侧齿廓间的弧长称为该圆上的齿距,用 p_k 表示。并且 $p_k = s_k + e_k$。由齿距定义可知:$p_k z = \pi d_k$,则 $d_k = z p_k / \pi = z m_k$,式中 $m_k = p_k / \pi$,称为该圆上的模数。

⑦分度圆。为使设计制造方便,人为规定一个圆,使该圆上的模数为标准值,并使压力角也

为标准值,该圆称为分度圆。分度圆直径用 d 表示,分度圆上的参数均不加下标,如分度圆上的模数为 m,压力角为 α 等。国家标准规定标准压力角为 $20°$,标准模数系列见表 4-5。

表 4-5 渐开线齿轮的模数

第一系列	1	1.25	1.5	2	2.5	3	4	5	6	8	10
	12	16	20	25	32	40	50				
第二系列	1.75	2.25	2.75	(3.25)	3.5	(3.75)	4.5				
	5.5	(6.5)	7	9	(11)	14	18	22	28	36	45

注 本表适用于渐开线圆柱齿轮,对斜齿轮是指法面模数;优先采用第一系列,括号内的模数尽可能不用。

⑧齿顶高、齿根高、全齿高。分度圆与齿顶圆之间的径向距离称为齿顶高,用 h_a 表示。分度圆与齿根圆之间的径向距离称为齿根高,用 h_f 表示。齿顶圆与齿根圆之间的径向距离称为全齿高,用 h 表示,且 $h = h_a + h_f$。

当齿轮上各圆半径趋于无穷大时,齿轮演变成齿条,如图 4-24(c)所示。齿轮的齿廓曲线变成直线,同时齿顶圆、齿根圆、分度圆也变成相应的齿顶线、齿根线、分度线。齿条上同侧齿廓相互平行,所以齿廓各处齿距都相等,但只有在分度线上齿厚与齿槽宽才相等,即 $s = e = m\pi/2$。齿条齿廓上各点的压力角都相等,均为标准值 $20°$。

(2)标准直齿圆柱齿轮的基本参数及几何尺寸计算。标准直齿齿轮有五个基本参数,即齿数 z、模数 m、压力角 α、齿顶高系数 h_a^*、顶隙系数 c^*,国家规定的标准值为 $h_a^* = 1$,$c^* = 0.25$。

几何尺寸的计算公式用上述五个基本参数表示,计算公式见表 4-6。

表 4-6 标准直齿圆柱齿轮几何尺寸计算

名 称	代 号	公式与说明
齿数	z	根据工作要求确定
模数	m	由轮齿的承载能力确定,并按表 4-6 取标准值
压力角	α	$\alpha = 20°$
分度圆直径	d	$d_1 = mz_1; d_2 = mz_2$
齿顶高	h_a	$h_a = h_a^* m$
齿根高	h_f	$h_f = (h_a^* + c^*)m$
齿全高	h	$h = h_f + h_a$
齿顶圆直径	d_a	$d_{a1} = d_1 + 2h_a = m(z_1 + 2h_a^*)$ $d_{a2} = m(z_2 + 2h_a^*)$
齿根圆直径	d_f	$d_{a1} = d_1 - 2h_f = m(z_1 - 2h_a^* - 2c^*)$ $d_{a2} = m(z_2 - 2h_a^* - 2c^*)$
分度圆齿距	p	$p = \pi m$
分度圆齿厚	s	$s = \dfrac{1}{2}\pi m$
分度圆齿槽宽	e	$e = \dfrac{1}{2}\pi m$
基圆直径	d_b	$d_{b1} = d_1 \cos\alpha = mz_1 \cos\alpha$ $d_{b2} = mz_2 \cos\alpha$

（3）渐开线直齿圆柱齿轮的正确啮合条件。一对渐开线齿廓能保证定传动比传动,但并不说明任意两个渐开线齿轮都能正确啮合传动,要正确啮合,必须满足一定的条件,即正确啮合条件。

如图 4-25 所示,设相邻两齿同侧齿廓与啮合线 N_1N_2（同时为啮合点的法线）的交点分别为 K_1 和 K_2,线段 K_1K_2 的长度称为齿轮的法向齿距。显然,要使两轮正确啮合,它们的法向齿距必须相等。由渐开线的性质可知,法向齿距等于两轮基圆上的齿距,因此要使两轮正确啮合,必须满足 $p_{b1}=p_{b2}$,而 $p_b=\pi m\cos\alpha$,故可得:$\pi m_1\cos\alpha_1=\pi m_2\cos\alpha_2$

由于渐开线齿轮的模数 m 和压力角 α 均为标准值,所以两轮的正确啮合条件为:

$$m_1=m_2=m\ ;\alpha_1=\alpha_2=\alpha$$

即两轮的模数和压力角分别相等。

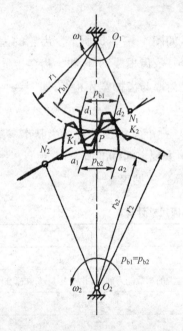

图 4-25　正确啮合的条件

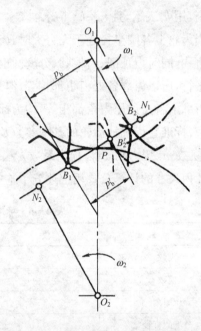

图 4-26　渐开线齿轮连续传动的条件

（4）渐开线齿轮连续传动的条件。齿轮传动是依靠两轮的轮齿依次啮合而实现的。如图 4-26 所示,齿轮 1 是主动轮,齿轮 2 是从动轮,齿轮的啮合是从主动轮的齿顶开始的,因此初始啮合点是从动轮齿顶与啮合线的交点 B_2 点,一直啮合到主动轮的齿顶与啮合线的交点 B_1 点为止,因此可见 B_1B_2 是实际啮合线长度。显然,随着齿顶圆的增大,B_1B_2 线可以加长,但不会超过 N_1、N_2 点,N_1、N_2 点称为啮合极限点,N_1N_2 为理论啮合线长度。当 B_1B_2 恰好等于 P_b 时,即前一对齿在 B_1 点即将脱离,后一对齿刚好在 B_2 点接触时,齿轮能保证连续传动。但若齿轮 2 的齿顶圆直径稍小,他与啮合线的交点在 B_2,即 $B_1B_2<P_b$。此时前一对齿即将分离,后一对齿尚未进入啮合,齿轮传动中断。如图中虚线所示,前一对齿到达 B_1 点时,后一对齿已经啮合多时,此时 $B_1B_2>P_b$。由此可见,齿轮连续传动的条件为:

$$\varepsilon=\frac{\overline{B_1B_2}}{P_b}\geqslant 1$$

式中,ε 称为重合度,它表明同时参与啮合轮齿的对数。ε 大表明同时参与啮合轮齿的对数多,每对齿的负荷小,负荷变动量也小,传动平稳。因此,ε 是衡量齿轮传动质量的指标之一。

4. 斜齿轮传动

(1)斜齿圆柱齿轮齿廓形成及其啮合特点。由于圆柱齿轮是有一定宽度的,因此轮齿的齿廓延轴线方向形成一曲面。直齿轮轮齿渐开线曲面的形成如图 4 - 27(a)所示,平面 S 与基圆柱相切与母线 NN,当平面 S 延基圆柱作纯滚动时,其上与母线平行的直线 KK 在空间所走的轨迹即为渐开线曲面,平面 S 称为发生面,形成的曲面即为直齿轮的齿廓曲面。

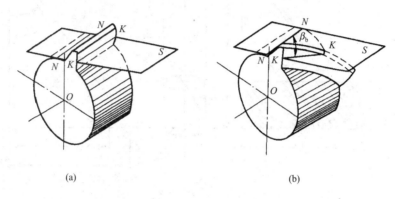

(a)　　　　　　　　　　　　(b)

图 4 - 27　渐开线曲面的形成

斜齿圆柱齿轮齿廓曲面的形成如图 4 - 27(b)所示,当平面 S 沿基圆柱作纯滚动时,其上与母线 NN 成一倾斜角 β_b 的斜直线 KK 在空间所走过的轨迹为一个渐开线螺旋面,该螺旋面即为斜齿圆柱齿轮的齿廓曲面,β_b 称为基圆柱上的螺旋角。

直齿圆柱齿轮啮合时,齿面的接触线均平行于齿轮轴线。因此轮齿是沿整个齿宽同时进入啮合、同时脱离啮合的,载荷延齿宽突然加上及卸下。直齿轮传动的平稳性较差,容易产生冲击和噪声,不适用于高速和重载的传动中。

斜齿圆柱齿轮的齿廓在任何位置啮合,其接触线都是与轴线倾斜的直线。一对轮齿从开始啮合起,斜齿轮齿廓接触线的长度由零逐渐增加至最大值,以后又逐渐缩短到零脱离啮合,所以轮齿的啮合过程是一种逐渐的啮合过程。另外,由于轮齿是倾斜的,所以同时啮合的齿数较多。因此,斜齿圆柱齿轮传动有以下特点:

①齿廓误差对传动的影响较小,传动的冲击、振动和噪声较轻,适用于高速场合。

②传动能力较大,适用于重载。

③在传动时产生轴向分力 F_a,它对轴和轴承支座的结构提出了特要求。

若采用人字齿轮可以消除轴向分力的影响。人字齿轮的轮齿左右两侧完全对称,其两侧所产生的两个轴向力互相平衡。人字齿轮适用于传递大功率的重型机械中。

(2)斜齿圆柱齿轮的主要参数。斜齿轮的轮齿为螺旋形,在垂直于齿轮轴线的端面(下标以 t 表示)和垂直于齿廓螺旋面的法面(下标以 n 表示)上有不同的参数。斜齿轮的端面是标准的渐开线,但从斜齿轮的加工和受力角度看,斜齿轮的法面参数应为标准值。

①螺旋角。图 4－28 所示为斜齿轮分度圆柱面展开图,螺旋线展开成一直线,改直线与轴线的夹角为 β,称为斜齿轮在分度圆柱上的螺旋角,简称斜齿轮的螺旋角。

$$\tan\beta=\frac{\pi d}{p_s}$$

式中 p_s 为螺旋线的导程,即螺旋线绕一周时延齿轮轴方向前进的距离。

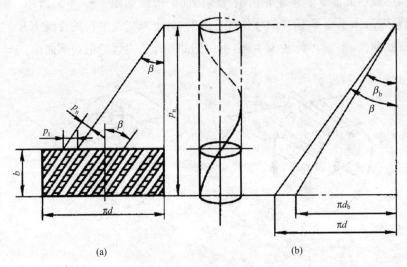

图 4－28　斜齿轮的展开

斜齿轮按其齿廓渐开螺旋面的旋向,可分为右旋和左旋两种,如图 4－29 所示。其旋向判别方法是:将斜齿轮以轴线铅垂放置,若螺旋线右侧高即为右旋,左侧高即为左旋。

②模数。从图 4－28 可知,端面齿距 p_t 与法面齿距 p_n 的关系为:

$$p_t=\frac{p_n}{\cos\beta}$$

因 $p=\pi m$,故法面模数 m_n 和端面模数 m_t 之间的关系为 $m_n=m_t\cos\beta$。

③压力角。图 4－30 所示是端面(ABD 平面)压力角和法面(A_1B_1D 平面)压力角的关系。

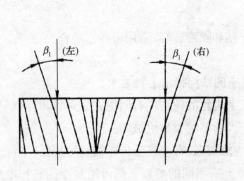

图 4－29　斜齿轮轮齿的旋向

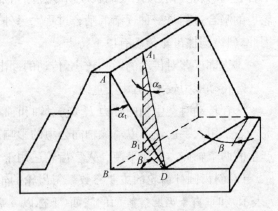

图 4－30　端面压力角和法面压力角

由图 4 - 30 可见：

$$\tan\alpha_t = \frac{BD}{AB}, \tan\alpha_n = \frac{B_1 D}{A_1 B_1}$$

及 $B_1 D = BD\cos\beta$，故 $\tan\alpha_n = \tan\alpha_t \cos\beta$

用铣刀或滚刀加工斜齿轮时，刀具沿着螺旋齿槽方向进行切削，刀刃位于法面上，故一般规定斜齿圆柱齿轮的法面模数和法面压力角为标准值。

（3）斜齿轮的几何尺寸计算。斜齿轮的啮合在端面上相当于一对直齿轮的啮合，因此将斜齿轮的端面参数代入直齿轮的计算公式，就可得到斜齿轮的相应尺寸，见表 4 - 7。

表 4 - 7   外啮合标准圆柱斜齿轮传动的几何尺寸计算公式

名　称	代　号	计　算　公　式
端面模数	m_t	$m_t = \dfrac{m_n}{\cos\beta}$，$m_n$ 为标准值
螺旋角	β	$\beta = 8° \sim 20°$
端面压力角	α_t	$\alpha_t = \arctan\dfrac{\tan\alpha_n}{\cos\beta}$，$\alpha_n$ 为标准值
分度圆直径	d_1，d_2	$d_1 = m_t z_1 = \dfrac{m_n z_1}{\cos\beta}$，$d_2 = m_t z_2 = \dfrac{m_n z_2}{\cos\beta}$
齿顶高	h_a	$h_a = m_n$
齿根高	h_f	$h_f = 1.25 m_n$
全齿高	h	$h = h_a + h_f = 2.25 m_n$
顶隙	c	$c = h_f - h_a = 0.25 m_n$
齿顶圆直径	d_{a1}，d_{a2}	$d_{a1} = d_1 + 2h_a$，$d_{a2} = d_2 + 2h_a$
齿根圆直径	d_{f1}，d_{f2}	$d_{f1} = d_1 - 2h_f$，$d_{f2} = d_2 - 2h_f$
中心距	a	$a = \dfrac{d_1 + d_2}{2} = \dfrac{m_t}{2}(z_1 + z_2) = \dfrac{m_n(z_1 + z_2)}{2\cos\beta}$

（4）斜齿轮的正确啮合条件。要使一对平行轴斜齿轮能正确啮合，除满足直齿轮的正确啮合条件外，还需考虑两轮螺旋角的匹配问题，故平行轴斜齿轮正确啮合的条件为：

$$m_{n1} = m_{n2} = m_n ; \ \alpha_{n1} = \alpha_{n2} = \alpha ; \ \beta_1 = \pm\beta_2$$

或

$$m_{t1} = m_{t2} 、 \alpha_{t1} = \alpha_{t2} ; \ \beta_1 = \pm\beta_2$$

式中正号用于内啮合，表示两轮的螺旋角大小相等、旋向相同；负号用于外啮合，表示两轮的螺旋角大小相等、旋向相反。

5. 直齿圆锥齿轮传动

（1）概述。直齿圆锥齿轮传动传递的是相交两周的运动和动力。如图 4 - 31 所示，直齿圆锥齿轮的轮齿分布在圆锥体上，从大端到小端逐渐减小。一对直齿圆锥齿轮的运动可以看成是两个锥顶共点的圆锥体相互作纯滚动，这两个锥顶共点的圆锥体就是节圆锥。此外，与圆柱齿轮相似，圆锥齿轮还有基圆锥、分度圆锥、齿顶圆锥、齿根圆锥。正确安装的标准圆锥齿轮传动，其节圆锥与分度圆锥应该重合。

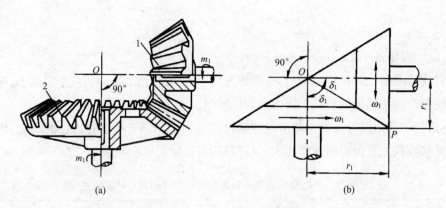

图 4-31   直齿圆锥齿轮传动

圆锥齿轮的轮齿有直齿和曲齿两种类型。直齿圆锥齿轮易于制造,适用于低速、轻载传动的场合。曲齿圆锥齿轮传动平稳,承载能力强,常用于高速、重载传动的场合,但其设计和制造较为复杂。

(2)直齿圆锥齿轮的正确啮合条件。直齿圆锥齿轮的正确啮合条件可从当量圆柱齿轮的正确啮合条件得到,即两齿轮的大端模数必须相等,压力角也必须相等,即:

$$m_1 = m_2 = m$$

$$\alpha_1 = \alpha_2 = \alpha$$

(3)直齿圆锥齿轮的几何尺寸计算。标准直齿圆锥齿轮各部分名称及几何尺寸计算公式见表 4-8。

表 4-8   标准直齿圆锥齿轮的几何尺寸计算

名　　称	符　　号	计算方式及说明
大端模数	m_e	按 GB12367—90 取标准值
传动比	i	$i = \dfrac{z_2}{z_1} = \tan\delta_2 = \cot\delta_1$(单级 $i < 6 \sim 7$)
分度圆锥角	δ_1、δ_2	$\delta_2 = \arctan\dfrac{z_2}{z_1}$,$\delta_1 = 90° - \delta_2$
分度圆直径	d_1,d_2	$d_1 = m_e z_1$,$d_2 = m_e z_2$
齿顶高	h_a	$h_a = m_e$
齿根高	h_f	$h_f = 1.2 m_e$
全齿高	h	$h = 2.2 m_e$
顶隙	c	$c = 0.2 m_e$
齿顶圆直径	d_{a1},d_{a2}	$d_{a1} = d_1 + 2.4 m_e \cos\delta_1$,$d_{a2} = d_2 + 2.4 m_e \cos\delta_2$
齿根圆直径	d_{f1},d_{f2}	$d_{f1} = d_1 - 2.4 m_e \cos\delta_1$,$d_{f2} = d_2 - 2.4 m_e \cos\delta_2$
外锥距	R_e	$R_e = \sqrt{r_1^2 + r_2^2} = \dfrac{m_e}{2}\sqrt{z_1^2 + z_2^2} = \dfrac{d_1}{2\sin\delta_1} = \dfrac{d_2}{2\sin\delta_2}$

续表

名　　称	符　　号	计算方式及说明
齿宽	b	$b \leqslant \dfrac{R_e}{3}, b \leqslant 10 m_e$
齿顶角	θ_a	$\theta_a \arctan \dfrac{h_f}{R_e}$（不等顶隙齿），$\theta_a = \theta_f$（等顶隙齿）
齿根角	θ_f	$\theta_f = \arctan \dfrac{h_f}{R_e}$
根锥角	$\delta_{f1} \delta_{f2}$	$\delta_{f1} = \delta_1 - \theta_f, \delta_{f2} = \delta_2 - \theta_f$
顶锥角	δ_{a1}, δ_{a2}	$\delta_{a1} = \delta_1 + \theta_a, \delta_{a2} = \delta_2 + \theta_a$

进行直齿圆锥齿轮的几何尺寸计算时，一般以大端参数为标准，这是由于大端尺寸计算和测量的相对误差较小。齿宽 b 的取值范围是 $(0.25 \sim 0.3)R$，R 为锥距。

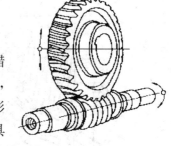

图 4-32　蜗杆传动

6. 蜗杆传动

蜗杆传动主要由蜗杆和蜗轮组成，它们的轴线通常在空间交错成 90° 角，如图 4-32 可用于传递空间两交错轴之间的运动和动力，广泛应用于各种机器和仪器设备中。常用的普通蜗杆是具有梯形螺纹的螺杆，其螺纹有左旋、右旋和单头、多头之分。常用蜗轮是具有弧形轮缘的斜齿轮。一对相啮合的蜗杆传动，其蜗杆、蜗轮轮齿的旋向相同（旋向判别方法同斜齿轮）。

（1）蜗杆传动的类型。按蜗杆形状的不同，蜗杆传动分为圆柱面蜗杆传动、圆弧面蜗杆传动和锥面蜗杆传动，如图 4-33 所示。

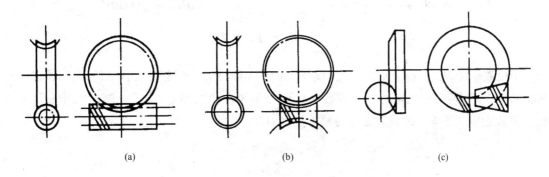

(a)　　　　　　　　　　(b)　　　　　　　　　　(c)

图 4-33　蜗杆传动的类型

按螺旋面形状的不同，螺旋面圆柱蜗杆又分为阿基米德蜗杆（ZA 型）、渐开线蜗杆（ZI 型）等形式，其中由于阿基米德蜗杆加工方便，应用最为广泛。

（2）蜗杆传动的特点。

①蜗杆传动的最大特点是结构紧凑，传动比大。一般传动比 $i = 10 \sim 40$，最大可达 80。若只传递运动（如分度运动），其转动比可达 1000。

②传动平稳，噪声小。由于蜗杆上的齿是连续不断的螺旋齿，蜗轮轮齿和蜗杆是逐渐进入啮合并逐渐退出啮合的，同时啮合的齿数较多，所以传动平稳，噪声小。

③可制成具有自锁性的蜗杆。当蜗杆的螺旋线升角小于啮合面的当量摩擦角时，蜗杆传动具有自锁性，即蜗杆能驱动蜗轮，而蜗轮不能驱动蜗杆。

④蜗杆传动的主要缺点是效率较低。这是由于蜗轮和蜗杆在啮合处有较大的相对滑动，因而发热量大，效率较低。传动效率一般为 $0.7\sim0.8$，当蜗杆传动具有自锁性时，传动效率小于 0.5。

⑤蜗轮的造价较高。为减轻齿面的磨损及防止胶合，蜗轮一般多用青铜制造，因此造价较高。

（3）蜗杆传动的主要参数。如图 $4-34$ 所示，通过蜗杆轴线并垂直于蜗轮轴线的平面称为中间平面。即中间平面通过蜗杆的轴平面和蜗轮的端平面。在中间平面上，蜗轮与蜗杆的啮合相当于渐开线齿轮与齿条的啮合。因此，设计时，其参数和尺寸均在中间平面确定。

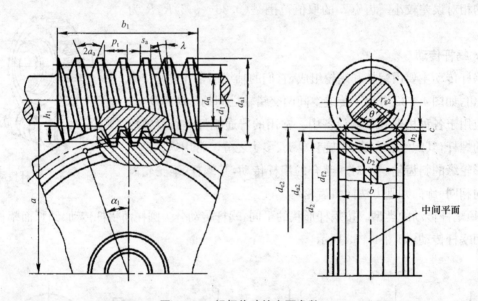

图 4 - 34 蜗杆传动的主要参数

①模数 m 和压力角 α。因为蜗轮与蜗杆的啮合相当于渐开线齿轮与齿条的啮合，所以蜗杆的轴向模数 m_{a1} 应等于蜗轮的端面模数 m_{t2}，蜗杆的轴向压力角 α_{a1} 应等于蜗轮的端面压力角 α_{t2}。并规定中间平面上的模数和压力角为标准值，即：

$$m_{a1}=m_{t2}=m$$

$$\alpha_{a1}=\alpha_{t1}=\alpha$$

②蜗杆螺旋升角 λ。如图 $4-35$ 所示，将蜗杆分度圆柱展开，其螺旋线与端面的夹角即为蜗杆分度圆柱上的螺旋升角 λ，也称蜗杆的导程角。由图 $4-35$ 可得，蜗杆的导程为：

$$L=Z_1 P_{a1}=Z_1 \pi m$$

蜗杆分度圆柱上的螺旋升角 λ 与导程的关系为：

$$\tan\lambda=\frac{L}{\pi d_1}=\frac{z_1 \pi m}{\pi d_1}=\frac{z_1 m}{d_1}$$

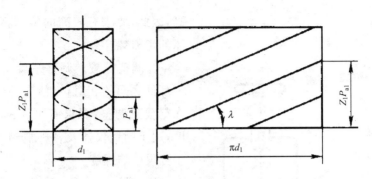

图4-35　蜗杆分度圆柱展开图

蜗杆螺旋线也有左旋、右旋之分，一般情况下多为右旋。其左旋、右旋判别方法同斜齿轮。

蜗杆传动（轴交角为90°）正确啮合条件为：蜗杆和蜗轮的模数和压力角分别相等，蜗杆螺旋升角 λ 与蜗轮的螺旋角 β 相等，且旋向相同。

通常蜗杆螺旋升角 $\lambda = 3.5° \sim 27°$，升角小，传动效率低，但可实现自锁（$\lambda = 3.5° \sim 4.5°$）；升角大，传动效率高，但蜗杆加工困难。

③蜗杆分度圆直径 d_1 和蜗杆直径系数 q。由上式可知，$d_1 = z_1 m_1 / \tan\lambda$，蜗杆分度圆直径 d_1 不仅和模数 m 有关，而且还与 $z_1/\tan\lambda$ 有关。加工蜗轮的滚刀直径和齿形与之相配合的蜗杆直径相同。即使模数相同，也会有很多直径不同的蜗杆，也就要有很多相应直径的滚刀，这样很不经济。因此，为减少滚刀数量，并使刀具标准化，国家标准规定蜗杆的分度圆直径 d_1 为标准值，蜗杆分度圆直径 d_1 与模数 m 的比值称为蜗杆直径系数，用 q 表示，即：

$$q = d_1/m$$

式中：d_1、m 均为标准值，q 为导出值。

④中心距 a：

蜗杆传动中心距　　　　　$$a = \frac{d_1 + d_2}{2} = \frac{m(q + z_2)}{2}$$

2.1.4　螺旋传动

在机械中，有时需要将转动变为直线移动。螺旋传动是实现这种转变经常采用的一种传动。如机床进给机构中，采用螺旋传动实现刀具或工作台的直线进给，螺旋压力机和螺旋千斤顶（图4-36）工作部分的直线运动都是利用螺旋传动实现的。

1. 螺旋传动的类型

螺旋传动由螺杆、螺母组成。

（1）按其用途可分为传力螺旋、传导螺旋、调整螺旋。

①传力螺旋。传力螺旋以传递动力为主，一般要求用较小的转矩转动螺杆（或螺母）而使螺母（或螺杆）产生轴向运动和较大的轴向推力，如螺旋千斤顶等。这种传力螺旋主要承受很大的轴向力，通常为间歇性工作，每次工作时间较短，工作速度不高，而且需要自锁。

②传导螺旋。传导螺旋以传递运动为主，要求能在较长的时间内连续工作，工作速度较

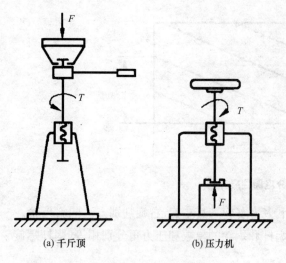

(a) 千斤顶　　　(b) 压力机

图 4-36　螺旋传动机械

高,因此,要求有较高的传动精度。如精密车床的走刀螺杆。

③调整螺旋。调整螺旋用于调整并固定零部件之间的相对位置,它不经常转动,一般在空载下调整,要求有可靠的自锁性能和精度,用于测量仪器及各种机械的调整装置,如千分尺中的螺旋。

(2)螺旋传动按其摩擦性质又分为滑动螺旋、滚动螺旋、静压螺旋。

①滑动螺旋。滑动螺旋即螺旋副做相对运动时产生滑动摩擦的螺旋。滑动螺旋结构比较简单,螺母和螺杆的啮合是连续的,工作平稳,易于自锁,这对起重设备、调节装置等很有意义。但螺纹之间摩擦大、磨损大、效率低(一般在 0.25~0.70,自锁时效率小于 50%);滑动螺旋不适宜用于高速和大功率传动。

②滚动螺旋。滚动螺旋即螺旋副做相对运动时产生滚动摩擦的螺旋。滚动螺旋的摩擦阻力小,传动效率高(90%以上),磨损小,精度易保持,但结构复杂,成本高,不能自锁。滚动螺旋主要用于对传动精度要求较高的场合。

③静压螺旋。静压螺旋即将静压原理应用于螺旋传动中。静压螺旋摩擦阻力小,传动效率高(可达 90%以上),但结构复杂,需要供油系统。适用于要求高精度、高效率的重要传动中,如数控、精密机床、测试装置或自动控制系统的螺旋传动中。

2. 滑动螺旋传动

滑动螺旋传动的结构,主要是指螺杆和螺母的固定与支承的结构形式。图 4-37 为测量工具(螺旋千分尺)的结构,螺母静止不动,而螺杆既转动又移动,螺杆上装有测量工具的活动端,螺母与静止端联结,当转动螺杆时,可带动活动端移动,使之与静止端分离或靠近,从而实现对工件的测量。图 4-38 车床自动进给结构,螺杆在机架中可以转动但是不可以移动,螺母与刀架相联接只能移动而不能转动,当螺杆转动时,螺母即可带动刀架移动从而切削工件。

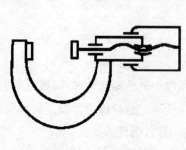

图 4-37　螺旋千分尺

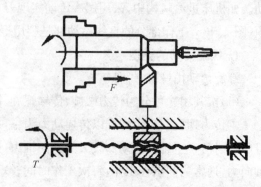

图 4-38　车床自动进给结构

3. 滚动螺旋传动

虽然滑动螺旋传动有很多优点,但传动精度还不够高,低速或微调时,可能出现运动不稳定现象,不能满足某些机械的工作要求。为此可采用滚动螺旋传动。如图 4-39 所示,滚动螺旋传动是在螺杆和螺母的螺纹滚道内连续填装滚珠作为滚动体,使螺杆和螺母间的滑动摩擦变成滚动摩擦。螺母上有导管或反向器,使滚珠能循环滚动。滚珠的循环方式分为外循环和内循环两种,滚珠在回路过程中离开螺旋表面的称为外循环,如图 4-39(a)所示,外循环加工方便,但径向尺寸较大。滚珠在整个循环过程中始终不脱离螺旋表面的称为内循环,如图 4-39(b)所示。

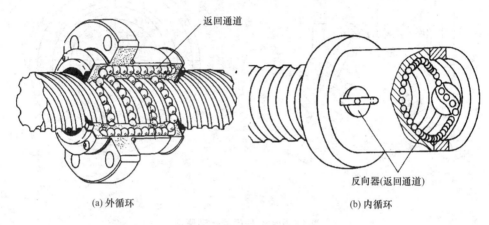

返回通道

反向器(返回通道)

(a) 外循环　　　　　　　　　　　　　(b) 内循环

图 4-39　滚动螺旋传动

滚动螺旋传动的特点:效率高,一般在 90% 以上;利用预紧可消除螺杆与螺母之间的轴向间隙,可得到较高的传动精度和轴向刚度;静、动摩擦力相差极小,启动时无颤动,低速时运动仍很稳定;工作寿命长;具有运动可逆性,即在轴向力作用下可由直线移动变为转动;为了防止机构逆转,需有防逆装置;滚珠与滚道理论上为点接触,不宜传递大载荷,抗冲击性能较差;结构较复杂;材料要求较高;制造较困难。滚动螺旋传动主要用于对传动精度要求高的场合,如精密机床中的进给机构。

4. 静压螺旋传动

静压螺旋传动是在螺纹工作面间形成液体静压油膜润滑的螺旋传动。静压螺旋传动摩擦系数小,传动效率可达 99%,无磨损和爬行现象,无反向空程,轴向刚度很高,不自锁,具有传动的可逆性;但螺母结构复杂,而且需要有一套压力稳定、温度恒定和过滤要求高的供油系统。静压螺旋常被用作精密机床进给和分度机构的传导螺旋。这种螺旋采用牙较高的梯形螺纹。在螺母每圈螺纹中径处开有 3~6 个间隔均匀的油腔。同一母线上同一侧的油腔连通,用一个节流阀控制。油泵将精滤后的高压油注入油腔,油经过摩擦面间缝隙后再由牙根处回油孔流回油箱。

静压螺纹的工作原理如图 4-40 所示。压力油经节流器进入螺母螺纹牙两侧的油腔内,通过阻油边、回油孔流回油箱。当螺杆不受力时,螺杆处于中间位置,螺纹牙两侧的间隙和油腔压力均相等,当螺杆受轴向力 F_a 而左移时[见图 4-40(a)],间隙 h_1 减小、h_2 增大,油压通过节流器的自动调节作用,使螺纹牙左侧油压 P_1 大于右侧油压 P_2,从而产生一个平衡 F_a 的液压力;当螺杆受径向力 F_r 而下移时[见图 4-40(b)],一圈螺纹牙侧的 3 个油腔中,油腔 A 侧的间隙减小,油腔 B 和 C 侧的间隙增大,油压经节流器的自动调节使 A 侧压力增高,B、C 侧压力降低,从而产生一个平衡 F_r 的液压力;当螺杆受弯曲力矩时,也具有平衡能力。

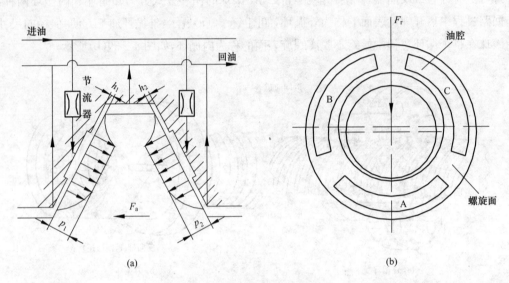

图 4-40 静压螺旋传动原理

当螺杆无外载荷时,通过每一油腔沿间隙流出的流量相等,螺纹牙两侧的油压及间隙也相等,既 $P_{r1}=P_{r2}=P_{r0}$,$h_1=h_2=h_0$,螺杆保持在中间位置。

当螺杆受轴向力 F_a 而偏向左侧时,则间隙 h_1 减小,h_2 增大。由节流阀的作用,使 $P_{r1}>P_{r2}$,从而产生一个平衡 F_a 的反力。

当螺杆受径向力 F_r 作用而沿载荷方向产生位移时,油腔 A 侧间隙减小,B、C 侧间隙增大。同样,由于节流阀的作用,使 A 侧的油压增高,B、C 侧油压降低,形成压差与径向力 F_r 平衡。

当螺杆一端受径向力矩 M 作用而形成一倾覆力矩时,螺母上对应油腔 E、J 侧间隙减小,D、C 侧间隙增大。由于节流阀的作用使螺杆产生一个反向力矩,使其保持平衡。

由上述三种受力情况可知,当每一个螺旋面上设有三个以上的油腔时,螺杆(或螺母)不但能承受轴向载荷,同时也能承受一定的径向载荷和倾覆力矩。

2.1.5 机械传动图的绘制

绘制机械传动示意图,首先要分析机械传动有哪些结构组成,然后确定表达平面以及平面内固定的轴对应的点,最后按照一定的比例尺从原动机开始按照相关传动简图表示法逐一表示相应的机械传动,从而完成机械传动示意图。表 4-9～表 4-11 为常见机械传动的简图符号。

表 4 - 9 齿轮简图符号

名　称		基 本 符 号	可 用 符 号	附　注
指名齿线	直齿圆柱齿轮			
	斜齿圆柱齿轮			
	人字齿齿圆柱齿轮			
	直齿圆锥齿轮		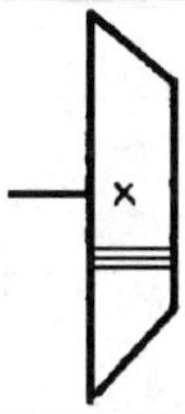	
	斜齿圆锥齿轮		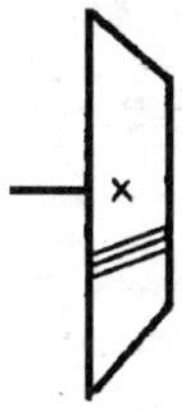	
不指明齿线	圆柱齿轮	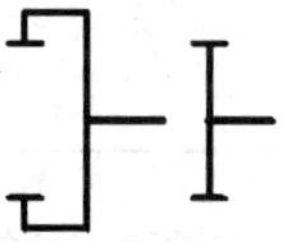	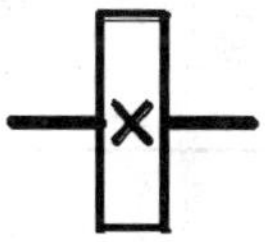	
	圆锥齿轮		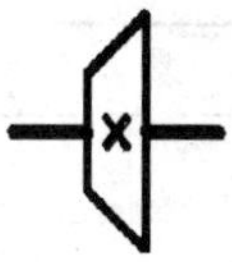	

表 4 - 10 齿轮传动的符号表示

名　称	基 本 符 号	可 用 符 号	附　注
圆柱齿轮	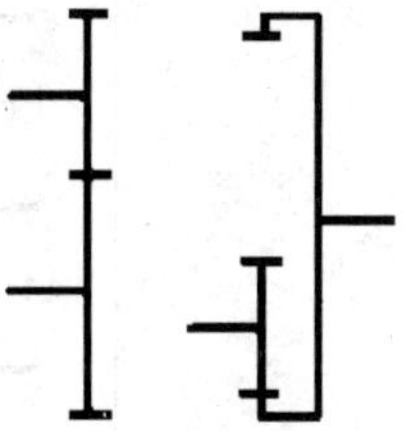	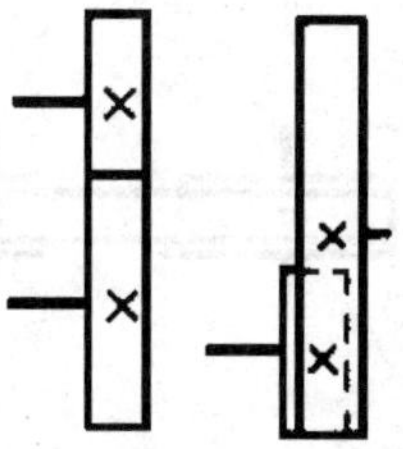	

名　　称	基本符号	可用符号	附　　注
圆锥齿轮	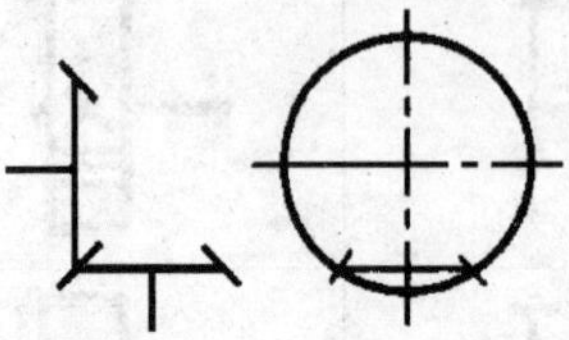	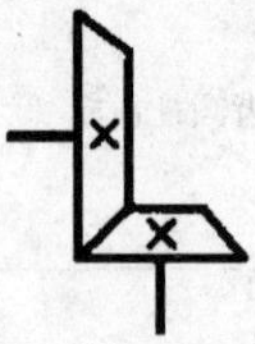	
蜗杆齿轮	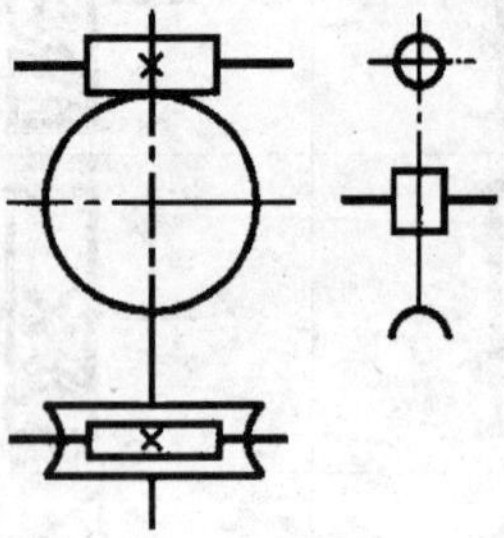	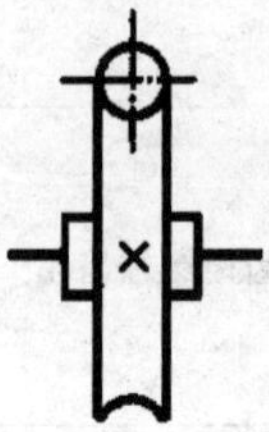	
齿轮齿条	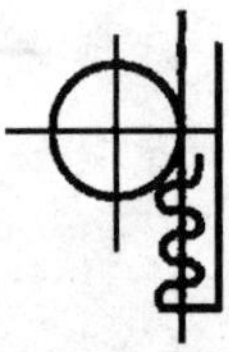		
扇形齿轮		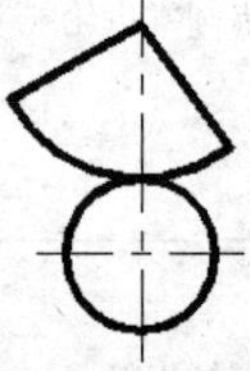	

表 4 - 11　带传动链传动的符号表示

名　　称	基本符号	可用符号	附　　注
皮带传动——一般符号（不指明类型）	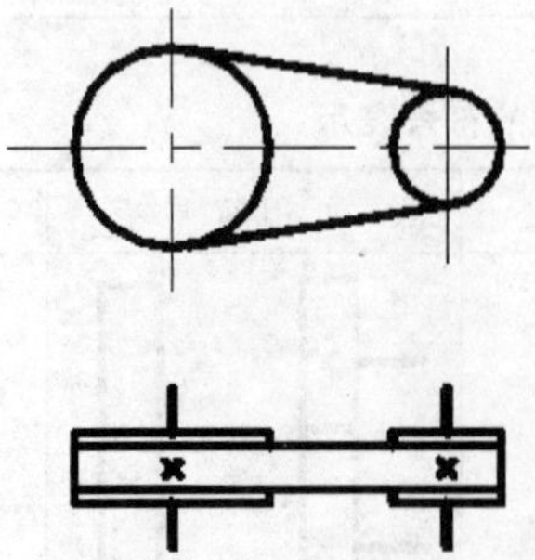		若需指明类型可采用下列符号： 三角带  圆带  同步齿形带  平皮带

续表

名　称	基本符号	可用符号	附　注
链传动——一般符号(不指明类型)			若需指明类型可采用下列符号: 滚子链 齿形链

★ 任务实施

小组成员相互协作,通过小组讨论、教师指导完成以下任务。

1. FA320A 型并条机主要由喂入机构、牵伸机构、成条机构、自动换桶机构四大机构组成。

高架式喂入机构主要由导条罗拉、导条支杆、分条叉和一对给棉罗拉组成,棉条经导条罗拉积极回转向前引导喂入给棉罗拉,在导条罗拉和给棉罗拉之间有较小的张力牵伸,使棉条在进入牵伸机构前保持伸直状态。

牵伸机构主要由罗拉、胶辊、压力棒、加压装置及集束机构等组成,其牵伸形式为四上四下压力棒加导向辊曲线牵伸。棉条先经后区预牵伸,然后经中区较小的张力牵伸,再进入前区主牵伸区进行牵伸。在前区有一下压式压力棒,牵伸时压力棒的弧形曲面与被牵伸纤维接触,增强了牵伸区中后部对纤维运动的控制,有利于纤维变速点前移而且集中。

成条机构主要由喇叭口、压辊、圈条器等部件组成。圈条器包括圈条盘和圈条底盘。棉条由压辊输出后经圈条盘引导进入棉条筒,棉条筒随圈条底盘缓慢回转,将棉条有规律地圈放在棉条筒中。

自动换筒的形式有前进前出式与后进前出式两种,通过换筒电动机驱动链条传动实现自动换筒,从而大大提高了生产效率。

试分析这四大机构的结构组成及工作原理,绘制四大机构的传动示意图。

提示:首先要明确整个传动有哪些传动组成,然后按照传动示意图的画法一步步绘制传动示意图。

2. 试分析 FA320A 型并条机主轴上有哪些零件,这些零件是采用什么固定方式固定在轴上的。

提示:FA320A 型并条机传动系统以直径大的压辊轴为主轴,分别通过两级齿轮或带轮传给前罗拉和二罗拉,有利于主牵伸区两对牵罗拉开关车时同步运行。

★ 习题

1. 带传动的主要类型有哪些? 各有何特点?

2. 常见的链传动有哪些类型？各有什么特点？

3. 链传动和带传动相比有何特点？

4. 齿轮齿廓上哪点的压力角为标准值？哪一点的压力角最大？哪一点压力小？

5. 现有一不知具体几何尺寸的齿轮，试问如何确定它的几何尺寸？

6. 在技术改造中，拟使用两个现成的标准直齿圆柱齿轮。已测得齿数 $Z_1 = 22$，$Z_2 = 98$，小齿轮齿顶圆直径 $d_{a1} = 240$mm，大齿轮的齿全高 $h = 22.5$mm，试判断这两个齿轮能否正确啮合。

7. 已知两对标准直齿圆柱齿轮，$m_1 = m_2 = 5$mm，$Z_1 = 20$，$Z_2 = 30$，$m_3 = m_4 = 2.5$mm，$Z_3 = 40$，$Z_4 = 60$。当安装中心距一样时，试问这两对齿轮传动的重合度是否一致？

8. 已知一对正常齿标准外啮合直齿圆柱齿轮传动的传动比 $i_{12} = 1.5$，中心距 $a = 100$mm，$m = 2$mm，$\alpha = 20°$，试计算这对齿轮的几何尺寸。

9. 已知一对斜齿圆柱齿轮传动，$Z_1 = 25$，$Z_2 = = 100$，$m_n = 4$mm，$\beta = 15°$，$\alpha = 2°$。试计算这对斜齿轮的主要几何尺寸。

任务 2.2 传动系统运动分析

★ 学习目标

1. 掌握带传动的运动特性，能够对带传动进行传动计算。

2. 掌握链传动的运动特性，能够对链传动进行传动计算。

3. 掌握定轴轮系、周转轮系的传动计算。

4. 掌握角速度与线速度之间的换算方法。

★ 任务描述

任务名称：FA320A 型机械传动系统运动分析

FA320A 型并条机传动系统以直径大的压辊轴为主轴，分别通过两级齿轮或带轮传给前罗拉和二罗拉，有利于主牵伸区两对牵罗拉开关车时同步运行；牵伸传动齿轮分布于车头、车尾两箱内，全部为斜齿轮，安装在封闭的油浴齿轮箱内，运转平稳、噪声小。其他传动部分齿轮、伞形齿轮和蜗轮减速器也均安装于封闭的齿轮箱内，高速回转件均采用滚动轴承，适应高速，便于保养。采用四上四下附导向辊、压力棒式双区曲线牵伸。圈条成形机构采用悬挂式中心滚珠轴承支撑圈条盘，并采用同步带传动，运转平稳、噪声小。

试分析：

1. FA320A 型并条机压辊输出线速度 v 和输出转速 $n_{压}$？

2. 前后罗拉之间的传动比？

3. 圈条器的转速是多少？

★ 知识学习

2.2.1　带传动的运动分析

带传动的传动带是弹性体,受到拉力后会产生弹性伸长,伸长量随拉力大小的变化而改变。带由紧边绕过主动轮进入松边时,带内拉力由 F_1 减小为 F_2,其弹性伸长量也由 δ_1 减小为 δ_2。这说明带在绕经带轮的过程中,相对于轮面向后收缩了 $\Delta\delta(\Delta\delta=\delta_1-\delta_2)$,带与带轮轮面间出现局部相对滑动,导致带的速度逐渐小于主动轮的圆周速度,如图 5-1 所示。

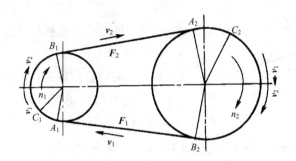

图 5-1　带传动的弹性滑动

同样,当带由松边绕过从动轮进入紧边时,拉力增加,带逐渐被拉长,沿轮面产生向前的弹性滑动,使带的速度逐渐大于从动轮的圆周速度。这种由于带的弹性变形而产生的带与带轮间的滑动称为弹性滑动。

弹性滑动和打滑是两个截然不同的概念。打滑是过载引起的全面滑动,是可以避免的。弹性滑动是由拉力差引起的,只要传递圆周力,就必然会发生弹性滑动,所以,弹性滑动是不可避免的。

带的弹性滑动使从动轮的圆周速度 v_2 低于主动轮的圆周速度 v_1,其速度的降低率用滑动率 ε 表示,即:

$$\varepsilon=\frac{v_1-v_2}{v_2}=\frac{(\pi d_1 n_1-\pi d_2 n_2)}{\pi d_1 n_1} \tag{5-1}$$

式中:n_1、n_2——分别为主动轮、从动轮的转速,r/min;

d_1、d_2——分别为主动轮、从动轮的直径,对 V 带传动则为带轮的基准直径,mm。

由上式得带传动的传动比为:

$$i=\frac{n_1}{n_2}=\frac{d_2}{d_1(1-\varepsilon)} \tag{5-2}$$

从动轮的转速为:

$$n_2=\frac{n_1 d_1(1-\varepsilon)}{d_2} \tag{5-3}$$

因带传动的滑动率 $\varepsilon=0.01\sim0.02$,其值很小,所以在一般传动计算中可不予考虑。

2.2.2 链传动的运动特性

链条绕上链轮后形成折线，因此链传动相当于一对多边形轮子之间的传动，如图 5-2 所示。

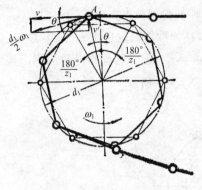

则链条线速度（简称链速）为：

$$v = \frac{z_1 p n_1}{60 \times 1000} = \frac{z_2 p n_2}{60 \times 1000}$$

链传动的传动比：

$$i = \frac{n_1}{n_2} = \frac{z_2}{z_1} \tag{5-4}$$

式中：z_1、z_2——两链轮的齿数；

$\quad\quad\quad p$——节距，mm；

$\quad\quad\quad n_1$、n_2——两链轮的转速，r/min。

图 5-2 链传动的运动分析

由以上两式求得的链速和传动比均为平均值。实际上，由于多边形效应，瞬时链速和瞬时传动比都是变化的。

随着链轮齿数的减少，传动中的速度波动、冲击、振动和噪声也都减小，所以链轮的齿数不宜太少，通常取主动链轮（即小链轮）的齿数大于 17。

2.2.3 齿轮传动计算

1. 概述

齿轮机构是应用最广的传动机构之一。如果用普通的一对齿轮传动实现大传动比传动，不仅机构外廓尺寸庞大，而且大小齿轮直径相差悬殊，使小齿轮易磨损，大齿轮的工作能力不能充分发挥。为了在一台机器上获得很大的传动比，或是获得不同转速，常常采用一系列齿轮组成传动机构，这种由齿轮组成的传动系称为轮系。采用轮系，可避免上述缺点，而且使结构较为紧凑。

（1）轮系的分类。轮系分为定轴轮系、周转轮系和混合轮系。

①定轴轮系。在图 5-3 所示的定轴轮系中，所有齿轮的几何轴线都是固定的。

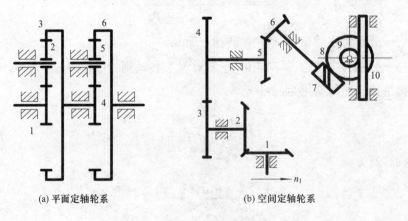

(a) 平面定轴轮系　　　　　　　　(b) 空间定轴轮系

图 5-3 定轴轮系

在图 5-3(a)所示的轮系中,每个齿轮的几何轴线固定且相互平行,这种每个齿轮运动平面互相平行的轮系称为平面定轴轮系。

在图 5-3(b)所示的轮系中,每个齿轮的几何轴线相互平行,但每个齿轮的几何轴线固定不平行,这种每个齿轮的运动平面不互相平行的轮系称为空间定轴轮系。

②周转轮系。在图 5-4 所示的周转轮系中,齿轮 1、3 及构件 H 绕固定的互相重合的几何轴线 O_1 转动,齿轮 2 的轴装在构件 H 上,因此齿轮 2 一方面绕自身轴线 O_2 转动(自转),同时又随构件 H 绕固定轴线 O_1 回转(公转),齿轮 2 称为行星轮,构件 H 称为行星架或系杆,与行星轮啮合且几何轴线固定的齿轮 1 和齿轮 3 称为中心轮或太阳轮。

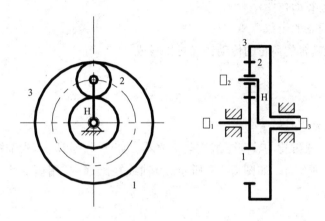

图 5-4　周转轮系

通过在整个轮系上加上一个与系杆旋转方向相反的、大小相同的角速度,可以把周转轮系转化成定轴轮系。

③混合轮系。混合轮系由几个基本周转轮系或由定轴轮系和周转轮系组成。

图 5-5(a)所示为复合轮系,其中由中心轮 1、3 和行星轮 2、系杆 H 组成的是一个自由度为 2 的差动轮系;左边齿轮 1′、5、4、4′、3′组成定轴轮系。定轴轮系把差动轮系中的中心轮 1 和 3 联系起来,使得整个轮系的自由度为 1。

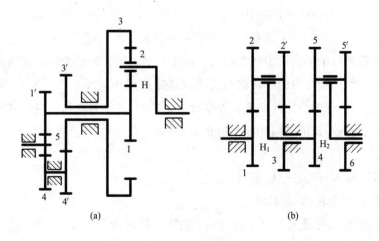

(a)　　　　　　　　　　(b)

图 5-5　混合轮系

图 5-5(b)所示也是复合轮系，它由两个行星轮系串联而成。

（2）传动比。传动比即两轴的转速比。因为转速 $n=2\pi\omega$，因此传动比又可以表示为两轴的角速度之比。通常，传动比用 i 表示，对轴 a 和轴 b 的传动比可表示为：

$$i_{ab}=\frac{n_a}{n_b}=\frac{\omega_a}{\omega_b} \tag{5-5}$$

对一对相啮合的齿轮，在同一时间内转过的齿数是相同的，因此有：

$$n_a z_a = n_b z_b$$

式中：n_a、n_b——两齿轮的转速；

z_a、z_b——两齿轮的齿数。

因此，一对相互啮合的齿轮的传动比又可以写成：

$$i_{ab}=\frac{n_a}{n_b}=\frac{z_b}{z_a}$$

（3）从动轮转动方向。

①箭头表示。轴或齿轮的转向一般用箭头表示。如图 5-6 所示，当轴线垂直于纸面时，用旋转箭头表示其转动方面。如图 5-7 所示，当轴线在纸面内，用箭头表示轴或齿轮的转动方向。

图 5-6　轴线与纸面垂直时的转向表示方法　　　图 5-7　轴线在纸面内时的转向表示方法

②符号表示。当两轴或齿轮的轴线平行时，可以用正号"＋"或负号"－"，表示两轴或齿轮的转向相同或相反，并直接标注在传动比的公式中。例如，$i_{ab}=10$，它表明轴 a 和轴 b 的转向相同，转速比为 10。又如，$i_{ab}=-5$，表明轴 a 和轴 b 的转向相反，转速比为 5。

符号表示法在平行轴的轮系中经常用到。由于一对内啮合齿轮的转向相同，因此它们的传动比取"＋"。而一对外啮合齿轮的转向相反，因此它们的传动比取"－"。因此，两轴或齿轮的转向相同与否，由它们的外啮合次数而定。外啮合为奇数时，主动轮与从动轮的转向相反；外啮合为偶数时，主动轮与从动轮的转向相同。但是，符号表示法不能用于轴线不平行的从动轮的转向传动比计算中。

判断从动轮的转向需要注意以下两点。

a. 内啮合的圆柱齿轮的转向相同。

b. 外啮合的圆柱齿轮或圆锥齿轮的转动方向要么同时指向啮合点，要么同时背离啮合点。

图 5-8 所示为圆柱或圆锥齿轮的几种情况。

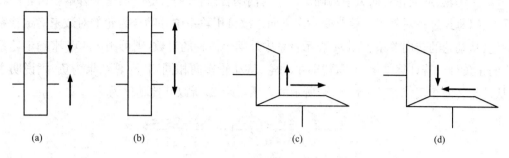

图 5 - 8　齿轮转动方向间的关系

2. 定轴轮系传动比计算

(1)传动比计算。图 5 - 3(a)所示的定轴轮系,设齿轮 1 为主动轮,齿轮 6 为最后的从动轮,该轮系的总传动比(简称传动比)为 $i_{16} = \dfrac{\omega_1}{\omega_6}$ 或 $i_{16} = \dfrac{n_1}{n_6}$。

由图 5 - 3(a)可见,主动轮 1 到从动轮 6 之间的传动,是通过一对对齿轮依次啮合实现的,为此,先求出该轮系中每对啮合齿轮传动比的大小。

$$i_{12} = \frac{\omega_1}{\omega_2} = \frac{z_2}{z_1}$$

$$i_{23} = \frac{\omega_2}{\omega_3} = \frac{z_3}{z_2}$$

$$i_{45} = \frac{\omega_4}{\omega_5} = \frac{z_5}{z_4}$$

$$i_{56} = \frac{\omega_5}{\omega_6} = \frac{z_6}{z_5}$$

因 $\omega_3 = \omega_4$,所以将以上各式两边连乘后得:

$$i_{12} \cdot i_{23} \cdot i_{45} \cdot i_{56} = \frac{\omega_1 \omega_2 \omega_4 \omega_5}{\omega_2 \omega_3 \omega_5 \omega_6}$$

$$i_{16} = \frac{\omega_1}{\omega_6} = i_{12} i_{23} i_{45} i_{56} = \frac{z_2 z_3 z_5 z_6}{z_1 z_2 z_4 z_5}$$

上式表明,定轴轮系的传动比等于组成该轮系的各对啮合齿轮传动比的连乘积,其大小等于各对啮合齿轮中所有从动轮齿数的连乘积与所有主动轮齿数的连乘积之比。即:

$$定轴轮系的传动比 = \frac{所有从动轮齿数的连乘积}{所有主动轮齿数的连乘积} \tag{5-6}$$

如图 5 - 3(a)所示,齿轮 2 同时与齿轮 1 和齿轮 3 啮合,对于齿轮 1 来说,齿轮 2 是从动轮,对于齿轮 3 来说,齿轮 2 是主动轮。齿轮 2 的齿数在轮系传动比计算中可以约去,齿轮 2 的齿数不影响轮系传动比的大小,只影响轮系从动轮的转向,这种齿轮称为惰轮。在图 5 - 3(a)所示的轮系中,齿轮 5 也是惰轮。

（2）主动轮、从动轮转向关系的确定。一对内啮合齿轮的转向相同，一对外啮合齿轮的转向相反，所以每经过一对外啮合就改变一次方向。故可用轮系中外啮合齿轮的对数来确定轮系中主动轮、从动轮的转向关系。用 m 表示轮系中外啮合齿轮的对数，则可用 $(-1)^m$ 来确定轮系传动比的正负号。若计算结果为正，说明主动轮、从动轮转向相同，若计算结果为负，则说明主动轮、从动轮转向相反，对于图 5-3(a) 所示的轮系，$m=2$，所以其传动比为

$$i_{16}=(-1)^m \frac{z_3 z_6}{z_1 z_4}=(-1)^2 \frac{z_3 z_6}{z_1 z_4}=\frac{z_3 z_6}{z_1 z_4}$$

说明从动轮 6 的转向与主动轮 1 的转向相同。

例 5-1　图 5-9 所示为 1511M 型织机卷取机构的轮系，各轮的齿数为 z_1、z_2、$z_3=24$、$z_4=89$、$z_5=15$、$z_6=96$，齿轮 1 和齿轮 2 为变换齿轮，根据纬密换不同齿数的齿轮。求轮系的传动比 i_{16}。

$$i_{16}=\frac{n_1}{n_6}=-\frac{z_2 z_4 z_6}{z_1 z_3 z_5}=-\frac{z_2\,89\times 96}{z_1\,24\times 15}=-\frac{z_2\,356}{z_1\,15}$$

传动比为负值，表示轮 1 和轮 6 转向相反。

（3）空间定轴轮系传动比计算。空间定轴轮系各轮的轴线不平行，空间定轴轮系传动比的计算与平面定轴轮系相同，轮系中主动轮、从动轮的转向确定方法不同于平面定轴轮系，由于各轮轴线不再平行，不能用 $(-1)^m$ 来确定主动轮、从动轮的转向。由于各轮轴线不平行，无所谓转向相同与相反，在这种情况下，采用在图上用画箭头的方法确定从动轮的转向。

图 5-10 所示为一空间定轴轮系，主动轮 1（蜗杆）和从动轮 6（锥齿轮）的几何轴线不平行，它们分别在两相不同的平面内转动，转向无所谓相同或相反，其转向关系也只能在图上用箭头表示。

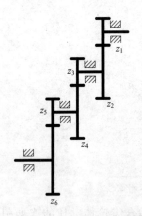

图 5-9　1511M 型织机的卷取轮系

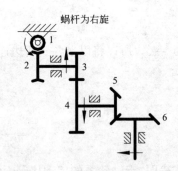

图 5-10　输入轴、输出轴不平行

例 5-2　如图 5-11 所示，已知：$z_1=60$，$z_2=48$，$z_3=80$，$z_4=120$，$z_5=60$，$z_6=40$，蜗杆 $z_7=2$（右旋），蜗轮 $z_8=80$，齿轮 $z_9=65$，模数等于 5mm。主动轮 1 的转速为 $n_1=240\text{r/min}$，转向如图 5-11 所示。试求齿条 10 的移动速度 v_{10} 及其方向。

解：

$$i_{18}=\frac{n_1}{n_8}=\frac{z_2 z_4 z_6 z_8}{z_1 z_3 z_5 z_7}=\frac{48\times 120\times 40\times 80}{60\times 80\times 60\times 2}=32$$

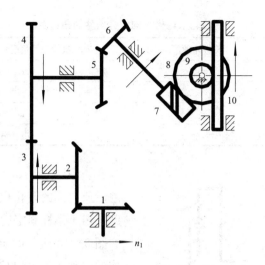

图 5 - 11　空间定轴轮系

$$v_{10}=\frac{\pi d_9 n_9}{60\times1000}=\frac{\pi 65\times5 n_8}{60\times1000}=\frac{\pi\times65\times5\times240}{60\times1000\times32}=0.12756(\text{m/s})$$

齿条10的移动方向用在图上画箭头的方法确定,如图5-11所示为向上移动。

3. 周转轮系传动比计算

(1)计算方法。周转轮系与定轴轮系的根本区别在于周转轮系中有一个转动着的系杆H,使行星轮的运动不是绕固定轴线的简单转动,因此周转轮系的传动比计算不能直接用求解定轴轮系的传动比方法来计算。为了解决周转轮系传动比问题,可以假设系杆H不动,将周转轮系转化为定轴轮系。

为此,假设给整个轮系附加一个公共的角速度$(-\omega_H)$,各构件的绝对运动改变了,但是,根据相对运动原理可知,各构件之间的相对运动关系并不改变,此时系杆的角速度变成了$\omega_H+(-\omega_H)=0$,即系杆可视为静止不动。于是,周转轮系就转化成了一个假想的定轴轮系,通常称这个假想的定轴轮系为原周转轮系的转化轮系。

以图5-12所示的单排2K—H型周转轮系为例,当给整个轮系加上公共角速度$(-\omega_H)$后,其各构件的角速度变化情况见下表。

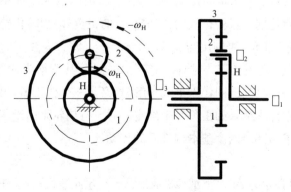

图 5 - 12　单排 2K—H 型周转轮系

周转轮系转化机构中各构件的角速度

构件代号	原构件角速度	在转化机构中的角速度(即相对于系杆的角速度)
1	ω_1	$\omega_1^H = \omega_1 - \omega_H$
2	ω_2	$\omega_2^H = \omega_2 - \omega_H$
3	ω_3	$\omega_3^H = \omega_3 - \omega_H$
H	ω_H	$\omega_H^H = \omega_H - \omega_H = 0$

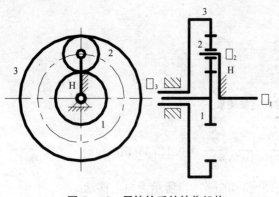

图 5-13　周转轮系的转化机构

表中 ω_1^H、ω_2^H、ω_3^H 分别表示在系杆 H 固定之后所得到的转化机构中齿轮 1、2、3 的角速度。由于系杆固定后,上述周转轮系就转化成如图 5-13 所示的定轴轮系,因此,该转化机构的传动比就可以按照定轴轮系传动比的计算方法来计算。

由定轴轮系传动比的计算可得:

$$i_{13}^H = \frac{\omega_1^H}{\omega_3^H} = \frac{\omega_1 - \omega_H}{\omega_3 - \omega_H} = (-1)^1 \frac{z_3}{z_1} = -\frac{z_3}{z_1}$$

式中 i_{13}^H 表示在转化机构中 1 轮主动,3 轮从动时的传动比,齿数比前的"-"号表示在转化机构中齿轮 1 和齿轮 3 的转向相反。

根据以上原理,可以写出周转轮系转化机构传动比计算的一般公式,设周转轮系中的任意两个齿轮分别为 1 和 n(包括 1、n 中可能有一个是行星轮的情况)。系杆为 H,则其转化机构的传动比 i_{1n}^H 可表示为:

$$i_{1n}^H = \frac{\omega_1^H}{\omega_n^H} = \frac{\omega_1 - \omega_H}{\omega_n - \omega_H} = (-1)^m \frac{z_3 \cdots z_n}{z_1 \cdots z_{n-1}} \tag{5-7}$$

由上式可以看出,在各轮齿数均为已知的情况下,只要给出 ω_1、ω_n、ω_H 三个中任意两个参数,就可以求出第三个。从而可以方便地得到周转轮系三个基本构件中任两个构件之间的传动比。在用上式计算周转轮系传动比时,需要注意以下几点。

①式中 i_{1n}^H 是转化机构中 1 轮主动,n 轮从动时的传动比,其大小和正负完全按定轴轮系来处理。在具体计算时,要特别注意转化机构传动比 i_{1n}^H 的正负号,当转化轮系中各轮几何轴线互相平行时用 $(-1)^m$ 来确定正负,否则用箭头法。

②ω_1、ω_n、ω_H 是周转轮系中各基本构件的实际角速度,其值均为代数值。对于差动轮系,若已知的两个构件转速方向相反,则代入上式求解时,必须一个代正值,另一个代负值。第三个构件转速的转向,则根据计算结果的正负号来确定。对于行星轮系由于其中一个中心轮是固定的,这时可直接由上式求出其余两个基本构件间的传动比。

(2)传动比计算。

例 5-3　图 5-14 所示为 A512 型细纱机成形凸轮行星减速机构,系杆的转动由车头传来,系杆上空套着行星齿轮 2 和 3,行星轮 2 和行星轮 3 分别与中心轮 1、4 相啮合,1 为固定中心轮,4 与成形凸轮固连,将运动传给成形凸轮,已知 $z_1=60$,$z_2=30$,$z_3=29$,$z_4=61$,现分析其传动比 i_{H4}。

$$i_{41}^H=\frac{n_4-n_H}{n_1-n_h}=\frac{n_4-n_h}{-n_h}=1-\frac{n_4}{n_H}=1-i_{4H}$$

$$=(-1)^2\frac{z_3z_1}{z_4z_2}=\frac{29\times60}{61\times30}=\frac{58}{61}$$

$$i_{4H}=1-i_{41}^H=1-\frac{58}{61}=\frac{3}{61}$$

$$i_{H4}=\frac{1}{i_{4H}}=\frac{61}{3}=20.3$$

计算结果为正值,说明系杆与轮 4 的转向相同。

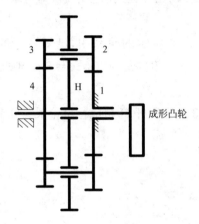

图 5-14 细纱机成形机构行星减速器

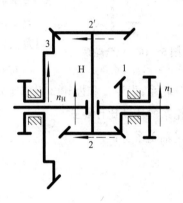

图 5-15 粗纱机的差动轮系

例 5-4 图 5-15 所示为某型号粗纱机的差动轮系,已知 $z_1=18$,$z_2=30$,$z_3=16$,$z_4=48$,$n_H=350$r/min,$n_1=170$r/min,且与 n_H 同向。求 n_3

$$i_{13}^H=\frac{n_1-n_H}{n_3-n_H}=\frac{z_2z_3}{z_1z_{2'}}$$

$$\frac{170-350}{n_3-350}=\frac{30\times48}{18\times16}=5$$

$$n_3=314\text{r/min}$$

式中齿数比前面的正负号不用 $(-1)^m$ 确定,用画虚线箭头的方法来确定。因齿轮 3 的转速 n_3 为正值,齿轮 1 和系杆 H 的转速也用正值,故齿轮 3 的转向与齿轮 1 的转向相同。

4. 复合轮系传动比计算

在实际机械中,除了广泛应用单一的定轴轮系和单一的周转轮系外,还大量应用了由定轴轮系和周转轮系组合而成的复合轮系。

计算复合轮系的传动比时,既不能将这个轮系作为定轴轮系处理,也不能对整个机构采用转化机构的办法。

计算复合轮系传动比的正确方法有以下几种。

(1)正确区分基本轮系。所谓基本轮系,指的是单一的定轴轮系或单一的周转轮系,划分基本轮系时,应首先找出各个单一的周转轮系。具体方法是先找出行星轮,即找出几何轴线不固定而是绕其他轴线转动的齿轮,当行星轮找到后,支撑行星轮的构件是系杆,然后找到与行星轮啮合的太阳轮,那么行星轮、系杆、太阳轮和机架就组成一个周转轮系。找出所有的周转轮系后,剩余的齿轮就组成定轴轮系。

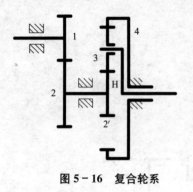

图 5 - 16   复合轮系

(2)分别列出各基本轮系传动比的方程式,即定轴轮系部分应当按定轴轮系传动比计算方法列出方程式,周转轮系部分按周转轮系传动比计算方法列出方程式。

(3)找出各基本轮系之间的联系。

(4)将各基本轮系传动比方程式联立求解,即可求出复合轮系的传动比。

例 5 - 5   在图 5 - 16 所示的轮系中,已知各轮的齿数为:$z_1 = 20$,$z_2 = 40$,$z_{2'} = 20$,$z_3 = 30$,$z_4 = 80$,试求传动比 i_{1H}。

区分轮系:齿轮 1 和齿轮 2 组成定轴轮系,齿轮 $2'$、3、4 和系杆 H 组成行星轮系。分别列出各基本轮系的传动比计算式。

对定轴轮系有:

$$i_{12} = \frac{n_1}{n_2} = -\frac{z_2}{z_1} = -\frac{40}{20} = -2$$

$$n_2 = -\frac{n_1}{2} \tag{5-8}$$

对行星轮系有:

$$i_{2'4}^{H} = \frac{n_{2'} - n_H}{n_4 - n_H} = -\frac{z_4}{z_{2'}} = -\frac{80}{20} = -4$$

$$n_4 = 0 \tag{5-9}$$

$$\frac{n_{2'} - n_H}{-n_H} = -4$$

定轴轮系和周转轮系的联系:

$$n_2 = n_{2'} = -\frac{n_1}{2} \tag{5-10}$$

将式(5-10)代入式(5-9)可得:

$$\frac{-\frac{n_1}{2} - n_H}{-n_H} = -4$$

$$i_{1H} = \frac{n_1}{n_H} = -10$$

负号表明齿轮 1 和系杆 H 的转向相反。

例5-6 图5-17所示的轮系是A456型粗纱机的横动机构的轮系,已知各轮的齿数为：$z_3 = z_{3'} = 12, z_4 = 42, z_5 = 43$,试求传动比$i_{52}$。

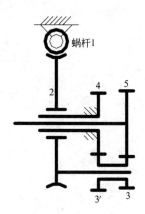

图5-17 粗纱机横动机构的轮系

$$i_{54}^H = \frac{n_5 - n_H}{n_4 - n_H} = \frac{n_5 - n_H}{0 - n_H} = \frac{z_3 \times z_4}{z_5 \times z_{3'}} = \frac{12 \times 42}{43 \times 12} = \frac{42}{43}$$

$$1 - \frac{n_5}{n_H} = 1 - \frac{n_5}{n_2} = \frac{42}{43}$$

$$i_{52} = 1 - \frac{42}{43} = \frac{1}{43}$$

2.2.4 螺旋传动的计算

1. 简单螺旋传动

如图5-18所示为简单螺旋传动。当螺杆1转过ϕ(rad)时,螺母2将沿螺杆的轴向移动一段距离S,其值为：

$$S = l \frac{\phi}{2\pi} \tag{5-11}$$

式中：l——螺旋的导程,(mm)。

又设螺杆的转速为n,则螺母的速度为：

$$v = \frac{nl}{60} \tag{5-12}$$

2. 差动螺旋传动

图5-19所示为差动螺旋传动,螺杆1的A段螺旋在固定的螺母中转动,而B段螺旋在不能转动但能移动的螺母2中转动。设A段螺旋的导程为L_A,B段螺旋的导程为L_B,两段螺旋螺纹的旋向相同(同为左旋或同为右旋),可求出螺杆1转动ϕ(rad)时,螺母2将沿螺杆的轴向移动一段距离S,其值为：

$$S = (L_A - L_B) \frac{\phi}{2\pi} \tag{5-13}$$

由上式可知,当 L_A 和 L_B 相差很小时,位移 s 可以很小,这种螺旋传动称为差动螺旋传动,常用于测微计、分度机构和调节机构中。

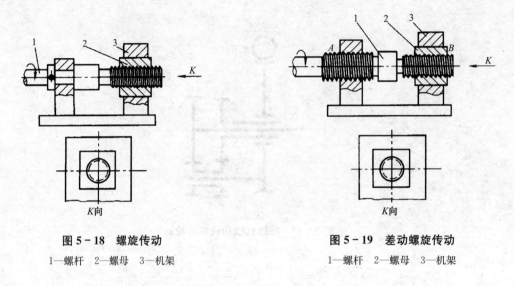

图 5-18　螺旋传动　　　　　　　　　　图 5-19　差动螺旋传动

1—螺杆　2—螺母　3—机架　　　　　　　1—螺杆　2—螺母　3—机架

3. 复式螺旋传动

如图 5-19 所示,两段螺旋的旋向相反,则螺母 2 的位移为:

$$S=(L_A+L_B)\frac{\phi}{2\pi} \tag{5-14}$$

图 5-19 所示为两段螺旋的旋向相反的螺旋传动用于车辆联接。它可使车钩 E 与 F 很快地靠近或离开。

★ 任务实施

1. 试计算 FA320A 型并条机压辊输出线速度 v 和输出转速 $n_压$ 是多少?

提示: 首先分析从电动机到压辊经过了哪些传动,再分别按照相关计算方法进行计算,算出输出转速,然后再根据平面运动的计算公式算出线速度。

2. 试计算前、中、后三个罗拉之间的传动比?

提示: 首先分析从电动机到前、中、后三个罗拉的传动路线,然后再分别计算,最后求出对应的传动比。

3. 试计算圈条器的转速是多少?

提示: 首先分析从电动机到圈条器经过了哪些传动,然后再分别按照相关计算方法进行计算。

★ 习题

1. 三角带传动,小带轮直径 $d_1=100mm$,大带轮直径 $d_2=200mm$,滑动系数 $\varepsilon=2\%$,求该带传动的理论传动比 i_{12} 和实际传动比 $i_{12'}$。若小带轮转速 $n_1=1460r/min$,求大带轮的理论转速 n_2 和实际转速 $n_{2'}$。

2. 题 2 图所示为电动卷扬机的传动简图。已知蜗杆 1 为单头右旋蜗杆,蜗轮 2 的齿数

$z_2=42$，其余各轮齿数为：$z_{2'}=18$，$z_3=78$，$z_{3'}=18$，$z_4=55$，卷筒 5 与齿轮 4 固联，其直径 $D_5=$ 400mm，电动机转速 $n_1=1500\text{r/min}$。试求：

(1)转筒 5 的转速 n_5 的大小和重物的移动速度 v 是多少？

(2)提升重物时，电动机应该以什么方向旋转？

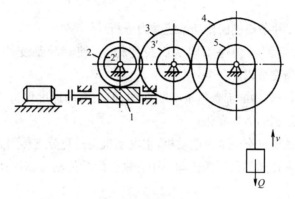

题 2 图　电动卷扬机

3. 题 3 图所示为 A513 型细纱机成形凸轮行星减速机构，转臂 H 的转动由车头传来，已知 $z_1=60$，$z_2=30$，$z_3=29$，$z_4=61$，求传动比 i_{H4}。

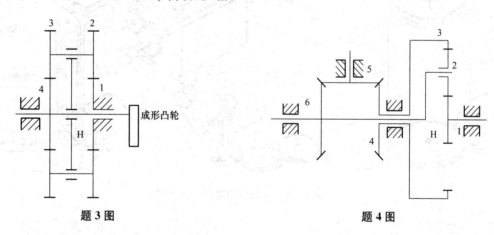

题 3 图　　　　　　　　　　　　　**题 4 图**

4. 在题 4 图所示混合轮系中，已知：$z_1=22$，$z_3=88$，$z_4=z_6$。求传动比 i_{16}。

5. 外圆磨床砂轮架横向进给机构，砂轮架即螺母，螺杆(丝杠)螺距 $t=3\text{mm}$，螺杆为单线螺杆，求螺杆转一转，砂轮架移动的距离是多少？砂轮转 $90°$，砂轮架移动的距离是多少？

任务 2.3　机械传动系统受力分析

★ 学习目标

1. 能够对常见的带传动进行受力分析。

2. 能够对常见的链传动进行受力分析。

3. 能够对常见的齿轮传动进行受力分析。

4. 能够对蜗轮蜗杆传动进行受力分析。

★ 任务描述

任务名称:FA320A 并条机机械传动系统受力分析

并条机工作时,前后罗拉转速不同从而拉伸棉条,使其变细变均匀,若电动机转速为1400r/min,忽略摩擦,请完成以下任务。

(1)并条机工作时,条筒中的棉条重量不断增加,但条筒的速度保持不变,试分析条筒的受力情况,驱动条筒转动的驱动力的变化。

(2)并条机的传动系统只有一个主电动机,主电动机再通过分支传递到各罗拉、圈条器以及条筒,如图 6-1 所示,在传递到条筒的传动链中有蜗杆蜗轮传动,试对蜗杆进行受力分析。

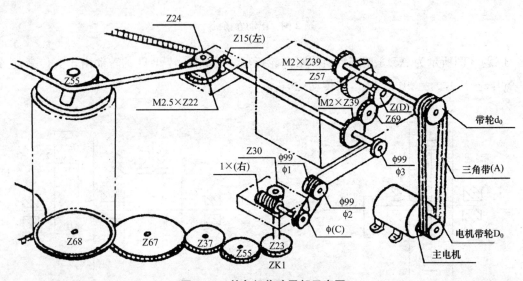

图 6-1 并条机传动局部示意图

★ 知识学习

2.3.1 空间受力分析基本知识

1. 力在空间直角坐标轴上的投影

力在坐标轴上的投影有两种方法,一种是直接投影,另一种是间接投影。

图 6-2(a)所示为直接投影,若已知 $\vec{F}$ 和 x、y、z 轴之夹角分别为 α、β、γ。则 $\vec{F}$ 在 x、y、z 轴上投影为:

$$\begin{cases} F_x = F\cos\alpha \\ F_y = F\cos\beta \\ F_z = F\cos\gamma \end{cases} \tag{6-1}$$

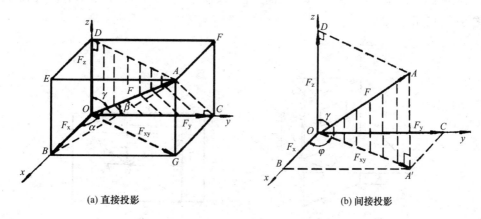

(a) 直接投影　　　　　　　　　　(b) 间接投影

图 6-2　力在坐标轴上的投影

在工程实际中,还有一种情况,就是采用间接投影法,如图 6-2(b) 所示。在已知 F 与某轴 (z 轴)的夹角(γ)以及 $\vec{F}$ 在 xy 面内的投影 $\vec{F}_{xy}$ 与另一轴夹角 φ,则:

$$\begin{cases} F_x = F\sin\gamma\cos\varphi \\ F_y = F\sin\gamma\sin\varphi \\ F_z = F\cos\gamma \end{cases} \qquad (6-2)$$

反之,若已知 F_x、F_y、F_z,则 F 的大小和方向为:

$$F = \sqrt{F_x^2 + F_y^2 + F_z^2}$$
$$\cos\alpha = F_x/F$$
$$\cos\beta = F_y/F$$
$$\cos\gamma = F_z/F$$

合力投影定理:合力在某一坐标轴上的投影等于各个分力在同一轴上投影的代数和。合力投影定理对平面和空间坐标轴上的投影均适用。

2. 空间中力对轴之矩

在工程实际中,存在着大量绕固定轴转动的构件,例如电动机转子、齿轮、飞轮、机床主轴等。力对轴的矩是度量作用力对绕轴转动物体作用效果的物理量。

力对轴不产生转动效应,即力对轴无矩有以下两种情况:

(1)力与转轴相交。不论正交、斜交或重合,力作用的物体都不会绕轴转动。

(2)力与转轴平行,此时力作用的物体也不会绕轴转动。

上述两种情况可合并为一个,即力的作用线和轴共面时,力对轴之矩为 0。当力 $\vec{F}$ 与轴 z 异面时,可将 $\vec{F}$ 分解为两个分力,一个为平行 z 轴的 $\vec{F}_z$,另一个是在垂直于 z 轴的平面上的 $\vec{F}_{xy}$。这样处理,便将力 $\vec{F}$ 中对轴无矩的成分与有矩的成分分离开。故有:

$$m_z(\vec{F}) = m_z(\vec{F}_{xy}) = m_o(\vec{F}_{xy})$$

上式表明:空间力对轴之矩等于此力在垂直于该轴平面上的投影对该轴与此平面的交点之矩,如图 6-3 所示。

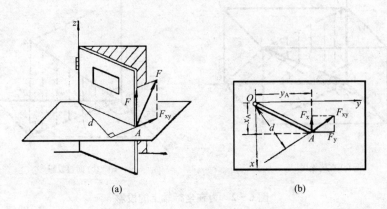

(a)   (b)

图 6-3   空间力对轴的矩

正负规定:从轴的正向看去,使物体绕轴作逆时针转动的力矩为正,反之为负。

合力矩定理:设有一个空间力系 $F_1,F_2,\cdots F_n$ 其合力为 R,则合力对某轴之矩等于各个分力对同一轴之矩的代数和。记作:

$$m_z(\vec{R})=\sum m_z(\vec{F}) \tag{6-3}$$

例 6-1   试计算图 6-4(a)所示手柄上力 P 对 x、y、z 轴之矩。已知:$P=100\text{N}$,$AB=20\text{cm}$,$BC=40\text{cm}$,$CD=15\text{cm}$,A、B、C、D 处于同一水平面上。

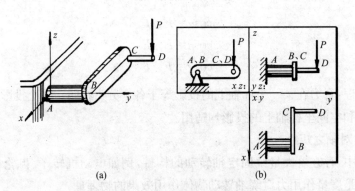

(a)   (b)

图 6-4   手摇手柄受力分析

解:按力对轴之矩的概念,应从 yz 平面去观察 $m_x(P)$,从 xz 平面观察 $m_y(P)$,从 xy 平面观察 $m_z(P)$,作出图 6-4(b)所示的三个投影图。

在 yz 面:$m_x(P)=m_A(P)=-P(AB+CD)=-3500\text{N}\cdot\text{cm}$

在 xz 面:$m_y(P)=m_A(P)=-P\cdot BC=-4000\text{N}\cdot\text{cm}$

在 xy 面:$m_z(P)=m_A(P)=0$

例 6-2   图 6-5 所示为一轮轴,轮缘受力 P 作用。P、α、β、d 均为已知。试求力 P 对 y 轴之矩。

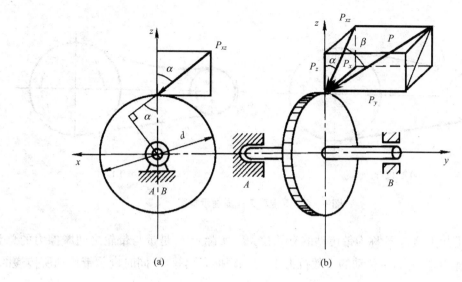

图 6 - 5　轮轴受力分析

解：应从 xz 面观察 $m_y(P)$，画出轮轴的侧视图如图 6 - 5(a)所示。

解一：

在 xz 面：$m_y(P) = m_B(P) = P\cos\beta\dfrac{d}{2}\sin\alpha = \dfrac{Pd}{2}\cos\beta \cdot \sin\alpha$

解二：

将 P 分解为：$P_x = P\cos\beta\sin\alpha$

$\qquad\qquad\qquad P_y = -P\sin\beta$

$\qquad\qquad\qquad P_z = -P\cos\beta\cos\alpha$

应用合力矩定理：$m_y(P) = m_y(P_x) + m_y(P_y) + m_y(P_z)$

因为 P_z、P_y 与 y 轴共面，故：

$$m_y(P_y) = 0, m_y(P_z) = 0$$

则 $m_y(P) = m_y(P_x) = P\cos\beta\sin\alpha \cdot \dfrac{d}{2}$

2.3.2　带传动的受力分析

为保证带传动正常工作，传动带必须以一定的张紧力套在带轮上。当传动带静止时，带两边承受相等的拉力，称为初拉力 F_0，如图 6 - 6(a)所示。当传动带传动时，由于带和带轮接触面间摩擦力的作用，带两边的拉力不再相等，如图 6 - 6(b)所示。绕入主动轮的一边被拉紧，拉力由 F_0 增大到 F_1，称为紧边；绕入从动轮的一边被放松，拉力由 F_0 减少为 F_2，称为松边。设环形带的总长度不变，则紧边拉力的增加量 $F_1 - F_0$，应等于松边拉力的减少量 $F_0 - F_2$，即：

$$F_0 = \frac{F_1 + F_2}{2}$$

$$\text{(6 - 4)}$$

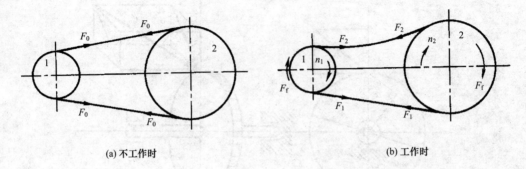

(a) 不工作时   (b) 工作时

图 6-6 带传动工作原理示意图

带两边的拉力之差 F 称为带传动的有效拉力。实际上 F 是带与带轮之间摩擦力的总和，在最大静摩擦力范围内，带传动的有效拉力 F 与总摩擦力相等，F 同时也是带传动所传递的圆周力，即：

$$F = F_1 - F_2 \qquad (6-5)$$

带传动所传递的功率为：

$$P = \frac{Fv}{1000} \qquad (6-6)$$

式中：P——传递功率，kW；

    F——有效圆周力，N；

    v——带的速度，m/s。

在一定的初拉力 F_0 作用下，带与带轮接触面间摩擦力的总和有一极限值。当带所传递的圆周力超过带与带轮接触面间摩擦力总和的极限值时，带与带轮将发生明显的相对滑动，这种现象称为打滑。带打滑时从动轮转速急剧下降，使传动失效，同时也加剧了带的磨损，因此应避免出现带打滑现象。

当传动带和带轮间有全面滑动趋势时，摩擦力达到最大值，即有效圆周力达到最大值。此时，忽略离心力的影响，紧边拉力 F_1 和松边拉力 F_2 之间的关系可用欧拉公式表示，即：

$$\frac{F_1}{F_2} = e^{f\alpha} \qquad (6-7)$$

式中：F_1、F_2——分别为带的紧边拉力和松边拉力，N；

    e——自然对数的底，$e = 2.718$；

    f——带与带轮接触面间的摩擦因数（V带用当量摩擦因数 f_V 代替 f）；

    α——包角，即带与小带轮接触弧所对的中心角，rad。

由式(6-4)、式(6-5)和式(6-7)可得：

$$F = 2F_0 \frac{(e^{f\alpha} - 1)}{(e^{f\alpha} + 1)} \qquad (6-8)$$

上式表明,带所传递的圆周力 F 与下列因素有关。

(1)初拉力 F_0。F 与 F_0 成正比,增大初拉力 F_0,带与带轮间正压力增大,则传动时产生的摩擦力就越大,故 F 越大。但 F_0 过大会加剧带的磨损,致使带过快松弛,缩短其工作寿命。

(2)摩擦因数 f。f 越大,摩擦力也越大,F 就越大。f 与带和带轮的材料、表面状况、工作环境、条件等因素有关。

(3)包角 α。F 随 α 的增大而增大。因为增加 α 会使整个接触弧上摩擦力的总和增加,从而提高传动能力。因此水平装置的带传动,通常将松边放置在上边,以增大包角。由于大带轮的包角 α_2 大于小带轮的包角 α_1,打滑首先在小带轮上发生,所以只需考虑小带轮的包角 α_1。

联立式(6 – 5)和式(6 – 7),可得带传动在不打滑条件下所能传递的最大圆周力为:

$$F_{\max} = F_1 \left(1 - \frac{1}{e^{\epsilon\alpha}}\right) \tag{6 – 9}$$

2.3.3 链传动的受力分析

链传动工作时,紧边和松边的拉力不相等。如图 6 – 7 所示,若不考虑动载荷,则紧边所受的拉力 F_1 为工作拉力 F、离心拉力 F_c 和悬垂拉力 F_y 之和。

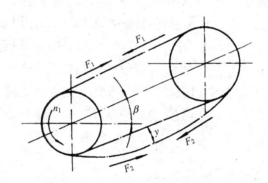

图 6 – 7 作用在链上的力

$$F_1 = F + F_c + F_y \tag{6 – 10}$$

松边拉力为:

$$F_2 = F_c + F_y \tag{6 – 11}$$

工作拉力 $F(\text{N})$ 为:

$$F = \frac{1000P}{v} \tag{6 – 12}$$

式中:P——链传动传递的功率,kW;

v——链速,m/s。

离心拉力 $F_c(\text{N})$ 为:

$$F_c = qv^2 \qquad\qquad (6-13)$$

式中:q——每米链的质量,kg/m。

悬垂拉力 F_y(N)为:

$$F_y = K_y qga \qquad\qquad (6-14)$$

式中:a——链传动的中心距,m;

$\quad g$——重力加速度,$g=9.81\mathrm{m/s^2}$;

$\quad K_y$——下垂度 $y=0.02a$ 时的垂度系数。

K_y 值与两链轮轴线所在平面与水平面的倾斜角 β 有关。垂直布置时,$K_y=1$,水平布置时,$K_y=7$,对于倾斜布置的情况,$\beta=30°$时,$K_y=6$,$\beta=60°$时,$K_y=4$,$\beta=75°$时,$K_y=2.5$。

链传动时,作用在轴上的压力 F_Q 可近似取:

$$F_Q = (1.2 \sim 1.3)F \qquad\qquad (6-15)$$

如果有冲击和振动时,取大值。

2.3.4 直齿圆柱齿轮的受力分析

为计算轮齿的强度,设计轴和轴承,必须首先分析轮齿上的作用力。图 6-8 所示为一对标准直齿圆柱齿轮传动,齿廓在节点 P 接触,作用在主动轮上的转矩为 T_1,忽略接触处的摩擦力,则两轮在接触点处相互作用力的法向力 F_n 是沿着啮合线方向的,图示的法向力作用于主动轮上的力可用 F_{n1} 表示。法向力在分度圆上可分解成两个互相垂直的分力,即圆周力 F_{t1} 及径向力 F_{r2}。根据力平衡条件,可得出作用在主动轮上的力。

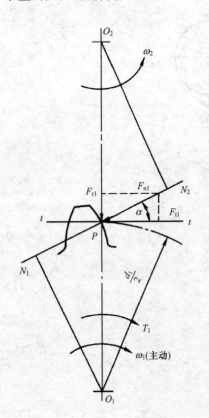

圆周力:$F_{t1} = \dfrac{2T_1}{d_1}$

径向力:$F_{r1} = F_{t1} \tan\alpha'$

法向力:$F_{n1} = \dfrac{F_{t1}}{\cos\alpha'}$

式中:T_1——转矩,N·mm;

$\quad d_1$——主动轮分度圆直径,mm;

$\quad \alpha'$——节圆上的压力角,对标准齿轮有 $\alpha'=\alpha=20°$。

根据作用力与反作用力的原则,可求出作用在从动轮上的力:

$$F_{t1} = -F_{t2}; \; F_{r1} = -F_{r2}; \; F_{n1} = -F_{n2}$$

主动轮上所受的圆周力是阻力,与转动方向相反;从动轮上所受的圆周力是驱动力,与转动方向相同。两个齿轮上的径向力方向分别指向各自的轮心。

图 6-8 直齿圆柱齿轮传动受力分析

2.3.5　斜齿圆柱齿轮的受力分析

斜齿圆柱齿轮传动中主动轮上的受力分析如图 6-9 所示。图中作用力 F_{n1} 在齿面的法面内，忽略摩擦力的影响，F_{n1} 可分解成 3 个互相垂直的分力，即周摩擦力 F_{t1}、径向力 F_{r1} 和轴力 F_{a1}。

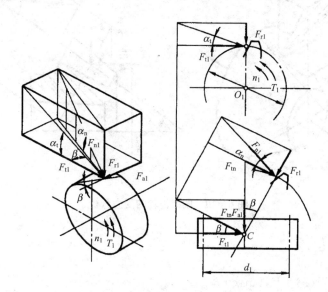

图 6-9　斜齿圆柱齿轮的受力分析

圆周力：$F_{t1} = \dfrac{2T_1}{d_1}$

径向力：$F_{r1} = F_{t1} \dfrac{\tan\alpha}{\cos\beta}$

轴向力：$F_{a1} = F_{t1}\tan\beta$

式中：T_1——转矩，N·mm；

　　d_1——主动轮分度圆直径，mm；

　　β——分度圆上的螺旋角；

　　α_n——法面压力角。

作用于主动轮上的圆周力和径向力方向的判定方法与直齿圆柱齿轮相同，轴向力的方向可根据左右手法则判定，即右旋斜齿轮用右手、左旋斜齿轮用左手判定，弯曲的四指表示齿轮的转向，拇指的指向即为轴向力的方向。作用于从动轮上的力可根据作用与反作用原理来判定。

2.3.6　直齿圆锥齿轮的受力分析

图 6-10 所示为圆锥齿轮传动主动轮上的受力情况。将主动轮上的法向力简化为集中载荷 F_n，且 F_n 作用在位于齿宽 b 中间位置的节点 P 上，即作用在分度圆锥的平均直径 d_{m1} 处。当齿轮上的作用转矩为 T_1 时，若忽略接触面上摩擦力的影响，法向力 F_n 可分解成 3 个互相垂直的分力，即圆周力 F_{t1}、径向力 F_{r1} 以及轴向力 F_{a1}，计算公式分别为：

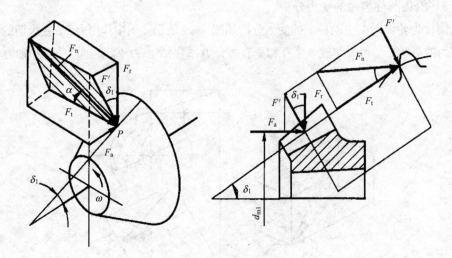

图 6 - 10　圆锥齿轮的受力分析

圆周力：$F_{t1} = \dfrac{2T_1}{d_{m1}}$

径向力：$F_{r1} = F' \cos\delta = F_{t1} \tan\alpha \cos\delta$

轴向力：$F_{a1} = F' \sin\delta = F_{t1} \tan\alpha \sin\delta$

d_{m1} 可根据几何尺寸关系由分度圆直径 d_1、锥距 R 和齿宽 b 来确定，即：

$$\frac{R - 0.5b}{R} = \frac{0.5d_{m1}}{0.5d_1}$$

则

$$d_{m1} = \frac{(R - 0.5b)d_1}{R} = (1 - 0.5b/R)d_1$$

　　圆周力和径向力方向的确定方法与直齿轮相同，两齿轮的轴向力方向都是沿着各自的轴线方向并指向轮齿的大端。大齿轮的受力可根据作用与反作用原理确定：

$$F_{t1} = -F_{t2}, \quad F_{r1} = -F_{a2}, \quad F_{a1} = -F_{t2}$$

负号表示二力的方向相反。

2.3.7　蜗杆传动的受力分析

　　蜗杆传动的受力分析与斜齿圆柱齿轮相似。图 6 - 11 所示为一下置蜗杆传动机构，蜗杆为主动件，右旋向，按图示方向转动。假定：

①蜗轮轮齿和蜗杆螺旋面之间的相互作用力集中于节点 C，并按单齿对啮合考虑；

②暂不考虑啮合齿面间的摩擦力。

　　如图 6 - 11 所示，作用在蜗杆齿面上的法向力 F_n 可分解为 3 个互相垂直的分力：圆周力 F_{t1}、径向力 F_{r1} 和轴向力 F_{a1}。由于蜗杆与蜗轮轴交错成 90°角，根据作用与反作用的原理，蜗杆的圆周力 F_{t1} 与蜗轮的轴向力 F_{a2}、蜗杆的轴向力 F_{a1} 与蜗轮的圆周力 F_{t2}、蜗杆的径向力 F_{r1} 与蜗轮的径向力 F_{r2} 分别存在着大小相等、方向相反的关系，即：

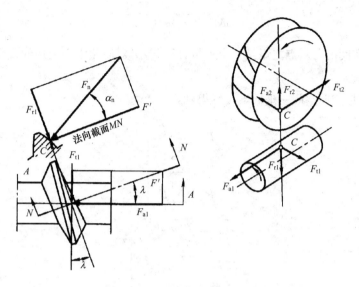

图 6-11　蜗杆传动的受力分析

$$F_{t1} = \frac{2T_1}{d_1} = -F_{a2} \qquad F_{a1} = -F_{t2}$$

$$F_{t2} = \frac{2T_2}{d_2} \qquad\qquad F_{r1} = -F_{r2}$$

$$F_{r2} = F_{t2} \tan\alpha$$

式中：T_1、T_2——分别作用在蜗杆和蜗轮上的转矩，N·mm。

$$T_2 = T_1 I \eta$$

式中：η——蜗杆传动的效率；

d_1、d_2——分别为蜗杆和蜗轮的分度圆直径，mm；

α——压力角，$\alpha = 20°$。

I——蜗杆和蜗轮的传动比

蜗杆蜗轮受力方向的判别与斜齿轮相同。当蜗杆为主动件时，圆周力 F_{t1} 的方向与转向相反；径向力 F_{r1} 的方向由啮合点指向蜗杆中心；轴向力 F_{a1} 的方向决定于螺旋线的旋向和蜗杆的转向，按主动轮左右手法则来确定。作用于蜗轮上的力可根据作用与反作用原理确定。

2.3.8　空间力系受力分析

1. 空间力系的简化和平衡方程

与平面任意力系一样，空间任意力系向一点简化，可得一空间汇交力系和一个空间力偶系，前者合成为一主矢 $\vec{R}'$，后者合成为一主矩 $\vec{M}$，$\vec{R}'$ 等于力系中各力的矢量和，与简化中心无关。

$$\vec{R}' = \sum \vec{F}$$

$\vec{M}$ 为力系中各力对简化中心 O 的力矩的矢量和，与简化中心有关。

$$\vec{M}_O = \sum m_o(\vec{F})$$

应当指出:空间的力对点之矩是一个矢量,所以各力对简化中心力矩的代数和为一矢量,即主矩 M 为一矢量。

将上面二矢量式向空间三坐标轴投影得到:

$$\left.\begin{array}{l} R'_x = \sum F_x \\[4pt] R'_y = \sum F_y \\[4pt] R'_z = \sum F_z \end{array}\right\}$$

$$\left.\begin{array}{l} M_{ox} = \sum m_x(\vec{F}) \\[4pt] M_{oy} = \sum m_y(\vec{F}) \\[4pt] M_{oz} = \sum m_z(\vec{F}) \end{array}\right\}$$

同理,空间力系平衡的充分和必要条件为主矢 $\vec{R}'$ 和主矩 $\vec{M}$ 均等于零,于是得到空间力系的平衡方程为:

$$\left.\begin{array}{l} \sum F_x = 0 \\[6pt] \sum F_y = 0 \\[6pt] \sum F_z = 0 \\[6pt] \sum m_x(\vec{F}) = 0 \\[6pt] \sum m_y(\vec{F}) = 0 \\[6pt] \sum m_z(\vec{F}) = 0 \end{array}\right\} \tag{6-16}$$

式(6-16)表明,空间力系有六个互相独立的平衡方程,利用平衡方程可以且只可以求解六个未知量。

特殊情况:

(1)若空间力系中各力作用线汇交于一点,称为空间汇交力系,以其汇交点为坐标原点,则各力对三坐标轴的力矩均为零,力矩方程自然满足,故平衡方程只有三个,即:

$$\left.\begin{array}{l} \sum F_x = 0 \\[4pt] \sum F_y = 0 \\[4pt] \sum F_z = 0 \end{array}\right\} \tag{6-17}$$

(2)若空间力系中各力作用线互相平行,称为空间平行力系,以力的作用线为一坐标轴的方向(如 Z 轴),则 $\sum F_x = 0$, $\sum F_y = 0$, $\sum m_z(\vec{F}) = 0$ 自然满足,故平衡方程只有三个,即:

$$\left.\begin{array}{l} \sum F_z = 0 \\ \sum m_x(\vec{F}) = 0 \\ \sum m_y(\vec{F}) = 0 \end{array}\right\} \qquad (6-18)$$

2. 空间约束简介

前面介绍的约束为平面约束,空间约束及其约束反力,见下表。

空间约束及其约束反力

空 间 约 束 类 型	简 化 画 法	约 束 反 力
向心滚子轴承与径向滑动轴承 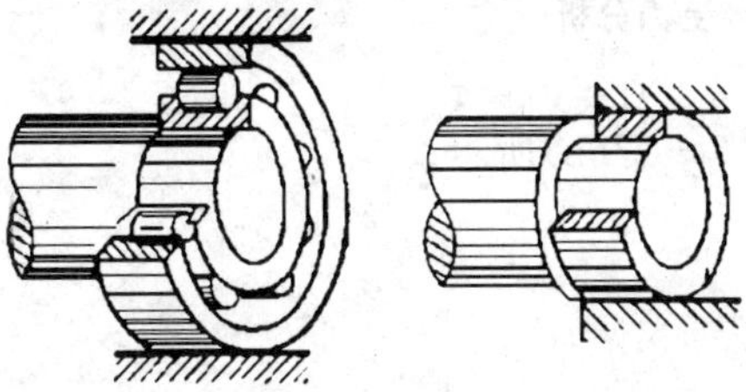		
向心推力圆锥滚子(球)轴承、径向止推(短)滑动轴承和球铰链 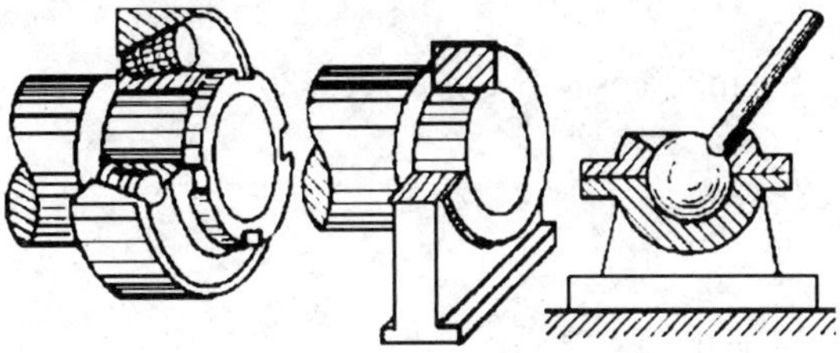		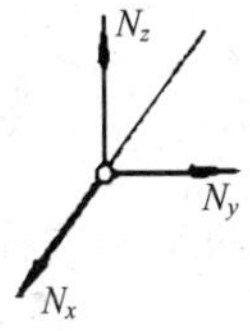
柱销铰链 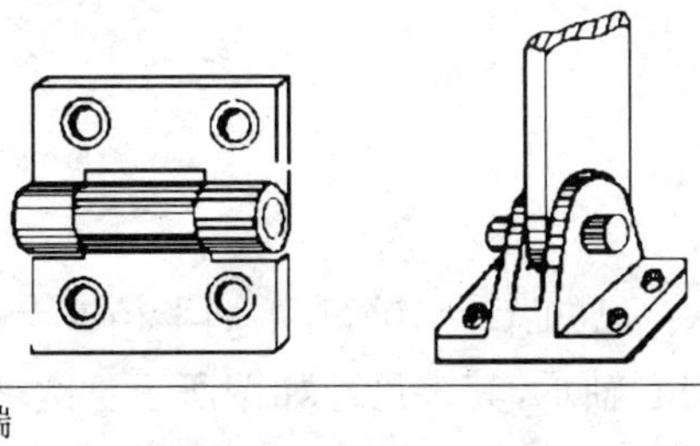		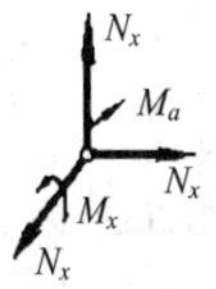
固定端 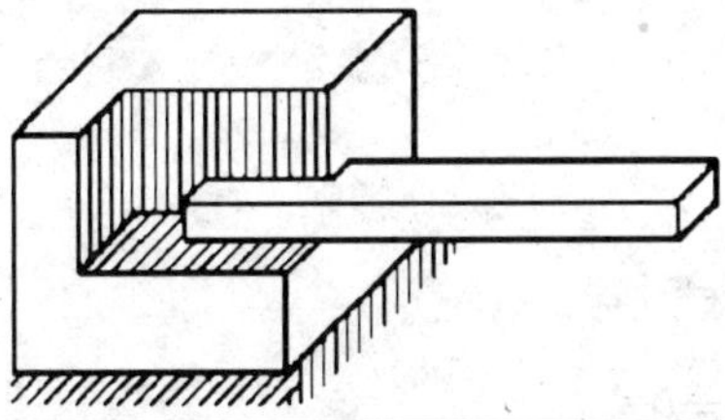	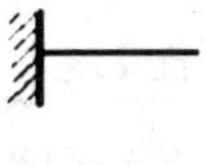	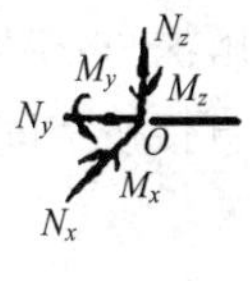

例 6-3 由三直杆组成的空间支架悬挂一重物,如图 6-12 所示。已知:$AC = BC = 100\text{cm}$,$CD = 200\sqrt{2}\text{ cm}$,$\alpha = 30°$,杆重不计,试求杆 AC、CB、CD 的内力 S_1、S_2、S_3。

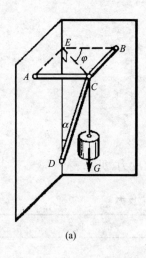
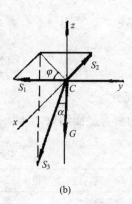

(a)　　　　　　　　　　　　(b)

图 6 - 12　空间支架受力分析

解：①取铰支 C 为研究对象，画出受力图，如图 6 - 12(b) 所示。

②选图示空间直角坐标系。

③按力在空间直角坐标轴上的投影可知：

$$S_{1x}=0, S_{1y}=-S_1, S_{1z}=0$$

$$S_{2x}=-S_2, S_{2y}=0, S_{2z}=0$$

$$S_{3x}=-S_3\sin30°\sin\varphi, S_{3y}=-S_3\sin30°\cos\varphi, S_{2z}=-S_3\cos30°$$

故平衡方程为：$\sum F_x=0$　　$-S_2-S_3\cdot\dfrac{1}{2}\cdot\dfrac{\sqrt{2}}{2}=0$

$$\sum F_y=0 \qquad -S_1-S_3\cdot\dfrac{1}{2}\cdot\dfrac{\sqrt{2}}{2}=0$$

$$\sum F_z=0 \qquad -G-S_3\cdot\dfrac{\sqrt{3}}{2}=0$$

解上述方程组得 $S_1=S_2=\dfrac{\sqrt{6}}{6}G, S_3=-\dfrac{2}{3}\sqrt{3}G$

例 6 - 4　起重机铰车的鼓轮轴如图 6 - 13 所示。已知：$G=10\text{kN}$，手柄半径 $R=20\text{cm}$，E 点有水平力 P 作用，鼓轮半径 $r=10\text{cm}$，A、B 处为向心轴承，其余尺寸如图所示。试求手柄上的作用力 P 及 A、B 处的径向反力。

解法一：空间解法

直接按空间力系平衡方程

$$\sum F_x=0, N_{Ax}+N_{Bx}-P=0$$

$$\sum F_z=0, N_{Az}+N_{Bz}-G=0$$

$$\sum m_y(\vec{F})=0, G\cdot r-P\cdot R=0$$

$$\sum m_x(\vec{F})=0, N_{Az}\cdot AB-G\cdot BD=0$$

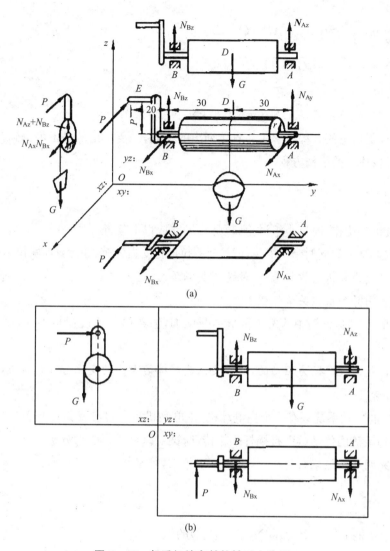

图6-13 起重机绞车鼓轮轴受力分析

$$\sum m_z(\vec{F}) = 0, -N_{Ax} \cdot AB - P \cdot 20 = 0$$

由于力系各力均与 y 轴垂直，故 $\sum F_y = 0$ 自然满足。

由以上可求得：

$P = 5\text{kN}, N_{Az} = N_{Bz} = 5\text{kN}, N_{Ax} = -1.67\text{kN}, N_{Bx} = 6.67\text{kN}$。

解法二：平面解法

将受力物体和所受的力分别向 xy、yz、xz 面内投影，得到三个平面力系，如图6-13(b)所示。

xy 面：$\sum F_x = 0, N_{Ax} + N_{Bx} - P = 0$

$$\sum m_B(\vec{F}) = 0, -N_{Ax} \cdot AB - P \cdot 20 = 0$$

yz 面：$\sum F_z = 0, N_{Az} + N_{Bz} - G = 0$

$$\sum m_B(\vec{F})=0, N_{Az} \cdot AB - G \cdot BD = 0$$

xz 面：$\sum m_B(\vec{F})=0, G \cdot r - P \cdot R = 0$

同样可求得：

$P = 5\text{kN}, N_{Az} = N_{Bz} = 5\text{kN}, N_{Ax} = -1.67\text{kN}, N_{Bx} = 6.67\text{kN}$。

不难看出，所列出的方程与解法一直接列出的相同，需要指出的是虽可得到三个平面力系，仍只有六个互相独立的平衡方程。

★ 任务实施

小组成员相互协作，通过小组讨论、教师指导完成以下任务。

1. 前罗拉高速旋转同时牵引棉条，试对前罗拉进行受力分析，并计算前罗拉牵引力的大小。

提示：按照受力分析的步骤进行，注意不要漏了力，也不要多了力。牵引力的大小要考虑到摩擦力，可以查阅并条机相关牵伸理论。

2. 并条机工作时，条筒中的条子重量不断增加，但条筒的速度保持不变，试分析条筒的受力情况？

提示：条筒是通过摩擦力驱动的，所以要注意摩擦力大小的变化与什么有关，在此基础上分析条筒的受力情况。

3. 并条机的传动系统只有一个主电动机，主电动机再通过分支传递到各罗拉、圈条器以及条筒，在传递到条筒的传动链中有蜗杆蜗轮传动，试对蜗杆进行受力分析。

提示：首先明确蜗轮蜗杆的旋向，再在此基础上，对蜗杆进行受力分析。

★ 习题

1. 作用于手柄上的力 $P = 100\text{N}$，求 $m_2(P)$ 的值。

2. 水平轮上作用力为 P，力 P 在铅垂平面内并与 A 点的切线成 $60°$ 角，OA 与 y 轴的平行线成 $45°$ 角，$P = 10\text{kN}, h = r = 1\text{m}$，求：$P_x$、$P_y$、$P_z$、$m_x(\vec{P})$、$m_y(\vec{P})$、$m_z(\vec{P})$。

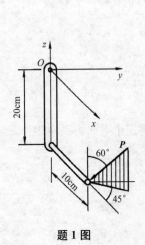

题 1 图

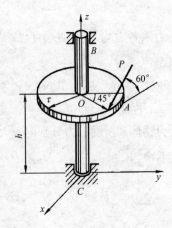

题 2 图

3. 试分析下列两种情况下，齿轮 2 所受圆周力、径向力的方向。

①齿轮 1 为主动轮。

②齿轮 2 为主动轮。

4. 如图所示传动简图中，采用斜齿圆锥齿轮传动，若想使中间轴上的轴向力尽可能小，试确定齿轮 3 的旋向。

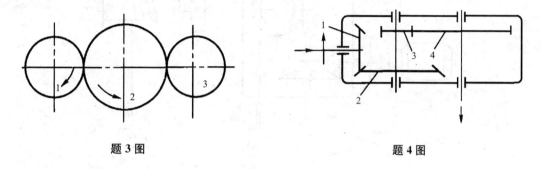

题 3 图　　　　　　　　　　　　　题 4 图

5. 试分析图示蜗杆传动中，蜗杆、蜗轮的转动方向及所受各分力的方向。

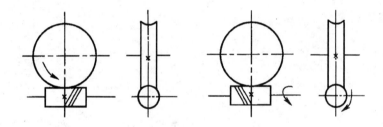

题 5 图

6. 图示蜗杆—斜齿轮传动，为使轴 Ⅱ 上的轴向力抵消一部分，斜齿轮 3 的旋向应如何？画出蜗轮及斜齿轮 3 上轴向力的方向。

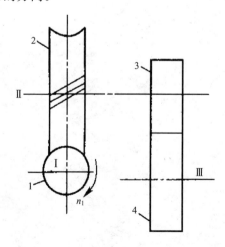

题 6 图

7. 图示为一提升机构传动简图,已知电动机轴的转向 n_1 及重物的运行方向。试确定:

(1)蜗杆的旋向。

(2)各啮合点上的受力方向。

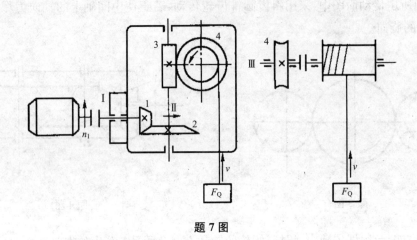

题 7 图

项目3　机械分析与维护

★ 学习目标

1. 掌握间歇运动机构的组成及特点。
2. 掌握组合机构的组成及运动特性。
3. 掌握离合器、联轴器等机械零部件的结构及特点。
4. 掌握常见机械机构、机械传动的维护保养。

★ 任务描述

学生自主选择或由教师指定某一纺织设备，或其他机械设备，分析其机械组成、机械运动规律，绘制机械机构运动简图及机械传动示意图，并归纳整理该设备的维护保养注意事项。本教材选用 GA747 型剑杆织机为载体。

任务名称：GA747 型剑杆织机分析与维护

相互垂直的经纱和纬纱依照织物组织，通过有规律的沉浮交错完成交织，从而形成机织物，图 7-1 为传统有梭织机机织物形成示意图，经纱 2 平行排列成片状沿织机纵向配置，纬纱 9 则

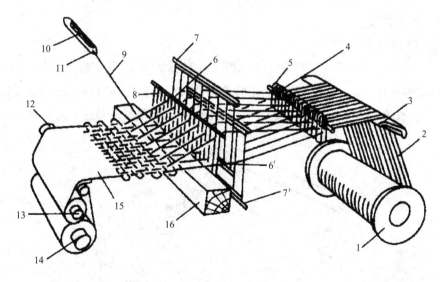

图 7-1　机织物形成示意图

1—织轴　2—经纱　3—后梁　4—停经片　5—经纱分绞棒　6、6′—综丝

7、7′—综框　8—钢筘　9—纬纱　10—纡子　11—梭子　12—胸梁

13—卷取辊　14—卷布辊　15—织物　16—箱座

以绕成纡子 10 的形式放在梭子 11 的空腔内，借助梭子在经纱层间的往复穿引同经纱交织，并通过钢筘 8 对纬纱的推动而逐渐形成织物 15。GA747 型剑杆织机是以挠性或刚性剑杆或剑头组成引纬器，由剑头握持引纬，在梭口中传递纬纱进行引纬。由于引纬时纬纱受到剑头的握持作用，所以引纬稳定可靠，织机运转平稳。剑杆织机的选色性能好，更换品种简单方便。其最大特点是织机的品种适应性广，可使用各种原料的纱线织制各类型织物，特别适合小批量、多品种的织物生产。

剑杆织机主要由五大机构组成，即送经机构、打纬机构、引纬机构、开口机构和卷取机构。除了上述五大主要机构外，还有传动机构，选纬、剪刀机构，卷布机构，废边卷取机构，断经停车机构和纬停机构等辅助机构。

请查阅资料，完成以下内容。

1. 对 GA747 型剑杆织机的机械结构进行分析，了解五大机构组成及其运动特性。

2. 绘制五大机构的运动简图。

3. 分析引纬机构中，箭头的位移、速度、加速度的变化规律。

4. 归纳整理 GA747 型剑杆织机的维护保养要点及使用注意事项。

★ 知识学习

3.1　间歇运动机构

3.1.1　棘轮机构

1. 棘轮机构的工作原理

如图 7-2 所示，棘轮机构主要由棘轮 1、棘爪 2 和机架组成，棘轮通常有单向棘齿，棘爪 2 用转动副铰接于摇杆 3 上，摇杆与棘轮轴用转动副联接。当摇杆逆时针方向摆动时，棘爪在棘轮齿顶上滑过，棘轮不动；当摇杆顺时针方向摆动时，棘爪撑动棘轮转过一定角度，随着摇杆的

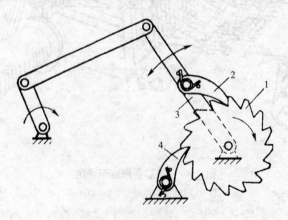

图 7-2　棘轮机构

往复摆动,棘轮作单方向的步进式间歇运动。图中的棘爪 4 为防
退棘爪,用于防止棘轮反转并起定位作用。

常见的棘轮机构有齿式棘轮机构、摩擦式棘轮机构、内啮合
棘轮机构,下面分别介绍其特点。

(1)齿式棘轮机构。齿式棘轮机构又分为单动式棘轮机构、
双动式棘轮机构和可变方向棘轮机构。

①单动式棘轮机构如图 7-2 所示,其特点是摇杆向一个方
向摆动时,棘轮沿同方向转过一个角度,而摇杆反向摆动时,棘
轮静止不动。这种棘轮机构用于提花织布机多臂开口花筒的传
动中。

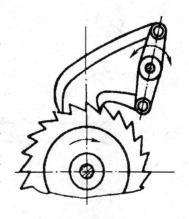

②双动式棘轮机构,如图 7-3 所示,其特点是摇杆往复摆动
都能撑动棘轮沿单一方向转过一个角度。

图 7-3 双动式棘轮机构

③可变方向棘轮机构如图 7-4 所示,这种棘轮不用上述两种棘轮所用的锯齿形齿,而采用
矩形齿。一种可变方向棘轮机构如图 7-4(a)所示,其特点是当棘爪在实线位置时,主动件使
棘轮沿逆时针方向间歇运动;当棘爪翻转到虚线位置时,主动件使棘轮沿顺时针方向间歇运动。
图 7-4(b)所示为另一种可变向棘轮机构,当棘爪 1 在图示位置时,棘轮 2 沿逆时针方向做间
歇运动,若提起棘爪并转动棘爪 180°后,则可使棘轮实现顺时针方向的间歇运动。这种棘轮机
构用于牛头刨床中。

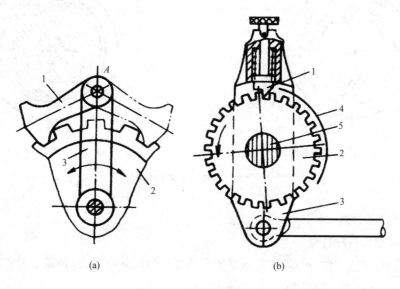

(a)　　　　　　　　　　　　(b)

图 7-4 可变向棘轮机构

(2)摩擦式棘轮机构。齿式棘轮机构的棘轮每次转过的角度在调整后是不变的,其大小是
相邻两齿所夹中心角的整数倍,棘轮的转角是有级性改变的。如果要实现无级传动比改变,就
要使用无齿的棘轮机构,如图 7-5 所示。这种棘轮机构通过棘爪 1 和 3 与棘轮 2 之间的摩擦
力来传动。

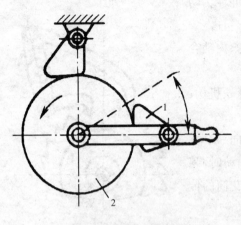

图 7-5　摩擦式棘轮机构

（3）内啮合棘轮机构。如图 7-6（a）所示为内啮合齿式棘轮机构,用于自行车后轮轴上,可实现超越运动。当用脚蹬踏板时,经链轮 1 和链条 2 带动内圈具有棘齿的链轮 3 顺时针方向转动,再通过棘爪 4 的作用,使后轮轴 5 顺时针转动,达到驱动自行车前进的目的。当自行车前进时,如果不蹬踏板,后轮轴 5 会在惯性的作用下超越链轮转动,让棘爪在棘轮齿背上滑过去。若反向蹬踏板,棘爪在棘轮齿背上滑过去,车轮轴不转动,可避免车轮反向转动。

图 7-6（b）为摩擦式内啮合棘轮,若构件 1 顺时针转动,弹簧的推动使滚子在摩擦力作用下楔紧在构件 1、2 之间的狭隙处,从而带动构件 2 一起转动;若构件 1 逆时针转动,滚子在摩擦力作用下回到构件 1、2 之间的宽隙处,构件 2 静止不动。

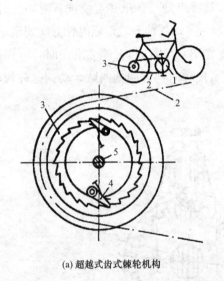

(a) 超越式齿式棘轮机构　　　　　　　(b) 超越式棘轮机构摩擦式

图 7-6　内啮合式棘轮机构

2. 棘轮机构的特点

（1）齿式棘轮机构的特点。

①结构简单,制造方便,运动可靠,容易实现小角度的间歇转动,转角调节方便,但传的力不大,适用于低速、转角不大的场合。

②棘轮开始和终止运动的瞬间有刚性冲击,运动平稳性差。摇杆回程时,棘爪在棘轮齿上滑行会引起噪声和磨损,故不宜用于高速传动。

齿式棘轮机构常用于各种机器的进给机构、制动器和超越离合器。

（2）摩擦式棘轮机构的特点。

①与齿式棘轮机构相比,传递运动平稳而无噪声,从动转角随主动件摆角可作无级变化。

②借助摩擦力传递运动,难免会产生打滑,故传动精度不高,传递的扭矩也受摩擦力的限制。

3. 棘轮转角的调节方法

要改变棘轮的传动比,就要改变棘齿每次摆动时对应棘轮的转角,改变棘轮转角的方法通常有两种。

(1)改变摇杆的摆角,如图 7-7 所示,通过改变滑块 B 在曲柄槽中的位置来改变曲柄的长度,达到改变曲柄长度的目的,曲柄长度改变了,就改变了摇杆的摆角,进而改变了棘轮的转角。

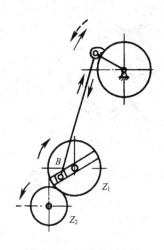

图 7-7 改变棘爪摆角

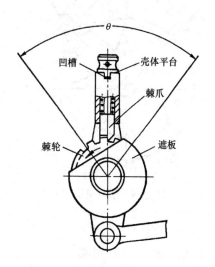

图 7-8 用罩壳改变棘爪每次推过的齿数

(2)通过罩壳改变棘爪每次推过的齿数,如图 7-8 所示,在棘轮外面罩上一个罩壳(罩壳不随棘轮转动)。摇杆的摆角不变,改变罩壳的位置,可使棘爪行程的一部分在罩壳上滑过不与棘齿接触,从而改变棘轮转角的大小,罩壳的位置可根据需要进行调节。

3.1.2 槽轮机构

1. 槽轮机构的工作原理

槽轮机构是由带圆销的拨盘 1、具有径向槽的槽轮 2 和机架组成。

如图 7-9 所示。当拨盘上 1 的圆销 A 未进入槽轮的径向槽时,槽轮的内凹锁住弧 efg 被拨盘的外凸锁住弧 abc 卡住,槽轮静止不动。当圆销 A 开始进入槽轮的径向槽时,内、外锁住弧在图示的相对位置,此时已不起锁住作用,圆销 A 驱使槽轮向相反方向转动。当圆销 A 开始脱出槽轮的径向槽时,槽轮的另一内凹锁住弧又被拨盘的外凸锁住弧卡住,使槽轮又静止不动,直到圆销 A 再进入槽轮的另一径向槽时,又重复以上循环。这样就将拨盘的连续转动变成槽轮的步进式间歇转动。

2. 槽轮机构的类型、特点和应用

槽轮机构有外啮合槽轮机构和内啮合槽轮机构,外啮合槽轮机构如图 7-9 所示,拨盘与槽轮的转向相反。内啮合槽轮机构如图7-10所示,拨盘与槽轮的转向相同。

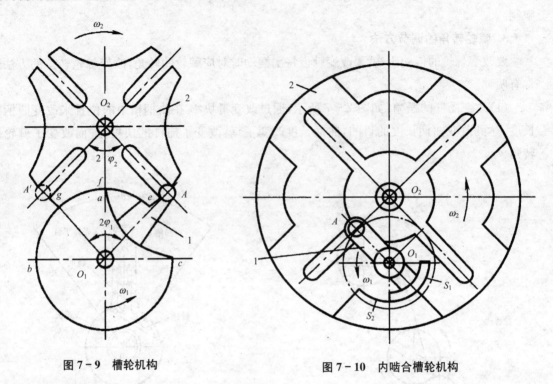

图 7-9　槽轮机构　　　　　　图 7-10　内啮合槽轮机构

槽轮机构有以下特点。

(1)结构简单,工作可靠。

(2)转位迅速,从动件在较短时间内转过较大的角度。

(3)槽轮转位时间与槽轮静止时间之比为定值。

(4)转角不能调节。

槽轮应用广泛,图7-11所示为六角车床的刀架转位机构,为自动换刀采用了槽轮机构。与槽轮固联的刀架上装六种刀具,槽轮上开有六道径向槽,拨盘上装有一个圆销 A。每当拨盘1转一周,圆销 A 进入槽轮一次,驱使槽轮2转过60°,刀架也随着转过60°,从而达到换一种刀的目的。

图7-12所示为电影放映机,要求作间歇运动,采用了槽轮机构。

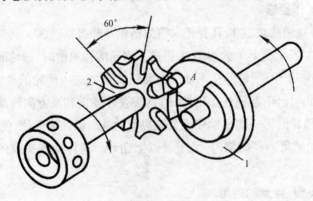

图 7-11　六角车床

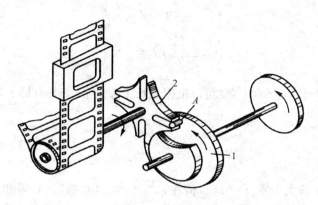

图 7 - 12 放映机

3. 槽轮主要参数

(1)槽轮槽数 Z。图 7-9 所示的槽轮机构,为了避免槽轮在开始转动和停止转动时发生冲击,应使圆销在进入和退出槽轮的槽的瞬时,圆销的速度方向沿着槽轮径向槽的中心线方向,因此必须使 $O_1A \perp O_2A$。由此可得圆销从进槽到出槽,拨盘所转过的角度 $2\phi_1$ 与槽轮相应转过的角度 $2\phi_2$ 的关系为:

$$2\phi_1 + 2\phi_2 = \pi \tag{7-1}$$

设槽轮的槽数为 Z,则:

$$2\phi_2 = \frac{2\pi}{Z} \tag{7-2}$$

由式(7-1)和式(7-2)可得:

$$2\phi_1 = \pi - 2\phi_2 = \pi - \frac{2\pi}{Z} \tag{7-3}$$

在单圆销的槽轮机构中,拨盘转动一周称为一个运动循环。在一个运动循环内,槽轮的运动时间 t 与拨盘的运动时间 T 之比称为运动系数 τ。槽轮静止时间 t' 与拨盘运动时间 T 之比称为静止系数 τ'。由于拨盘作等速转动,时间与转角成正比,所以运动系数可用转角之比来表示。

$$\tau = \frac{t}{T} = \frac{2\phi_1}{2\pi} = \frac{\pi - \frac{2\pi}{Z}}{2\pi} = \frac{1}{2} - \frac{1}{Z} = \frac{Z-2}{2Z} \tag{7-4}$$

$$\tau' = \frac{t'}{T} = 1 - \tau = 1 - \frac{Z-2}{2Z} = \frac{Z+2}{2Z} \tag{7-5}$$

设拨盘转速为 $n_0(\text{r/min})$,得

$$T = \frac{60}{n_0}$$

代入上式得

$$t=\frac{Z-2}{2Z}T=\frac{Z-2}{Z}\cdot\frac{30}{n_0}$$

$$t'=\frac{Z+2}{2Z}T=\frac{Z+2}{Z}\cdot\frac{30}{n_0}$$

已知 n_0 和 Z 时可求得 t 和 t'，也可以根据最长工序的工艺时间（即 t'）和不同槽数 Z 来求拨盘的转速 n_0。

$$n_0=\frac{Z+2}{Z}\cdot\frac{30}{t'}$$

因为运动系数 τ 应大于零（$\tau=0$ 时，槽轮始终不动），由式（7-4）可知，槽轮槽数必须等于或大于3。由于 $Z\geqslant3$，由式（7-4）可知，$\tau<0.5$。

（2）圆销数 k。如要得到 $\tau>0.5$ 的外啮合槽轮机构，可在拨盘上装上数个圆销。设均匀分布的圆销数为 k，则槽轮在一个循环中的运动时间为只有一个圆销时的 k 倍，即：

$$\tau=\frac{k(Z-2)}{2Z}$$

由于运动系数 τ 应当小于1，由上式可得：

$$k\leqslant\frac{2Z}{Z-2}$$

由上式可知，当 $Z=3$ 时，圆销数 k 可为1、2、3、4、5。当 $Z=4$ 或 5 时，k 可为1、2、3。当 $Z\geqslant6$ 时，k 可为1、2。

3.1.3 不完全齿轮机构

1. 不完全齿轮机构的工作原理

不完全齿轮机构的功能相似于棘轮、槽轮机构，不完全齿轮机构分为外啮合式和内啮合式。图7-13(a)所示为外啮合不完全齿轮机构，其中主动轮1上只有一部分圆周上有轮齿，当主动

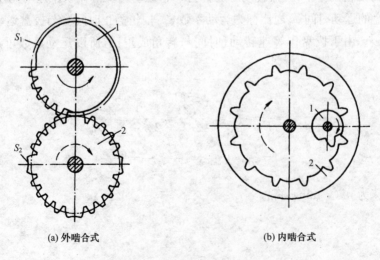

(a) 外啮合式　　　　　　　　(b) 内啮合式

图 7-13　不完全齿轮机构

轮连续转动时,从动轮作时转时停的间歇运动。主动轮 1 逆时针转一周,从动轮 2 顺时针转四分之一周。当从动轮处于停歇位置时,其锁止弧 S_2 被主动轮的锁止弧 S_1 锁住,使从动轮停在确定的位置。

内啮合与外啮合的工作原理相似,只是主动轮、从动轮同向转动。外啮合主动轮与从动轮的转动方向相反,内啮合主动轮与从动轮的运动方向相同。

2. 不完全齿轮机构的特点

在运动性能方面,棘轮每次转过的角度不大,通常不超过 $45°$;槽轮转过的角度只能在 $2\pi/Z$ 内作有限的选择;不完全齿轮机构的从动轮可以实现整周转动到多次停歇,只要适当地选取两轮齿数,从动轮可间歇地转过预期的运动角,因而适应性更广。不完全齿轮机构的特点是结构简单,加工方便,改变主动轮和从动轮的齿数直接影响从动轮在一个运动循环内的停歇时间,所以这种机构的间歇运动特性比其他间歇运动机构灵活。

在动力性能方面,棘轮机构存在较大冲击;槽轮机构在进入啮合和退出啮合时有柔性冲击,在运动中有较大的速度变化,易产生较大的惯性力;不完全齿轮机构在进入和退出啮合时有较大的冲击,在运动过程中较平稳。

所以这种间歇运动机构用于低速、轻载的场合,如多工位自动或半自动机械工作台的间歇转位。

3.2 组合机构

3.2.1 连杆—连杆组合

图 7-14 所示的手动冲床是一个六杆机构,它可以看成是由两个四杆机构组成的。第一个是由原动件(手柄)1、连杆 2、从动摇杆 3 和机架 4 组成的双摇杆机构;第二个是由从动摇杆 3、小连杆 5、冲杆 6 和机架组成的摇杆滑块机构。前一个四杆机构的输出件被作为第二个四杆机

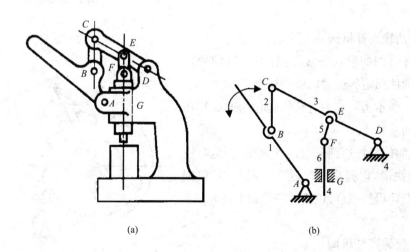

(a)   (b)

图 7-14 手动冲床中的复合连杆机构

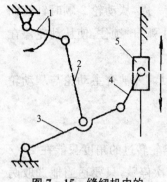

构的输入件。扳动手柄1，冲杆就上下运动。采用六杆机构，使扳动手柄的力获得两次放大，从而增大了冲杆的作用力。这种增力作用在连杆机构中经常用到。

图 7-15 所示为缝纫机刺布机构的运动简图。这个六杆机构也可看成由两个四杆机构组成。第一个是由原动曲柄1、连杆2、从动曲柄3和机架组成的曲柄摇杆机构；第二个是由摇杆3（原动件）、连杆4、滑块5（缝针）和机架组成的曲柄滑块机构。

图 7-15 缝纫机中的复合连杆机构

3.2.2 双凸轮机构

图 7-16 所示为双凸轮机构，由两个凸轮机构协调配合控制十字滑块3上一点 M 准确地描绘出虚线所示预定的轨迹。

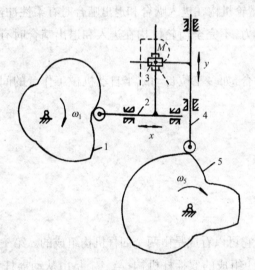

图 7-16 双凸轮机构

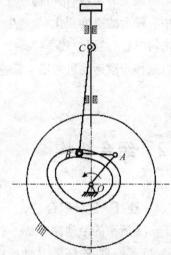

图 7-17 巧克力包装机托包用的凸轮连杆机构

3.2.3 凸轮连杆机构

凸轮连杆机构的形式很多，这种组合机构通常用于实现从动件预定的运动轨迹和规律。

图 7-17 所示为巧克力包装机托包用的凸轮连杆机构。主动曲柄 OA 回转时，B 点强制在凸轮凹槽中运动，从而使托杆达到图示运动规律，托包时慢进，不托包时快退，以提高生产效率。因此，只要把凸轮轮廓线设计得当，就可以使托杆达到上述要求。

3.2.4 棘轮连杆机构

图 7-18 所示为棘轮与连杆两个基本机构组

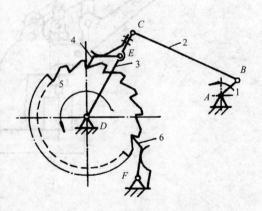

图 7-18 棘轮连杆组合机构

合而成的棘轮连杆机构。棘轮的单向步进运动是由摇杆3的摆动通过棘爪4推动的,而摇杆的往复摆动又需要由曲柄摇杆机构 $ABCD$ 来完成,从而实现将输入构件(曲柄1)的等角速度回转运动转换成输出构件(棘轮5)的步进转动。

3.3 常用机械零部件

3.3.1 轴及轴承

1. 轴的类型

轴根据其承载情况分为转轴、心轴和传动轴三类,见表7-1。轴一般都是刚性的。此外,还有一种可以把回转运动灵活地传到任何位置的钢丝软轴,如图7-19所示。它能用于受连续震动的场合,具有缓和冲击的作用。

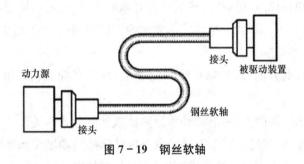

图7-19 钢丝软轴

表7-1 轴的分类

转　轴	心　轴		传动轴
	轴转动	轴不转	
同时承受转矩和弯矩	只受弯矩,不受转矩,转动的轴受变应力,不转的轴受静应力		主要受转矩,不受弯矩或弯矩很小

2. 滑动轴承

（1）滑动轴承的特点。工作时轴承和轴颈的支撑面间形成直接或间接滑动摩擦的轴承，称为滑动轴承。滑动轴承包含的零件少，工作面间一般有润滑油膜且为面接触，所以它具有承载能力大、抗冲击、噪声低、工作平稳、回转精度高、高速性能好等独特的优点。其缺点主要是启动摩擦阻力大，维护比较复杂。

（2）滑动轴承的应用。滑动轴承主要应用于以下几种情况。

①工作转速极高的轴承。

②要求轴的支撑位置特别精确以及回转精度要求特别高的轴承。

③特重型的轴承。

④承受巨大的冲击和振动载荷的轴承。

⑤必须采用剖分结构的轴承。

⑥要求径向尺寸特别小以及特殊工作条件下的轴承。

滑动轴承本身的独特优点使其在某些场合占有重要地位，在金属切削机床、汽轮机、航空发动机附件、铁路机车及车辆、雷达、卫星通信地面站等方面得到广泛的应用。

（3）滑动轴承的分类。

①根据所承受载荷的方向，滑动轴承分径向轴承（承受径向载荷）、推力轴承（承受轴向载荷）两大类。

②根据轴系及轴承装拆的需要，滑动轴承分整体式和剖分式两类。

③根据轴颈和轴瓦间的摩擦状态，滑动轴承分液体摩擦滑动轴承和非液体摩擦滑动轴承两类。根据工作时相对运动表面间油膜形成原理的不同，液体摩擦滑动轴承又分液体动压润滑轴承和液体静压润滑轴承两类，简称动压轴承和静压轴承。

（4）滑动轴承的结构。滑动轴承一般由轴承座、轴瓦、润滑装置和密封装置等部分组成。滑动轴承的结构有三类。

①整体式滑动轴承。图7-20所示为整体式径向滑动轴承，轴承座用螺栓与机座联接，顶部装有润滑油杯，内孔中压入带有油沟的轴套。

这种轴承结构简单，成本低，但装拆时轴或轴承必须做轴向移动，而且轴承磨损后径向间隙无法调整。因此这种轴承多用于间歇工作、低速轻载的简单机械中，其尺寸已标准化。

②剖分式滑动轴承。图7-21所示为剖分式径向滑动轴承。轴瓦和轴承座均为剖分式结

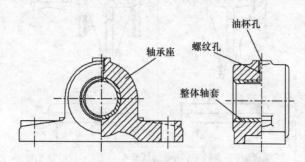

图7-20 整体径向滑动轴承

构,在轴承盖与轴承座的剖分面上制有阶梯形定位止口,便于安装时对心。轴瓦直接支撑轴颈,因而轴承盖应适度压紧轴瓦,以使轴瓦不能在轴承孔中转动。轴承盖上制有螺纹孔,以便安装油杯或油管。剖分式滑动轴承克服了整体式轴承装卸不便的缺点,当轴瓦工作面磨损后,适当减薄部分面间的垫片并进行刮瓦,就可以调整轴颈与轴瓦间的间隙。因此,这种轴承得到了广泛应用,并且已经标准化。

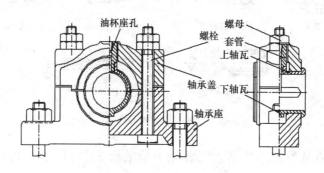

图 7-21　剖分式径向滑动轴承

③推力滑动轴承。推力滑动轴承用于承受轴向载荷。常用的非液体摩擦推力轴承又称为普通推力轴承,有立式和卧式两种。推力滑动轴承和径向轴承联合使用时,可以承受复合载荷。

3. 滚动轴承

(1)滚动轴承的结构。滚动轴承一般是由内圈、外圈、滚动体和保持架组成(图 7-22)。通常内圈随轴颈转动,外圈装在机座或零件的轴承孔内固定不动。内外圈都制有滚道,当内外圈相对旋转时,滚动体将沿滚道滚动。保持架的作用是把滚动体沿滚道均匀地隔开,如图 7-23 所示。

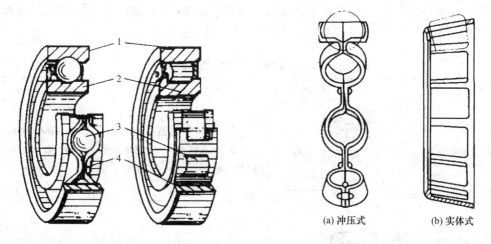

图 7-22　滚动轴承的结构　　　　　图 7-23　滚动轴承的运动

滚动体与内外圈的材料应具有较高的硬度和较好的接触疲劳强度,有良好的耐磨性和冲击韧性。一般用含铬合金钢制造,经热处理后硬度可达 HRC61～65,工作表面须经磨削和抛光。保持架一般用低碳钢板冲压制成,高速轴承多采用有色金属或塑料保持架。

图7-24给出了不同形状的滚动体,按滚动体形状滚动轴承可分为球轴承和滚子轴承。滚子又分为长圆柱滚子、短圆柱滚子、螺旋滚子、圆锥滚子、球面滚子和滚针等类型。

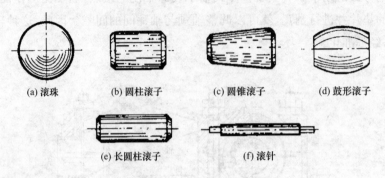

(a) 滚珠   (b) 圆柱滚子   (c) 圆锥滚子   (d) 鼓形滚子

(e) 长圆柱滚子   (f) 滚针

图7-24　滚动体的形状

使用时,内圈装在轴颈上,外圈装入机架孔内(或轴承座孔内)。通常内圈随轴一起旋转,而外圈固定不动,也有外圈随工作零件旋转而内圈固定不动的情况。

(2)滚动轴承的优缺点。与滑动轴承相比较,滚动轴承有如下优点。

①摩擦阻力小,灵敏,效率高,发热量小,润滑简单,耗油量少,维护保养方便。

②轴承径向间隙小,并且可用预紧的方法调整间隙,以提高旋转精度。

③轴向尺寸小,某些滚动轴承可同时承受径向载荷与轴向载荷,故可使机器结构简化、紧凑。

④滚动轴承是标准件,可由专门工厂大批生产供应,使用、更换方便。

滚动轴承的主要缺点有:抗冲击性能差,高速时噪声大,工作寿命较低。

(3)滚动轴承的类型、特点及应用。滚动轴承的类型很多,常用的滚动轴承的类型、特点及应用场合见表7-2。

表7-2　常用滚动轴承的类型、特点及应用

轴承名称、类型及代号	结构简图、承载方向	特性与应用
双列角接触球轴承(0)		能同时承受径向负荷和双向的轴向负荷,比角接触球轴承具有较大的承载能力,与双联角接触球轴承比较,在同样负荷作用下,能使轴在轴向更紧密地固定
调心球轴承1或(1)		主要承受径向负荷,可承受少量的双向轴向负荷。外圈滚道为球面,具有自动调心性能。适用于多支点轴、弯曲刚度小的轴以及难以精确对中的支承

续表

轴承名称、类型及代号	结构简图、承载方向	特性与应用
调心滚子轴承 2		主要承受径向负荷,其承载能力比调心球轴承约大一倍,也能承受少量的双向轴向负荷。外圈滚道为球面,具有调心性能,适用于多支点轴、弯曲刚度小的轴及难以精确对中的支撑
推力调心滚子轴承 2		可承受很大的轴向负荷和一定的径向负荷,滚子为鼓形,外圈滚道为球面,能自动调心。转速可比推力球轴承高。常用于水轮机轴和起重机转盘中
圆锥滚子轴承 3		能承受较大的径向负荷和单向的轴向负荷,极限转速较低。内外圈可分离,轴承游隙可在安装时调整。通常成对使用,对称安装。适用于转速不太高、轴的刚性较好的场合
双列深沟球轴承 4		主要承受径向负荷,也能承受一定的双向轴向负荷。它比深沟球轴承具有较大的承载能力
推力球轴承 5		推力球轴承的套圈与滚动体可分离,单向推力球轴承只能承受单向轴向负荷,两个圈的内孔不一样大,内孔较小的与轴配合,内孔较大的与机座固定。双向推力球轴承可以承受双向轴向负荷、中间圈与轴配合,另两个圈为松圈,高速时,由于离心力大,寿命较低。常用于轴向负荷大、转速不高的场合
深沟球轴承 6 或(16)		主要承受径向负荷,也可同时承受少量双向轴向负荷,工作时内外圈轴线允许偏斜。摩擦阻力小,极限转速高,结构简单,价格便宜,应用最广泛。但承受冲击载荷能力较差,适用于高速场合。在高速时可代替推力球轴承
角接触球轴承 7		能同时承受径向负荷与单向的轴向负荷,公称接触角 α 有 15°、25°、40° 三种,α 越大,轴向承载能力也越大。成对使用,对称安装,极限转速较高。适用于转速较高,同时承受径向和轴向负荷的场合

续表

轴承名称、类型及代号	结构简图、承载方向	特性与应用
推力圆柱滚子轴承 8		能承受很大的单向轴向负荷,但不能承受径向负荷。它比推力球轴承承载能力要大,套圈也分紧圈与松圈。极限转速很低,适用于低速重载场合
圆柱滚子轴承 N		只能承受径向负荷。承载能力比同尺寸的球轴承大,承受冲击载荷能力大,极限转速高。对轴的偏斜敏感,允许偏斜较小,用于刚性较大的轴上,并要求支承座孔很好地对中
滚针轴承 NA		滚动体数量较多,一般没有保持架。径向尺寸紧凑且承载能力很大,价格低廉,不能承受轴向负荷,摩擦因数较大,不允许有偏斜。常用于径向尺寸受限制而径向负荷又较大的装置中

(4)滚动轴承的代号。由于滚动轴承的类型繁多,每一类又有不同尺寸和不同结构的许多规格,为了便于设计、制造和使用,国家标准规定了识别符号,即轴承代号,并把它标印在轴承的端面上。

对于常用的、结构上没有特殊要求的轴承,轴承代号由基本代号、前置代号和后置代号构成,见表 7-3。

表 7-3 轴承代号的构成

代号构成	轴 承 代 号				
	前置代号	基本代号			后置代号
表示方法	字母	数字或字母	数字	数字	字母或字母和数字
表示意义	成套轴承分部件	轴承类型	尺寸系列:直径和宽度系列	轴承内径	轴承在结构形状、尺寸、公差、技术要求等方面有所改变

①基本代号。基本代号由类型代号、尺寸系列代号、内径代号和公差等级代号组成,并按上述顺序由左向右依次排列。滚动轴承的类型代号用数字或大写拉丁字母表示,一般滚动轴承的类型代号见表 7-4。

②尺寸系列代号。尺寸系列代号由轴承的宽度系列或高度系列代号(数字表示)与直径系列代号(数字表示)组合而成。宽(高)系列代号在前,直径系列代号在后。尺寸系列代号用于区别具有相同内径、不同外径和宽度的轴承。

③内径代号。内径代号用以表示轴承的内径尺寸。轴承内径在 $20\sim495$mm 时,代号乘以 5 即为内径尺寸(mm)。内径小于 20mm、大于或等于 500mm 时另有规定,具体代号见表7-5。

表 7-4 一般滚动轴承的类型代号

代 号		轴承类型	代 号		轴承类型
新	旧		新	旧	
0	6	双列角接触球轴承	6	0	深沟球轴承
1	1	调心球轴承	7	6	角接触球轴承
2	3	调心滚子轴承	8	9	推力圆柱滚子轴承
2	9	推力调心滚子轴承	N	2	圆柱滚子轴承,双列或多列用字母 NN 表示
3	7	圆锥滚子轴承			
4	0	双列深沟球轴承	U	0	外球面球轴承
5	8	推力球轴承	QJ	6	四点接触球轴承

表 7-5 轴承内径代号

轴承公称内径(mm)	内径代号表示方法及举例
0.6~10(非整数)	用公称内径(mm)数值直接表示,尺寸系列代号与内径代号之间用"/"分开;例:深沟球轴承 618/2.5
1~9(整数)	用公称内径(mm)数值直接表示,对 7,8,9 直径系列的深沟球轴承及角接触球轴承,尺寸系列代号与内径代号之间须用"/"分开,例:625,618/5
10,12,15,17	分别用 00,01,02,03 表示
20~480 (22,28,32 除外)	用 5 除公称内径(mm)数值的商数表示
≥500,以及 22,28,32	直接用公称内径(mm)数值表示,尺寸系列代号与内径代号之间用"/"分开,例:深沟球轴承 62/22,调心滚子轴承 230/500

④轴承的前置代号。轴承的前置代号用于表示轴承的分部件,用字母表示。如用 L 表示可分离轴承的可分离套圈;用 K 表示轴承的滚动体与保持架组件,表 7-6 为轴承前置代号及其含义。

表 7-6 轴承的前置代号及其含义

代 号	表示意义	举 例
F	凸缘外圈的向心球轴承(仅适用 $d \leqslant 10$mm)	F618/4
L	可分离轴承的可分离内圈或外圈	LNU207
R	不带可分离内圈或外圈的轴承(滚针轴承仅适用 NA 型)	RNU207
WS	推力圆柱滚子轴承轴圈	WS81107
GS	推力圆柱滚子轴承座圈	GS81107
KOW	无轴圈推力轴承	KOW51108
KIW	无座圈推力轴承	KIW51108
LR	带可分离的内圈或外圈与滚动体组件轴承	
K	滚子和保持组件	K81107

⑤轴承的后置代号。轴承的后置代号是用字母和数字等表示轴承的结构、公差及材料的特殊要求等内容。具体排列见表7-7，后置代号的内容很多，常用的有内部结构代号、公差等级、径向游隙系列。

表7-7　轴承的后置代号

分组代号	后置代号							
	1	2	3	4	5	6	7	8
表示意义	内部结构	密封与防尘套圈变型	保持架及其材料	轴承材料	公差等级	游隙	配置	其他

内部结构代号是表示同一类型轴承的不同内部结构，用字母紧跟着基本代号表示。如：接触角为15°、25°和40°的角，接触球轴承分别用C、AC和B表示内部结构的不同。

国家标准规定滚动轴承的公差等级为0、6、6x、5、4、2六级，分别用/P0、/P6、/P6x、/P5、/P4、/P2表示。它们分别相当于原标准代号的G、E、Ex、D、C、B。其中/P2级精度最高，依次下来，/P0级精度最低，属于普通级，"/P0"在代号中不标出。轴承的公差等级代号见表7-8。

表7-8　轴承的公差等级

代　号	旧　代　号	含　义	示　例
/P0	G	公差等级符合标准规定的0级，代号中省略，不表示	6203
/P6	E	公差等级符合标准规定的6级	6203/P6
/P6X	Ex	公差等级符合标准规定的6x级	6203/P6x
/P5	D	公差等级符合标准规定的5级	6203/P5
/P4	C	公差等级符合标准规定的4级	6203/P4
/P2	B	公差等级符合标准规定的2级	6203/P2
/SP		尺寸精度相当于P5级，旋转精度相当于P4级	234420/SP
/UP		尺寸精度相当于P4级，旋转精度相当于P4级	234730/UP

常用的轴承径向游隙系列分为1组、2组、0组、3组、4组和5组，共6个组别，径向游隙依次由小到大。0组游隙是常用的游隙组别，在轴承代号中不标出，其余的游隙组别在轴承代号中分别用/CI、/CZ、/C3、/C4、/CS表示。

(5)滚动轴承的选用。滚动轴承是标准件，使用时可根据具体工作条件选择合适的轴承。表9-2已列出了各类轴承的特点及应用场合，可作为选择轴承类型的参考。一般来说，选用滚动轴承应考虑以下几方面的情况。

①轴承所承受载荷的大小、方向和性质。载荷较小而平稳时，宜用球轴承；载荷大、有冲击时宜用滚子轴承。当轴上承受纯径向载荷时，可采用圆柱滚子轴承或深沟球轴承；当同时承受径向载荷和轴向载荷时，可用圆锥滚子轴承或角接触球轴承；当承受纯轴向载荷时，可采用推力轴承。

②轴承的转速。每一类型的滚动轴承都有一定的极限转速，通常球轴承比滚子轴承有较高

的极限转速，所以在高速时宜优先采用球轴承。

③调心性能的要求。如果轴有较大的弯曲变形，或轴承座孔的同心度较低，则要求轴承的内、外圈在运转中能有一定的相对偏角，此时应采用调心球轴承。

④供应情况、经济性或其他特殊要求。

3.3.2 联轴器、离合器

联轴器和离合器主要用来联接不同机器（或部件）的两根轴，使它们一起回转并传递转矩。用联轴器联接的两根轴只有在机器停车时用拆卸的方法才能使它们分离。而用离合器联接的两根轴在机器运转中能方便地分离或结合。制动器主要用于使机器上的某一根轴在机器停车（动力源切断）后能立即停止转动（制动）。

1. 联轴器

联轴器主要用在轴与轴之间的联接中，使两轴可以同时转动，以传递运动和转矩。用联轴器联接的两根轴，只有在机器停车后，经过拆卸才能把它们分离。

由于制造、安装误差或工作时零件变形等原因，一般无法保证被联接的两轴精确同心，通常会出现两轴间的轴向位移 x[图 7 − 25(a)]、径向位移 y[图 7 − 25(b)]、角位移 α[图 7 − 25(c)]或这些位移组合的综合位移[图 7 − 25(d)]。如果联轴器不具有补偿这些相对位移的能力，就会产生附加振动载荷，甚至引起强烈震动。

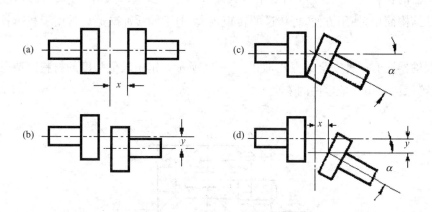

图 7 − 25　两轴间的各种相对位移

根据联轴器补偿位移的能力，联轴器分为刚性和弹性两大类。刚性联轴器由刚性传力件组成，它又分为固定式和可移式两种类型。固定式刚性联轴器不能补偿两轴的相对位移，可移式刚性联轴器能补偿两轴间的相对位移。弹性联轴器包含弹性元件，除了能补偿两轴间的相对位移外，还具有吸收震动和缓和冲击的能力。

（1）固定式刚性联轴器。常见的刚性联轴器有凸缘联轴器和套筒式联轴器。

①凸缘联轴器。凸缘联轴器是应用最广的固定式刚性联轴器。如图 7 − 26 所示，它用螺栓将两个半联轴器的凸缘联接起来，以实现两轴联接。联轴器中的螺栓可以用普通螺栓，也可以用铰制孔螺栓。这种联轴器有两种主要的结构形式：图 7 − 26(a)是有对中榫的 I 型凸

缘联轴器,靠凸肩和凹槽(即对中榫)实现两轴同心。图 7-26(b)是 II 型凸缘联轴器,靠铰制孔用螺栓实现两轴同心。为安全起见,凸缘联轴器的外圈还应加上防护罩或将凸缘制成轮缘形式。制造凸缘联轴器时,应准确保持半联轴器的凸缘端面与孔的轴线垂直,安装时应使两轴精确同心。

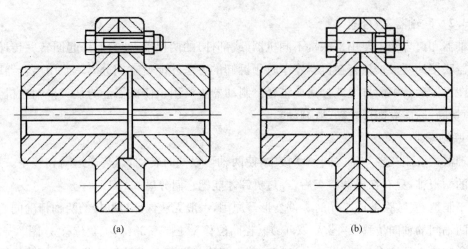

(a)   (b)

图 7-26 凸缘联轴器

半联轴器的材料通常为铸铁,当受重载或圆周速度 $v \geqslant 30\text{m/s}$ 时,可采用铸钢或锻钢。凸缘联轴器的结构简单,使用方便,可传递的转矩较大,但不能缓冲减振。常用于载荷较平稳的两轴联接。

凸缘联轴器还有一种安全销方式,如图 7-27 所示。销由较低强度的材料制造,过载时,销被剪断,以确保机器中其他零件的安全。

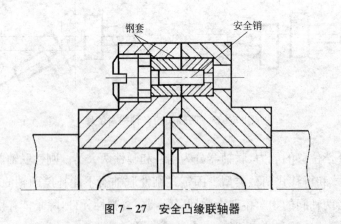

钢套   安全销

图 7-27 安全凸缘联轴器

②套筒式联轴器。图 7-28 所示是一种结构最简单的固定式联轴器,这种联轴器是一个圆柱形套筒,用两个圆锥销传递转矩。当然也可以用两个平键代替圆锥销。其优点是径向尺寸小,结构简单。推荐结构尺寸为 $D = (1.5 \sim 2)d$;$L = (2.8 \sim 4)d$。此种联轴器尚无标准,需要自行设计,如机床上就经常采用这种联轴器。

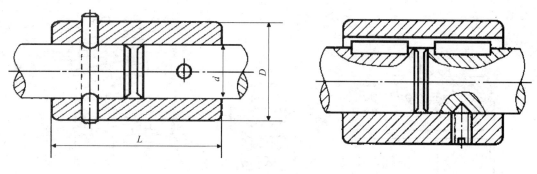

图 7-28 套筒联轴器

③夹壳式联轴器。它是由两个半圆筒形的夹壳及联接它们的螺栓所组成,在两个夹壳的凸缘间留有间隙,如图 7-29 所示,当拧紧螺栓时,使两个夹壳紧压在轴上,从而靠接触面间的摩擦力来传递扭矩。当然为了可靠起见,也可以在夹壳与轴之间加一平键联接。由于这种联轴器是剖分的,所以在装拆时不需要移动轴的位置。它主要用于速度低,工作平稳且轴的直径小于 200mm 的场合。

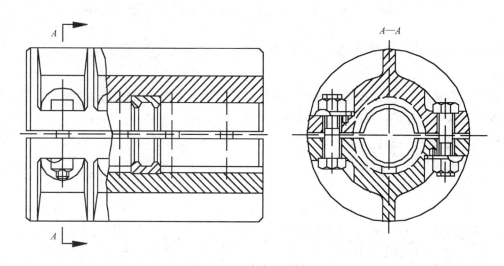

图 7-29 夹壳式联轴器

(2)可移式刚性联轴器。可移式刚性联轴器的组成零件间构成动联接,它具有某一方向或几个方向的活动度,因此能补偿两轴的相对位移。常用的可移式刚性联轴器有以下几种。

①齿式联轴器。如图 7-30(a)所示,齿式联轴器由两个带内齿的外套筒 3 和两个带外齿的套筒 1 组成。套筒与轴相联,两个外套筒用螺栓 5 联成一体。工作时靠啮合的轮齿传递扭矩。为了减少轮齿的磨损和相对移动时的摩擦阻力,在壳内储有润滑油。为防止润滑油泄漏,内外套筒之间设有密封圈 6。齿轮联轴器能补偿适量的综合位移,如图 7-30(b)所示。由于轮齿间留有较大的间隙和外齿轮的齿顶制成椭球形,能补偿两轴的不同心和偏斜。允许角位移在 30′以下,若将外齿做成鼓形齿,角位移通常可达 3°。轮齿采用压力角为 20°的渐开线齿廓。

齿式联轴器的优点是能传递很大的转矩和补偿适量的综合位移,因此常用于重型机械中。

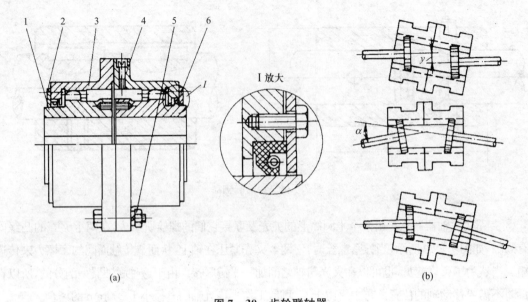

图 7 – 30　齿轮联轴器

1—带外齿的套筒　2—端盖　3—带内齿的套筒　4—油孔　5—螺栓　6—密封圈

但是,当传递巨大转矩时,齿间的压力也随着增大,使联轴器的灵活性降低,而且其结构笨重、造价较高。

②滑块联轴器。滑块联轴器亦称浮动盘联轴器,如图 7 – 31 所示。它是由端面开有凹槽的两套筒 1、3 和两侧各具有凸块(作为滑块)的中间圆盘 2 所组成[图 7 – 31(a)]。中间圆盘两侧的凸块相互垂直,分别嵌装在两个套筒的凹槽中。如果两轴线不同心或偏斜,滑块将在凹槽内滑动。凸槽和滑块的工作面间要加润滑剂。

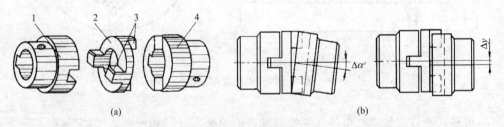

图 7 – 31　滑块联轴器

滑块联轴器允许的径向位移 $y < 0.04d$(d 为轴的直径),允许的角位移 $\alpha \leqslant 30'$,如图 7 – 31(b)所示。当两轴不同心,且转速较高时,滑块的偏心会产生较大的离心力,给轴和轴承带来附加动载荷,并引起磨损。因此其只适用于低速,一般不超过 $300\mathrm{r/min}$。

③挠性爪型联轴器。如图 7 – 32 所示,挠性爪型联轴器的两半联轴器上的沟槽很宽,中间装有夹布胶木或尼龙制成的方形滑块。由于滑块重量轻且有弹性,可允许较高的极限转速。

④万向联轴器。万向联轴器又称十字铰链联轴器。如图 7 – 33 所示,中间是一个相互垂直的十字头,十字头的四端用铰链分别与两轴上的叉形接头相连。因此,当一轴的位置固定后,另

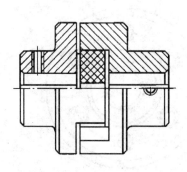
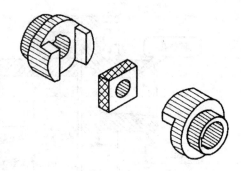

图 7 - 32　挠性爪型联轴器

一轴可以在任意方向偏斜,角位移可达 $40°\sim45°$。

在实际应用中,常采用双万向联轴器,即由两个单万向联轴器串接而成,如图 7 - 34 所示。当主动轴 1 以等角速度旋转时,带动十字轴式的中间件作变角速度旋转,利用对应关系,再由中间件带动从动轴 2 以与轴 1 相等的等角速度旋转。因此安装双万向联轴器时,如要使主动轴、从动轴的角速度相等,必须满足两个条件:主动轴、从动轴与中间件的夹角必须相等;中间件两端的叉面必须位于同一平面内。

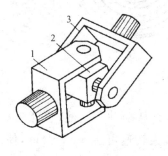
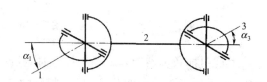

图 7 - 33　万向联轴器　　　　**图 7 - 34　双万向联轴器示意图**

显然,中间件本身的转速是不均匀的。但因它的惯性小,由它产生的动载荷、震动等一般不致引起显著危害。

(3)弹性联轴器。

①弹性套柱销联轴器。弹性套柱销联轴器结构上和凸缘联轴器很近似,但是两个半联轴器的联接不用螺栓而用带橡胶或皮革套的柱销,如图 7 - 35 所示。为了更换橡胶套时简便而不必拆移机器,设计中应留出距离 B;为了补偿轴向位移,安装时应留出相应大小的间隙 C。弹性套柱销联轴器在高速轴上应用十分广泛。

②弹性柱销联轴器。如图 7 - 36 所示,弹性柱销联轴器是利用若干非金属材料制成的柱销置于两个半联轴器凸缘的孔中,以实现两轴的联接。柱销通常用尼龙制成,而尼龙具有一定的弹性。弹性柱销联轴器的结构简单,更换柱销方便。为了防止柱销脱出,在柱销两端配置挡圈。装配时应注意留出间隙 c。

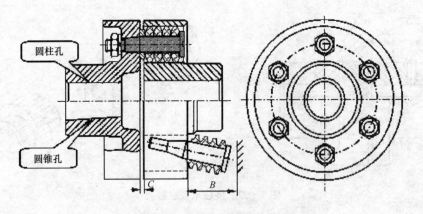

图 7 - 35　弹性套柱销联轴器

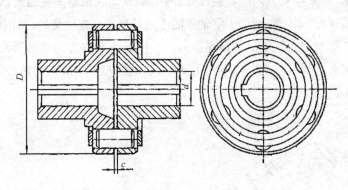

图 7 - 36　弹性柱销联轴器

　　上述两种联轴器中,动力从主动轴通过弹性件传递到从动轴。因此,它能缓和冲击,吸收震动,适用于正反向变化多、启动频繁的高速轴。其最大转速可达 8000r/min,使用温度为 −20～60℃。

　　这两种联轴器能补偿大的轴向位移。依靠弹性柱销的变形,允许有微量的径向位移和角位移。但若径向位移或角位移较大时,会使弹性柱销迅速磨损,因此采用这两种联轴器时,须仔细地安装。

　　③弹性柱销齿式联轴器。如图 7 - 37 所示,弹性柱销齿式联轴器通过安放多个橡胶或尼龙

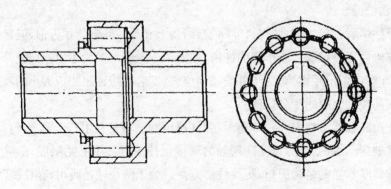

图 7 - 37　弹性柱销齿式联轴器

柱销构成,由于两个半联轴器的内外圈,配有圆弧槽,因此通过槽与销的啮合进行传递转动。这种联轴器可传递较大扭矩,但拆卸时需作轴向移动。

④轮胎式联轴器。轮胎式联轴器的结构如图 7-38 所示,其中间为橡胶制成的轮胎,用夹紧板与轴套联接。它的结构简单,工作可靠,由于轮胎易变形,因此它允许的相对位移较大,角位移可达 5°~12°,轴向位移可达 0.02D,径向位移可达 0.01D(D 为联轴器外径)。

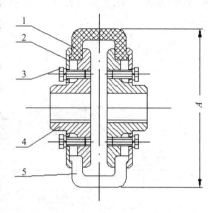

图 7-38　轮胎式联轴器

轮胎式联轴器适用于启动频繁、经常正反向运转、有冲击震动、两轴间有较大的相对位移量以及潮湿多尘之处。它的径向尺寸庞大,但轴向尺寸较窄,有利于缩短串接机组的总长度,它的最大转速可达 5000r/min。

⑤星形弹性联轴器。星形弹性联轴器如图 7-39 所示。两半联轴器 1、3 上均制有凸牙,用橡胶等材料制成的星形弹性件 2 放置在两半联轴器的凸牙之间。工作时,星形弹性件受压缩并传递扭矩。这种联轴器允许轴的径向位移为 0.2mm,角位移为 1°20′。因为弹性件只受压不受拉,故寿命较长。

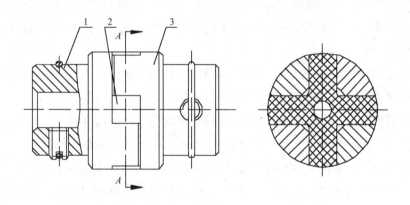

图 7-39　星形弹性联轴器

2. 离合器

离合器的形式很多,常用的有嵌入式离合器和摩擦式离合器。嵌入式离合器依靠齿的嵌合传递转矩,摩擦式离合器则依靠工作表面间的摩擦力传递转矩。

离合器的操纵方式可以是机械的、电磁的、液压的等形式,此外还可以制成自动离合的结构。自动离合器不需要外力操纵即能根据一定的条件自动分离或接合。

(1)嵌入式离合器。常用的嵌入式离合器有牙嵌离合器和齿轮离合器。

① 牙嵌离合器。牙嵌离合器是由两个端面带牙的套筒组成的,如图 7-40 所示。图中,半离合器 I 紧配在轴上,半离合器 II 可以沿导向平键在另一根轴上移动。利用操纵杆移动拨叉可使两个半离合器接合或分离。为便于对中,装有对中环。牙嵌离合器结构简单,外廓尺寸小,联

接后两轴不会发生相对滑转。但在接合时有冲击，只能在低速或停车状态下接合，否则容易将齿打坏。

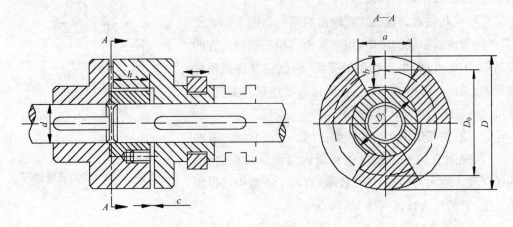

图 7-40　牙嵌离合器

　　离合器牙的形状有三角形、梯形、锯齿形和矩形。三角形牙传递扭矩小，牙数为 15～60。三角形和梯形都可双向或单向工作。梯形、锯齿形牙用于传递较大的转矩，牙数为 5～11。梯形牙可以补偿磨损后的牙侧间隙，锯齿形牙只能单向工作，反转时由于有较大的轴向分力，会迫使离合器自行分离。矩形牙无轴向分力，但不能补偿牙侧间隙磨损。牙形离合器的各牙应精确等分，以使载荷均布。

　　牙嵌离合器结构简单，外廓尺寸小，能传递较大的转矩，故应用较多。但牙嵌离合器只宜在两轴不回转或转速差很小时进行接合，否则牙齿可能因受撞击而折断。

　　牙嵌离合器可以借助电磁线圈的吸力来操纵，称为电磁牙嵌离合器。电磁牙嵌离合器通常采用嵌入方便的三角形细牙。它依据信息而动作，所以便于遥控和程序控制。

　　②齿嵌离合器。齿嵌离合器由带内齿和外齿的两个半离合器组成，如图 7-41(a)所示。一般是由外齿半离合器在轴上沿轴向移动来实现结合和分离动作，内齿半离合器与轴完全固接。牙形一般有三种类型，渐开线牙形与齿轮的加工方法相同，常用于兼作齿轮传动的场合，为了便于结合，齿端可倒圆。

　　(2)摩擦式离合器。根据结构形状的不同，摩擦式离合器分为圆盘式、圆锥式和多片式等类

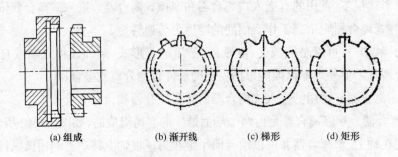

(a)组成　　　　(b)渐开线　　　　(c)梯形　　　　(d)矩形

图 7-41　齿嵌离合器

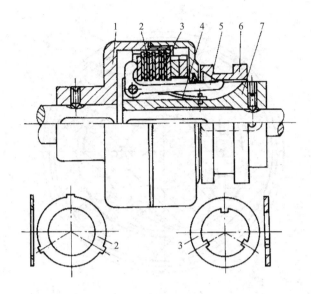

图 7 - 42　多片式摩擦离合器

型。圆盘式和圆锥式摩擦离合器结构简单,但传递转矩的能力较小,应用受到一定的限制。在机器中,特别是在金属切削机床中,广泛使用多片式摩擦离合器。

图 7 - 42 所示为一种常用的拨叉操纵多片式摩擦离合器的典型结构。外套 1 和内套 7 可用键联接于两个轴端,内摩擦片 3 和外摩擦片 2 以多槽分别与内套和外套相联。当操纵拨叉使滑环 6 向左移动时,角形杠杆 5 摆动,使内外摩擦片相互压紧,两轴就接合在一起,借各摩擦片之间的摩擦力传递转矩。当滑环 6 向右移动复位后,两组摩擦片松开,两轴即可分离。

当摩擦离合器的操纵力为电磁力时,即成电磁摩擦离合器。图 7 - 43 所示为多片式电磁摩擦离合器的结构原理图,当电流由接头 5 进入线圈 6 时,可产生磁通,吸引衔铁 2 将摩擦片 3、4 压紧,使外套 1 和内套 8 之间得以传递转矩。

与嵌入式离合器相比较,摩擦式离合器的优点是:当运转轴发

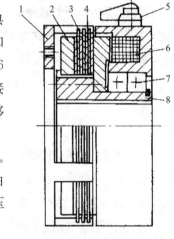

图 7 - 43　电磁摩擦离合器

生过载时,离合器摩擦表面之间发生打滑,因而能保护其他零件免于损坏。摩擦离合器的主要缺点是:摩擦表面之间存在相对滑动,以致发热较多,磨损较大。

(3)超越离合器。图 7 - 44 所示为一单向超越离合器。星轮 1 通过键与轴 6 联接,外环 2 通常做成一个齿轮,空套在星轮上。在星轮的三个缺口内,各装有一个滚柱 3,每个滚柱又被弹簧 5、顶杆 4 推向外环和星轮的缺口所形成的楔缝中。当外环(齿轮)2 以慢速逆时针回转时,滚柱 3 在摩擦力的作用下被楔紧在外环与星轮之间,因此外环便带动星轮使轴 6 也以慢速逆时针回转。星轮 1 在外环以慢速作逆时针回转时,若轴 6 由另外一个快速电动机带动亦作逆时针方向回转,星轮 1 将由轴 6 带动沿逆时针方向高速回转。由于星轮的转速高于外环的转速,滚柱

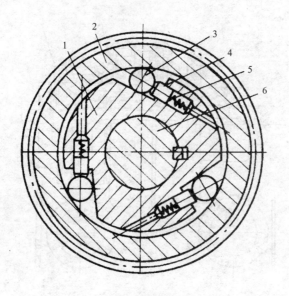

图 7 – 44 单向超越离合器

1—星轮 2—外环 3—滚柱 4—顶杆 5—弹簧 6—轴

从楔缝中松开，外环与星轮便自动失去联系，按各自的速度回转，互不干扰。在这种情况下，星轮的转速超越外环的转速而自由运转，所以这种离合器称为超越离合器。当快速电动机不带动轴 6 回转时，滚柱又在摩擦力的作用下，被楔紧在外环与星轮之间，外环与星轮又自动联系在一起，使轴 6 随同外环作慢速回转。

由于超越离合器有上述作用，所以它大量地应用于机床、汽车和飞机等传动装置中。

3.3.3 弹簧

1. 弹簧的类型和应用

弹簧是一种弹性元件。由于它具有刚性小、弹性大、在载荷作用下容易产生弹性变形等特性，被广泛应用于各种机器、仪表及日常用品中。

弹簧的主要功用是：

(1)缓冲和吸震，如汽车的减震簧和各种缓冲器中的弹簧。

(2)储存及输出能量，如钟表的发条等。

(3)测量载荷，如弹簧、测力器中的弹簧。

(4)控制运动，如内燃机中的阀门弹簧等。

弹簧的类型很多，弹簧的常用类型、特点和应用见表 7 – 9。在一般机械中最常用的是圆柱形螺旋弹簧。

弹簧的材料主要是热轧和冷拉弹簧钢。弹簧丝直径在 8～10mm 时，弹簧用经过热处理的优质碳素弹簧钢丝(如 65Mn、60Si2Mn)经冷卷成型制造，然后经低温回火处理，以消除内应力。制造直径较大的强力弹簧时，常用热卷法，热卷后须经淬火、回火处理。

表 7-9　常见弹簧的类型及功用

名称	简图	特点及应用
圆柱形螺旋弹簧	拉伸弹簧 压缩弹簧	结构简单，制造方便，应用最广
圆柱形螺旋扭转弹簧		承受转矩，主要用于各种装置中的压紧和储能
圆锥形螺旋弹簧		承受压力；结构紧凑，稳定性好防震能力较强，多用于承受较大载荷和减震的场合
碟形弹簧		承受压力；缓冲及减震能力强；常用于重型的缓冲和减震装置
环形弹簧		承受压力；是目前最强的压缩、减震弹簧，常用于重型设备，如机车车辆、锻压设备和起重机械的缓冲装置
平面涡旋弹簧		承受转矩；能储蓄较大的能量，常用作仪器仪表中的储能弹簧
板弹簧		承受弯曲；这种弹簧变形大，吸震能力强，主要用于汽车、拖拉机等的悬挂装置

2. 圆柱形螺旋弹簧结构特点

图 7－45 为螺旋压缩弹簧和拉伸弹簧。压簧在自由状态下各圈间留有间隙,经最大工作载荷的压缩后,各圈间还应有一定的余留间隙。为使载荷沿弹簧轴线传递,弹簧的两端各有板有 3/4～5/4 圈与邻圈并紧,称为死圈。死圈端部须磨平,如图 7－46 所示。拉簧在自由状态下各圈应并紧,常用的端部结构如图 7－47 所示。

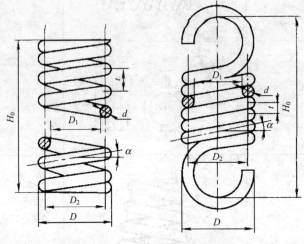

图 7－45　弹簧的基本几何参数

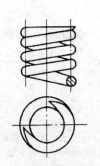

图 7－46　螺旋压簧的端部结构

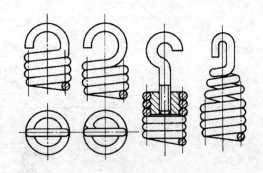

图 7－47　螺旋拉簧的端部结构

3.4　机械维护与保养

3.4.1　润滑及润滑剂

1. 润滑概念、分类与作用

(1)概念。润滑是在相互接触、相对运动的两固体摩擦表面间引入润滑剂(流体或固体等物质),将摩擦表面分开的方法。

润滑剂能够牢固地吸附在机器零件的摩擦面上,形成一定厚度的润滑膜,它与摩擦表面的结合力很强,但其分子本身间的摩擦因数很小。当摩擦副被润滑膜隔开时,它们在做相对运动时就不会直接接触,使两摩擦副之间的摩擦转变成润滑剂本身间的摩擦,摩擦因数大大减小,达到减小摩擦、磨损的目的。

(2)润滑分类

①根据润滑膜在摩擦副表面的润滑状态,润滑分为干摩擦、流体润滑和边界润滑。

②根据摩擦表面间形成压力膜的条件分,润滑分为液体动力润滑和液体静压润滑。

液体(或气体)动力润滑,即借摩擦副和流体膜相对运动而形成压力膜承受载荷。

液体(或气体)静压润滑,即靠外部提供一定压力的流体,形成压力流体膜承受载荷,使两个相对运动物体摩擦表面隔开。

③根据润滑剂的物质形态,润滑分为气体润滑、液体润滑、固体润滑、半流体润滑。

气体润滑,如空气、氮气、氢气和某些惰性气体润滑。

液体润滑,如矿物油、动植物油、合成油、水等润滑剂润滑。

固体润滑,如用石墨、二硫化铝等作为润滑剂。

半流体润滑,采用动植物脂、矿物脂、合成脂等作为润滑剂。

(3)润滑的作用

①控制摩擦,减少磨损。液体润滑油可在摩擦表面形成各种油膜状态,按照不同摩擦表面,选用不同润滑油,得到不同摩擦因数。采用含有不同添加剂的润滑油,应用到不同工况条件下的摩擦副中,能有效控制摩擦,减少磨损。

②降低温度。摩擦副在运动时会产生大量热量,尤其在高速重载的情况下,物体表面的温度将很快升高,甚至可达到熔点。而润滑油的热传导,能把摩擦副产生的热量通过流体带回到油箱内,促使物体表面的温度下降。

③防止锈蚀。润滑油、润滑脂对金属无腐蚀作用,极性分子吸附在金属表面,能隔绝水分、潮湿空气和金属表面接触,起到防腐、防锈和保护金属表面的作用。

④冲洗、密封。摩擦副在运动时产生的磨损微粒或外来杂质,可利用润滑剂的流动把摩擦表面间的磨粒带走,防止物体磨损,以延长零件使用寿命。润滑油与润滑脂能深入各种间隙,弥补密封面的不平度,防止外来水分、杂质的侵入,起到密封作用。

⑤传递动力、减少震动。在传动中,由于液体的不可压缩性而使其成为一种良好的动力传递介质。摩擦副在工作时,两表面间会产生噪声与震动,由于液体有黏度,它把两表面隔开,使金属表面不直接接触,从而减少了震动。

2. 润滑剂分类

矿物油由石油提炼而成,主要成分是碳氢化合物并含有各种不同的添加剂,根据碳氢化合物分子结构不同可分为烷烃、环烷烃、芳香烃和不饱和烃等品种。

石油原油经过初馏和常压蒸馏,提取低沸点的汽油、煤油和柴油后剩下常压渣油。按照提取的方法不同,矿物润滑油分为馏分润滑油、残渣润滑油、调和润滑油三大类。

(1)馏分润滑油,黏度小、质量轻,通常含沥青和胶质较少。其品种有高速机械油、汽轮机油、变压器油、仪表油、冷冻机油等。

（2）残渣润滑油，黏度大，质量较重。其品种有航空机油、轧钢机油、汽缸油、齿轮油等。

（3）调和润滑油是由馏分润滑油与残渣润滑油调和而成的混合油。其品种有汽油机油、柴油机油、压缩机油、工业齿轮油等。

（4）合成油（合成脂），是用有机合成方法制得的具有一定结构特点与性能的润滑油。合成油比天然润滑油具有更为优良的性能，在天然润滑油不能满足现有工况条件时，一般都可改用合成油，如硅油、氟化酯、硅酸酯、聚苯醚、氟氯碳化合物，双醋、磷酸酯等。

（5）水基润滑油，两种互不相溶的液体经过处理，使液体的一方以微细粒子（直径 0.2～50μm）分散悬浮在另一方液体中，称为乳化油，或乳化液。如油包水或水包油型乳化油、水—乙二醇液压油等。它们的主要作用是抗燃、冷却、节油。

（6）润滑脂，将稠化剂均匀地分散在润滑油中，得到一种黏稠半流体散状物质，这种物质就称润滑脂。它由稠化剂、润滑油和添加剂三大部分组成，通常稠化剂占 10％～20％，润滑油占 75％～90％，其余为添加剂。

（7）固体润滑剂，在相对运动的承载表面间为减少摩擦和磨损，所用的粉末状或薄膜状的固体物质。它主要用于不能或不方便使用油脂的摩擦部位。常用的固体润滑材料有石墨、二硫化钼、滑石粉、聚四氟乙烯、尼龙、二硫化钨、氟化石墨、氧化铅等。

（8）气体润滑剂，它采用空气、氮气、氦气等某些惰性气体作为润滑剂。其主要优点是摩擦因数低于 0.001，几乎等于零，适用于精密设备与高速轴承的润滑。

3. 润滑剂的主要性能指标

（1）黏度。黏度表示润滑油的黏稠程度。它是油分子间发生相对位移时所产生的内摩擦阻力，这种阻力的大小用黏度表示。黏度分绝对黏度和相对黏度两种。绝对黏度又分动力黏度和运动黏度。人们常用的是运动黏度，其单位是"毫米²/秒"，$1mm^2/s＝1$ 厘斯。

由于润滑油的黏度随温度变化而异，所以表示黏度时必须注明是在什么温度下测定的黏度。常用的测试温度为 50℃、100℃，在此温度测得黏度大小，将其作为润滑油的牌号，如 $2^\#$ 机械油，即在 50℃时测得机械油的运动黏度，$13^\#$ 压缩机油，即在 100℃时测得的压缩机油的运动黏度。

各国工业液体润滑剂黏度的等级标准不一，为利于各国之间贸易和用户合理选油，ISO/TC28 于 1975 年发布了《工业液体润滑剂的 ISO 黏度分级标准》。标准中规定，产品黏度等级的划分是以 40℃时运动黏度（mm^2/s）为基础，共分 18 个连续的黏度等级。我国也采用 ISO 标准，发布了"工业用润滑油黏度分类"国家标准（GB 3141—82），同时也按 ISO 黏度等级制定和修订了一大批产品标准。如原 40 号机械油，现名为 N68 机械油，前缀"N"字母只使用到 1990 年。

（2）闪点与燃点。润滑油在一定条件下加热，蒸发出来的油蒸气与空气混合达到一定浓度时与火焰接触，产生短时闪烁的最低温度称闪点。如果使闪点时间延长达 5s 以上，此时的温度称燃点。闪点是润滑油贮运及使用上的安全指标，一般最高工作温度应低于闪点 20～30℃。闪点测定方法有两种，即开口法与闭口法。开口法结果一般比闭口法高 20～30℃。

(3)针入度。针入度表示润滑脂软硬的程度,是划分润滑脂牌号的一个重要依据。测试方法:在 25℃的温度下将重量为 150g 的标准圆锥体,在 5s 内沉入脂内的深度(单位为 1/10mm),即称为该润滑脂的针入度。陷入越深,说明润滑脂越软,稠度越小;反之,针入度越小,则润滑脂越硬,稠度越大。润滑脂的针入度随温度的增高而增大,选用时应根据温度、速度、负载与工作条件而定。我国润滑脂针入度分 12 个等级,见表 7 - 10,常用牌号为 0~4 号。

表 7 - 10 润滑脂针入度划分等级

牌号	000	00	0	1	2	3	4	5	6	7	8	9
针入度	445 ~475	400 ~430	355 ~385	314 ~340	265 ~295	220 ~250	175 ~205	130 ~160	85 ~115	60 ~80	35 ~55	10 ~30

(4)滴点。滴点表示润滑脂的抗热特性。将润滑脂试样装入滴点计中,按规定条件加热,以润滑脂溶化后第一滴油滴落下来时的温度作为润滑脂的滴点。润滑脂的滴点决定了它的工作温度,应用时应选择比工作温度高 20~30℃滴点的润滑脂。

4. 润滑剂的选择依据

润滑油与润滑脂的品种及牌号很多,要合理选择必须考虑很多因素,如摩擦副的类型、规格、工况条件、环境及润滑方式与条件等,不同情况有不同选择方法。下面在通用性条件下将几个主要因素作为选择依据。

(1)运动速度。两个摩擦表面相对运动速度较高时,润滑油的黏度应选择得小一些,润滑脂的针入度应选择得大一些。若采用高黏度和小针入度的油、脂,将增加运动的阻力,产生大量热量,使摩擦副发热。运动速度高低没有统一的划分标准,不同性质的摩擦副,其速度高低的概念也不一样,如滚动轴承:

$$D_mN < 100000 \text{ 为低速}$$
$$D_mN = 100000 \sim 200000 \text{ 为中速}$$
$$D_mN = 200000 \sim 400000 \text{ 为高速}$$
$$D_mN > 400000$$

式中:D_m——平均轴承直径,mm;

N——转速,r/min。

(2)工作负荷。工作负荷大,润滑油的黏度应选得大一些,润滑脂的针入度应选得小些。各种油、脂都有一定承载能力,一般来讲,黏度大的油,其摩擦副的油膜不容易破坏。在边界润滑条件下,黏度不起主要作用,而是油性起作用,在此情况下,应考虑油、脂的极压性。负荷大小的分类也按经验数据确定。

$$500\text{MPa}(500\text{N/mm}^2)\text{以上为重负荷}$$
$$200 \sim 500\text{MPa}(200 \sim 500\text{N/mm}^2)\text{为中负荷}$$
$$200\text{MPa}(200\text{N/mm}^2)\text{以下为轻负荷}$$
$$1\text{MPa} = 1\text{N/mm}^2 \approx 10\text{kgf/cm}^2$$

（3）工作温度。工作的环境温度、摩擦副负载、速度、材料、润滑材料、结构等各种因素都影响工作温度。工作温度较高时，应采用黏度较大的润滑油，针入度较小的润滑脂。因为油的黏度随温度升高而降低，脂的针入度随温度升高而变大。工作温度的划分也没严格的标准，也是凭经验划分的。

> 小于-35℃为更低温度
> -34～16℃为低温
> 17～69℃为正常温度
> 70～99℃为中等温度
> 100～120℃为高温
> 大于120℃为更高温

（4）其他。工作条件与周围环境、润滑方式等也必须加以考虑。如遇水接触的润滑条件，应选用不容易被水乳化的润滑油与润滑脂，或用水基润滑液。应采用集中润滑，即选用泵送性好的润滑脂。精密摩擦副应选用黏度较小、针入度较大的润滑脂，应根据实际情况选用润滑剂。

应用时，应根据实际情况进行综合分析，不能机械地搬用。在发生矛盾时，应首先满足主要机构的需要，着重考虑速度、负荷、温度等因素，再确定黏度与针入度的大小。

3.4.2 轴承的润滑

1. 滑动轴承的润滑

（1）润滑方式。轴承的常用润滑方式有间歇式润滑和连续式润滑。

①间歇式润滑：定期用油壶将润滑油直接注入轴承油孔中，或用图7-48(a)和(b)所示的压配式压注油杯或者旋套式注油油杯，定期将润滑油注入轴承中。以上方法主要用于低速、轻载和次要场合。采用脂润滑只能是间歇供油，将润滑脂贮存在如图7-48(c)所示的黄油杯中，定期旋转杯盖，可将润滑脂压送到轴承中，也可用黄油枪向轴承中补充润滑油。

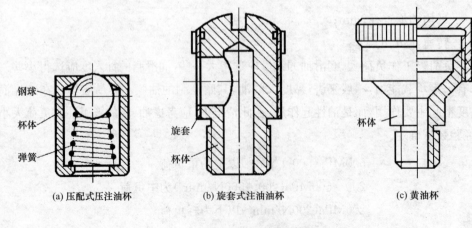

(a) 压配式压注油杯   (b) 旋套式注油油杯   (c) 黄油杯

图7-48　间歇式润滑

②连续式油润滑。针阀式注油杯润滑如图 7－49(a)所示，用手柄控制针阀运动，使油孔关闭或开启，供油量的大小可用调节螺母调节。油芯式油杯润滑如图 7－49(b)所示，利用纱线的毛细管作用把油引到轴承中。油环带油润滑如图 7－49(c)所示，油环浸到油池中，当轴转动时，油环旋转把油带入轴承。飞溅润滑利用转动件(如齿轮)的转动将油飞溅到箱体四周内壁面上，然后通过刮油板或适当的沟槽把油导入到轴承中进行润滑。压力润滑用油泵把一定压力的油注入轴承中，可以有充足的油量来润滑和冷却轴承，连续供油润滑是比较可靠的一种润滑方式。

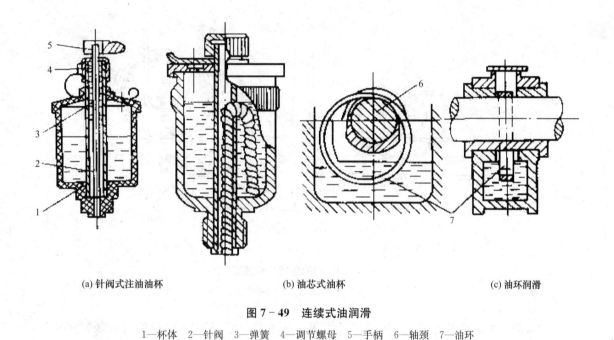

(a) 针阀式注油油杯　　　　　　　(b) 油芯式油杯　　　　　　　(c) 油环润滑

图 7－49　连续式油润滑

1—杯体　2—针阀　3—弹簧　4—调节螺母　5—手柄　6—轴颈　7—油环

(2)润滑剂。润滑油是滑动轴承中最常用的润滑剂，其中以矿物油应用最广。选择润滑油型号时，应考虑轴承压力、轴颈速度及摩擦表面状态等情况。滑动轴承可选用 N15、N22、N32号机械油。

2. 滚动轴承的润滑

滚动轴承润滑除能减少摩擦、磨损外，还能起到冷却、吸震、防锈和减少噪声的作用。根据轴颈圆周速度大小分别采用脂润滑或油润滑。

(1)润滑脂润滑。轴颈圆周速度小于 4～5m/s 时采用脂润滑。其优点是润滑脂不易流失，便于密封和维护，一次填充可运转较长时间。润滑脂的装填量一般为轴承内空隙的 1/3～1/2，应避免因润滑脂过多引起轴承发热，影响轴承的正常工作。

(2)润滑油润滑。当轴颈速度过高时，一般采用油润滑。润滑油润滑不仅摩擦阻力小，还可起到散热、冷却作用。一般采用浸油或飞溅润滑方式，浸油润滑时，油面不应高于最下方滚动体中心,以免因搅油能量损失较大,使轴承过热。高速轴承可采用喷油或喷雾润滑。

3.4.3 带传动的维护保养

1. 带传动的张紧

带传动工作一段时间后就会由于塑性变形而松弛,使初拉力减小,传动能力下降,这时必须重新张紧。

(1)调整中心距。调整中心距方式有定期张紧和自动张紧两种。

①定期张紧。定期调整中心距,以恢复张紧力,如图7-50所示。

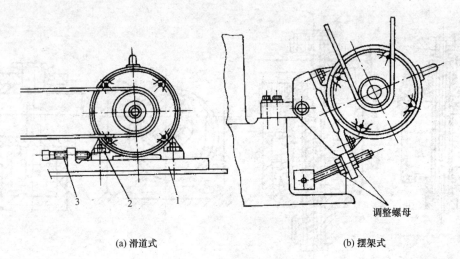

(a) 滑道式　　　　　　　　　　　　　　(b) 摆架式

图7-50　带的定期张紧装置

1—机架　2—螺母　3—调整螺钉

②自动张紧。将装有带轮的电动机安装在浮动的摆架上,利用电动机的自重张紧传动带,通过载荷的大小自动调节张紧力,如图7-51所示。

(2)张紧轮张紧。若带传动的中心距不可调整时,可采用张紧轮张紧。

①调位式内张紧轮装置,如图7-52(a)所示。

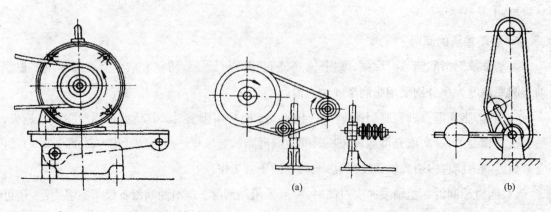

(a)　　　　　　　　　　　　　(b)

图7-51　带的自动张紧装置　　　　　　　**图7-52　张紧轮装置**

②摆锤式内张紧轮装置,如图 7-52(b)所示。

张紧轮一般设置在松边的内侧且靠近大轮处。若设置在外侧,则应使其靠近小轮,这样可以增加小带轮的包角,提高带的疲劳强度。

2. 带传动的安装和维护

带传动的安装必须满足以下条件。

(1)带的型号和带轮的型号必须一致。

(2)带的长度必须一致。

(3)两轴线平行,带轮的轮槽方向必须一致,如图 7-53 所示。

(4)定期检查胶带的张紧程度,如图 7-54 所示,如有一根松弛或损坏,则应全部更换新带。

(5)带轮和传动带的安装必须符合规范。

(6)带传动无需润滑,避免带与酸、碱、油污接触,工作温度不应超过 60℃。

(7)带传动装置外面应加安全保护罩。

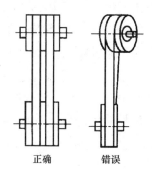

正确　　　错误

图 7-53　两带轮的相对位置

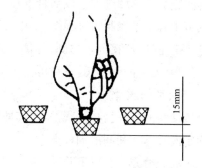

图 7-54　V 带的张紧程度

3.4.4　链传动的维护保养

1. 滚子链传动的失效形式

链传动的失效形式主要有以下几种。

(1)链板疲劳破坏。由于链条受变应力的作用,经过一定的循环次数后,链板会发生疲劳破坏,在正常润滑条件下,疲劳强度是限定链传动承载能力的主要因素。

(2)滚子、套筒的冲击疲劳破坏。链节与链轮啮合时,滚子与链轮间会产生冲击,高速时冲击载荷较大,套筒与滚子表面发生冲击疲劳而破坏。

(3)销轴与套筒胶合。当润滑不良或速度过高时,销轴与套筒的工作表面摩擦发热较大,而使两表面发生黏附磨损,严重时则产生胶合。

(4)链条铰链磨损。链条在工作过程中,销轴与套筒的工作表面会因相对滑动而磨损,导致链节伸长,容易引起跳齿和脱链。

(5)过载拉断。在低速($v<6m/s$)重载或瞬时严重过载时,链条可能被拉断。

2. 链传动的布置

在链传动中,两链轮的转动平面应在同一平面内,两轴线必须平行,最好成水平布置,如图

7－55(a)所示。如需倾斜布置时,两链轮中心连线与水平线的夹角 φ 应小于 45°,如图 7－55(b)所示。链传动应使紧边(即主动边)在上,松边在下,以便链节和链轮轮齿可以顺利地进入和退出啮合。如果松边在上,可能会因松边垂度过大而出现链条与轮齿的干扰,甚至会引起松边与紧边的碰撞。

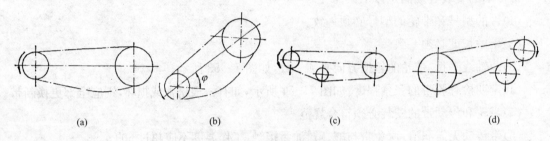

图 7－55　链传动的布置

为防止链条垂度过大造成啮合不良和松边的颤动,需用张紧装置。如中心距可以调节时,可用调节中心距来控制张紧程度;如中心距不可调节时,可用张紧轮。张紧轮应安装在链条松边靠近小链轮处,放在链条内侧、外侧均可,分别如图 7－55(c)和(d)所示。张紧轮可以是链轮,也可以是无齿的滚轮,其直径可比小链轮略小些。

3. 链传动的润滑

链传动润滑良好会减少磨损,缓和冲击,提高承载能力,延长使用寿命。因此,链传动应合理地确定润滑方式和润滑剂种类。

常用的润滑方式有以下几种。

(1)人工定期润滑。用油壶或油刷给油,如图 7－56(a)所示,每班注油一次,适用于链速 $v \leqslant$ 4m/s 的不重要传动。

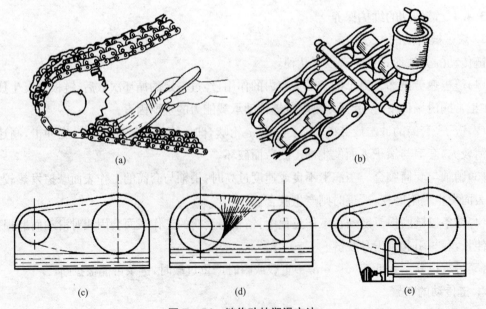

图 7－56　链传动的润滑方法

（2）滴油润滑。用油杯通过油管向松边的内、外链板间隙处滴油，用于链速 $v \leqslant 10\text{m/s}$ 的传动，如图 7 - 56(b) 所示。

（3）油浴润滑。如图 7 - 56(c) 所示，链从密封的油池中通过，链条浸油深度以 6～12mm 为宜，适用于链速 $v = 6～12\text{m/s}$ 的传动。

（4）飞溅润滑。如图 7 - 56(d) 所示，在密封容器中，用甩油盘将油甩起，经由壳体上的集油装置将油导流到链上。甩油盘速度应大于 3m/s，浸油深度一般为 12～15mm。

（5）压力油循环润滑。如图 7 - 56(e) 所示，用油泵将油喷到链上，喷口应设在链条进入啮合之处。适用于链速 $v \geqslant 8\text{m/s}$ 的大功率传动，链传动常用的润滑油有 L - AN32、L - AN46、L - AN68、L - AN100 等全损耗系统用油。温度低时，黏度宜低；功率大时，黏度宜高。

3.4.5 齿轮传动的维护保养

1. 轮齿的失效形式

轮齿的主要失效形式有轮齿折断、齿面点蚀等。

（1）轮齿折断。齿轮工作时，若轮齿危险剖面的应力超过材料所允许的极限值，轮齿会折断。

如图 7 - 57 所示，轮齿折断有两种情况，一种是因短时意外的严重过载或受到冲击载荷时突然折断，称为过载折断；另一种是由于循环变化的弯曲应力的反复作用而引起的疲劳折断。轮齿折断一般发生在轮齿根部。

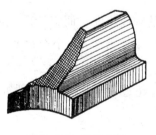

图 7 - 57 轮齿折断

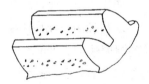

图 7 - 58 齿面点蚀

（2）齿面点蚀。如图 7 - 58 所示，在润滑良好的闭式齿轮传动中，当齿轮工作了一定时间后，轮齿工作表面会产生一些细小的凹坑，称为点蚀。点蚀主要是由于轮齿啮合时，齿面的接触应力按脉动循环变化，在这种脉动循环变化接触应力的多次重复作用下，由于疲劳，在轮齿表层会产生疲劳裂纹，裂纹的扩展使金属微粒剥落而形成疲劳点蚀。通常疲劳点蚀首先发生在节线附近的齿根表面。点蚀使齿面有效承载面积减小，点蚀的扩展将严重损坏齿廓表面，引起冲击和出现噪声，造成传动的不平稳。齿面抗点蚀能力主要与齿面硬度有关，齿面硬度越高，抗点蚀能力越强。点蚀是闭式软齿面（HBS $\leqslant$ 350）齿轮传动的主要失效形式。

在开式齿轮传动中，由于齿面磨损速度较快，即使轮齿表层产生疲劳裂纹，但还未扩展到金属剥落时，表层就已被磨掉，因而一般看不到点蚀现象。

（3）齿面胶合。在高速重载传动中，由于齿面啮合区的压力很大，润滑油膜因温度升高而容易

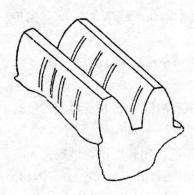

图 7 - 59　齿面胶合

破裂,造成齿面金属直接接触,其接触区产生瞬时高温,致使两轮齿表面焊粘在一起,当两齿面相对运动时,较软的齿面金属被撕下,在轮齿工作表面形成与滑动方向一致的沟痕(图 7 - 59),这种现象称为齿面胶合。

(4)齿面磨损。互相啮合的两齿廓表面间有相对滑动,在载荷作用下会引起齿面的磨损。尤其在开式传动中,由于灰尘、砂粒等硬颗粒容易进入齿面间而发生磨损。齿面严重磨损后,轮齿失去正确的齿形,会出现严重噪声和震动,影响轮齿正常工作,最终使传动失效。

采用闭式传动,减小齿面粗糙度,保持良好的润滑,可以减少齿面磨损。

(5)齿面塑性变形。在重载的条件下,较软的齿面上表层金属可能沿滑动方向滑移,出现局部金属流动现象,使齿面产生塑性变形,齿廓失去正确的齿形。在启动和过载频繁的传动中,较易产生这种失效形式。

2. 齿轮传动的润滑

(1)润滑剂的选择。齿轮传动大多采用润滑油润滑,闭式齿轮传动中,可根据齿轮的材料、承载情况和圆周速度确定润滑油的黏度。

(2)润滑方式的选择。半开式及开式齿轮传动,或速度较低的闭式齿轮传动,可采用人工定期添加润滑油或润滑脂进行润滑。

闭式齿轮传动通常采用油润滑,其润滑方式根据齿轮的圆周速度 v 而定,当 $v \leqslant 12 \text{m/s}$ 时,可用油浴式。如图 7 - 60(a)所示,大齿轮浸入油池中的深度为 1～2 个全齿高,但不小于 10mm,同时要求齿顶距离箱底 40～50mm,齿轮转动时,把润滑油带到啮合区。齿轮浸油深度可根据齿轮的圆周速度大小而定。对圆柱齿轮,通常不宜超过一个齿高,但一般亦不应小于 10mm;对圆锥齿轮,应浸入全齿宽,至少应浸入齿宽的一半。

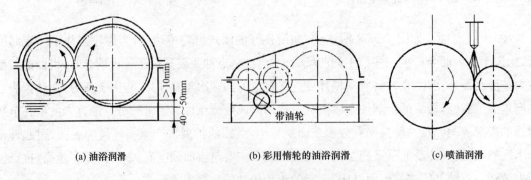

(a) 油浴润滑　　　　　　　(b) 彩用惰轮的油浴润滑　　　　　(c) 喷油润滑

图 7 - 60　齿轮传动的润滑方式

多级齿轮传动中,当几个大齿轮直径不相等时,可采用图 7 - 60(b)所示惰轮的油浴润滑。当齿轮的圆周速度 $v > 12 \text{m/s}$ 时,应采用图 7 - 60(c)所示的喷油润滑,即用油泵将具有一定压力的润滑油经油管、喷嘴直接喷射到齿轮啮合处,压力喷油润滑效果良好,但需要专门的装置,费用较高。

3.4.6　蜗杆传动的维护保养

1. 蜗杆传动的润滑

由于蜗杆传动的相对滑动速度 v_s 大,效率低,发热量大,因此必须注意蜗杆传动的润滑;否则会进一步导致效率显著降低,并会带来剧烈的磨损,甚至产生胶合。

(1)润滑剂的选择。蜗杆传动润滑时,通常采用黏度较大的润滑油。润滑油的种类较多,实际中应根据蜗杆、蜗轮配对材料和运转条件合理选用。

(2)润滑方式。蜗杆传动应选择润滑效果好、散热作用突出的润滑方式,常用的润滑方式是浸油润滑和压力喷油润滑,可根据滑动速度 v_s 选取。v_s 的值见表 7-11。

一般当蜗杆圆周速度小于 4m/s 时,常采用下置式蜗杆传动,浸油深度 h 约为蜗杆的一个齿高,但油面不应高于蜗杆上滚动轴承最低一个滚动体的中心。当蜗杆圆周速度大于 4m/s 时,为避免搅油损失过大,适采用上置式蜗杆传动,此时浸油深度 h 约为蜗轮半径的 1/3。

表 7-11　蜗杆传动润滑油黏度及润滑方法

滑动速度 v_s(m/s)	<1	<2.5	<5	5～10	10～15	15～25	>25
工作条件	重载	重载	中载	—	—	—	—
运动黏度 mm²/s,40℃	900	500	350	220	150	100	80
润滑方式	油池			油池或喷油	喷油压力(MPa)		
					0.7	0.2	0.3

2. 蜗杆传动的散热

由于蜗杆传动的效率较低,工作时将产生大量的热。若散热不良,会引起温升过高而降低油的黏度,使润滑不良,导致蜗轮齿面磨损和胶合。所以对连续工作的闭式蜗杆传动要进行热平衡计算。

在闭式传动中,热量由箱体散逸,要求箱体内的油温 t 和周围空气温度 t_0 之差 Δt 不超过允许值,即:

$$\Delta t = t - t_0 = \frac{1000P_1(1-\eta)}{\alpha_s A} \leqslant [\Delta t] \tag{7-6}$$

式中:P_1——蜗杆传递功率,kW;

　　　η——传动效率;

　　　α_s——散热系数,通常取 $\alpha_s = 10\sim17$ W/(m²·℃);

　　　A——散热面积,m²;

　　$[\Delta t]$——温差允许值,一般为 $60\sim70$ ℃。

若计算的温差超过允许值,可采取以下措施改善散热条件。

(1)在箱体上加散热片,以增大散热面积。

(2)在蜗杆轴上装风扇,进行吹风冷却,如图 7-61(a)所示。

(3)在箱体油池内装蛇形水管,用循环水冷却,如图 7-61(b)所示。

(4)用循环油冷却,如图 7-61(c)所示。

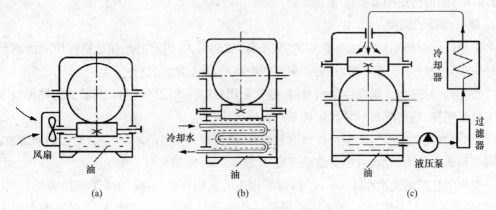

图 7-61　蜗杆传动的散热

★ 任务实施

由小组长协调组织,在小组讨论、教师指导下完成下面的任务。

1. GA747 型剑杆织机主要由送经机构、开口机构、引纬机构、打纬机构、卷曲机构五大运动组成,试分析这五大运动由哪些机构组成? 具有什么样的特点? 绘制这五大机构的运动简图,并计算其自由度。

提示:从电动机开始分析运动的传递路线,找出原动件、从动件,各构件由哪些零件组成。各机构运动简图按照机构运动简图绘制方法,从主轴(摇轴)开始画起,以简化图形。

2. 分析 GA747 型剑杆织机的工作过程,绘制其工作循环图。

提示:结合剑杆织机的开口时间以及进剑时间,分析五大运动的配合,从而绘制出五大运动的工作循环图。

3. 分析引纬机构剑头的运动规律,并分析剑头的位移、速度、加速度的周期变化情况。

提示:首先从定性的角度分析剑头的位移、速度、加速度的周期变化情况,再采用理论计算研究剑头的运动规律。

4. 对打纬机构进行受力分析,并分析打纬力的大小与什么因素有关。

5. 小组讨论,简述如何对五大运动机构进行调节维护及日常保养。

6. 以小组为单位撰写 GA747 型剑杆织机分析报告,内容包括机械结构组成、日常维护保养及注意事项,并制作 PPT 进行汇报。

★ 习题

1. 常用的润滑方式有哪几种? 具有哪些特点,并举例说明。

2. 链传动常用的润滑方式有哪几种,分别用在什么场合?

3. 链传动为什么要有张紧装置? 常用的张紧装置有哪几种?

4. 某棘轮机构,棘轮为 36 个齿,棘爪装在曲柄摇杆机构的摇杆上,曲柄转一圈,摇杆摆动角度为 35°,问曲柄转一圈,棘轮转几个齿?

5. 在一台自动车床上,装有一个四槽外槽轮机构,若已知槽轮停歇时,完成工艺动作所需的时间为 30s,求圆销数为 1 时,圆销的转速及槽轮转位所需的时间。

6. 设 GA747 型剑杆织机刺毛辊直径 $D=127mm$,蜗轮齿数 $Z_1=47$,蜗杆头数 $Z_2=1$,棘轮齿数 $N=36$,试分析如果棘轮每次撑 1 齿时,GA727 型剑杆织机的理论纬密 S 为多少?

项目 4　机械零部件拆装测绘与零件设计

※ 学习任务

机械零部件拆装测绘与零件设计，主要是完成对机械零部件的拆装测绘，掌握零部件的拆装测绘方法及常见的工具、量具的使用，并对机械零部件中的某个关键零件进行设计计算，掌握零件设计的一般方法及步骤，具体学习任务包含如下两个方面：

1. 机械零部件的拆装测绘。
2. 轴的设计及强度校核计算。

教学实施时，可以根据教学实际情况，有针对性地选择机械零部件作为载体，如可以选择不同型号的减速器进行拆装测绘，并选择减速器的某根轴进行轴类零件设计。本教材选择织机上所用的开口凸轮箱作为载体。

※ 学习目标

完成本项目的学习之后，学生应具备以下能力。

1. 能够制定拆装测绘方案并实施。
2. 能够手绘机械结构的装配草图。
3. 能够利用计算机绘制机械装配图、零件图。
4. 能够对轴进行结构设计，并进行强度校核计算。
5. 培养学生的自主学习能力，在引导文的指引下通过阅读书籍、查阅资料、小组讨论完成任务。
6. 培养学生的团结协作能力，能根据工作任务进行合理的分工，互相帮助，相互协作。
7. 培养学生语言表达能力，任务完成之后能进行工作总结，并进行总结发言。

任务 4.1　机械零部件拆装测绘

★ 学习目标

1. 能够制定机械部件拆装测绘方案。
2. 能够使用常见的机械工具实施拆卸与装配。
3. 能够对机械部件中的零件进行测绘。
4. 能够利用计算机绘制零件图及装配图。

★ 任务描述

任务名称:开口凸轮箱拆装测绘

织机有五大运动,分别由五大机构完成,其中之一是开口机构,其主要作用是形成梭口,以便纳入纬纱。常见的开口机构有连杆开口机构、凸轮开口机构、多臂开口机构、提花开口机构。凸轮开口机构有整个机构装在织机下方的开式凸轮开口机构,有整个机构装在箱体中的半闭式凸轮开口机构,这种半闭式凸轮开口机构简称开口凸轮箱。开口凸轮箱适应高速,速度可达700r/min,通常用于新型织机中。

实训室现有 ZGT622 型开口凸轮箱,应先熟悉开口凸轮箱的基本结构,了解各部分零件的名称、结构和功用,以及相关零件的装配关系及安装调整过程,然后制定拆装测绘方案,在教师指导下完成开口凸轮箱的拆装测绘工作。具体要求如下。

1. 制定拆装测绘方案,明确拆装测绘实施步骤,明确小组成员分工。
2. 绘制开口凸轮箱装配图。
3. 绘制开口凸轮箱所有非标零件图。
4. 撰写拆装测绘报告。

★ 知识学习

4.1.1　机械零部件的拆装

1. 常用拆装工具及其使用方法

(1)扳手。扳手用于紧固或拆卸六角头或方头的螺纹联接件。它是利用杠杆原理拧转螺栓、螺钉、螺母和其他螺纹紧持螺栓或螺母的开口或套孔固件的手工工具。扳手通常在柄部的一端或两端制有柄部,用于施加外力,就能拧转螺栓或螺母,使螺栓或螺母开口或套孔。使用时,沿螺纹旋转方向在柄部施加外力,就能拧转螺栓或螺母。常用的扳手有呆扳手、梅花扳手、套筒扳手、活扳手、管子扳手等。

①呆扳手。呆扳手(GB/T 4388—1995)如图 8-1 所示,按形状有双头扳手和单头扳手之分。其作用是紧固、拆卸一般标准规格的螺母和螺栓。这种扳手可以直接插入或套入,使用较方便。扳手的开口方向与其中间柄部错开一个角度,通常有 15°、45°、90°等,以便在受限制的部位中扳动方便。呆扳手为四方对边宽度(mm),常用成套双头呆扳手规格系列见表 11-1。

(a) 单头呆扳手　　　　　　　　　　(b) 双头呆扳手

图 8-1　呆扳手

表 8-1 成套双头呆扳手规格系列   单位：mm

6 组件	5.5×7(6×7)、8×10、12×14、14×17、17×19、22×24
8 组件	5.5×7(6×7)、8×10、10×12、12×14、14×17、17×19、19×22、22×24
10 组件	5.5×7(6×7)、8×10、10×12、12×14、14×17、17×19、19×22、22×24、24×27、30×32
新 5 组件	5.5×7、8×10、13×16、18×21、24×27
新 6 组件	5.5×7、8×10、13×16、18×21、24×27、30×34

②梅花扳手。梅花扳手(GB/T 4388—1995)如图 8-2 所示，用途同呆扳手相似，但两端是花环式的。其孔壁一般是 12 边形，可将螺栓和螺母头部套住，扭转力矩大，工作可靠，不易滑脱，携带方便，适用于旋转空间狭小的场合。梅花扳手同样分双头和单头两种，而且还有一种一头为呆扳手，另一头为梅花扳手的两用扳手。

(a) 双头梅花扳手   (b) 两用扳手

图 8-2 梅花扳手

③套筒扳手。套筒扳手如图 8-3 所示，它除了具有一般扳手的用途外，特别适用于旋转部位很狭小或隐蔽较深处的六角螺母和螺栓。由于套筒扳手各种规格是组装成套的，故使用方便，效率更高。

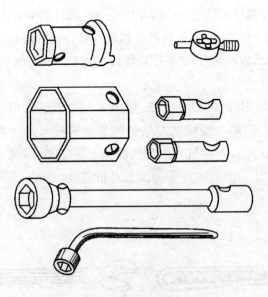

图 8-3 套筒扳手

④扭力扳手。扭力扳手如图 8-4 所示，这种扳手能够控制扭矩的大小，它由扭力杆和套筒头组成。凡对螺母、螺栓有明确规定扭力的(如缸盖，曲轴与连杆的螺栓、螺母等)，都要使用扭

力扳手。在扭紧时,指针可以表示出扭矩数值,通常使用的规格为 $0\sim300\mathrm{N\cdot m}$。

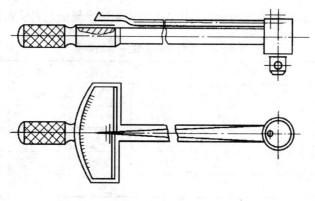

图 8-4　扭力扳手

⑤活扳手。活扳手如图 8-5 所示,其开口宽度可调节,能在一定范围内变动尺寸。其优点是遇到不规则的螺母或螺栓时更能发挥作用,故应用较广。使用活扳手时,扳手口要调节到与螺母对边贴紧。扳动时,应使扳手可动部分承受推力,固定部分承受拉力,且用力必须均匀。活扳手的规格表示为:长度(mm)×极限开口宽度(mm),常用活扳手规格系列见表 8-2。

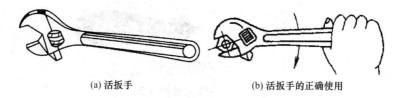

(a) 活扳手　　　　　　　　　　(b) 活扳手的正确使用

图 8-5　活扳手

表 8-2　活扳手规格系列

长度(mm)	100	150	200	250	300	375	450	600
最大开口宽度(mm)	13	18	24	30	36	46	55	65
试验扭矩(N·m)	33	85	180	320	515	920	1370	1975

⑥内六角扳手。呈 L 形的六角棒状扳手,专用于拧转内六角螺钉。内六角扳手的型号是按照六方的对边尺寸来说的,螺栓的尺寸有国家标准。内六角扳手有一种在末端有一个球状物,允许工具有一个角度到螺丝。此种内六角扳手 1964 年由 Bondhus Corporation 发明。最大允许角度的增加,使颈部尺寸减小,相对强度也下降。所以球头颈部大小影响最高允许角度与强度(图 8-6)。

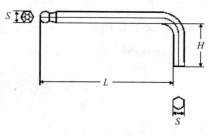

图 8-6　内六角扳手

使用扳手时,应根据被扳对象,选择合适的类型和规格;扳手上施力的方向应与螺纹联接件的轴线垂直;活动扳手不能反向使用,不能随意在扳手柄部装长套筒或用手锤敲击,以加大旋转力矩;防止破坏螺纹联接件上的扳手作用的六角面。其规格为长度(mm)×六角对边宽度(mm),常用成套内六角扳手规格系列见表8-3。

表8-3　成套内六角扳手规格系列　　　　　　　　　　　　单位:mm

公称尺寸 s	3	4	5	6	8	10	12
长脚长度 L	63	70	80	90	100	112	125
短脚长度 H	20	25	28	32	36	40	45
公称尺寸 s	14	17	19	22	24	27	32
长脚长度 L	140	160	180	200	224	250	315
短脚长度 H	56	63	70	80	90	100	125

(2)螺钉旋具。螺钉旋具,又称起子、螺丝刀或改锥。用于紧固或拆卸头部带槽的螺钉。主要有一字螺钉旋具和十字螺钉旋具。一字形螺钉旋具如图8-7所示。十字形螺钉旋具,如图8-8所示,分别用于一字形螺钉和十字形螺钉。

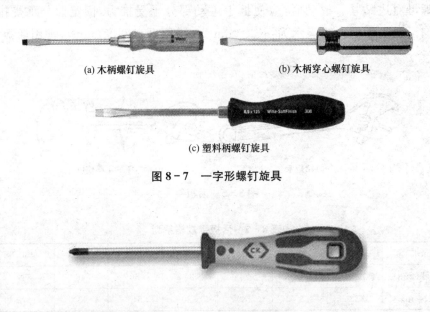

(a) 木柄螺钉旋具　　　　　　　　　　(b) 木柄穿心螺钉旋具

(c) 塑料柄螺钉旋具

图8-7　一字形螺钉旋具

图8-8　十字形螺钉旋具

螺钉旋具按柄部材料分为木柄和塑料柄两种;按旋杆是否穿过柄部分为普通式和穿心式两种,其中穿心式能承受较大扭矩,柄端可承受手锤敲击;按旋杆截面形状分为圆形和方形两种,其中方形旋杆能用扳手夹住旋转,增大扭矩。还有一种夹柄式螺钉旋具,如图8-9所示,其经久耐用,柄端能承受较大敲击力。

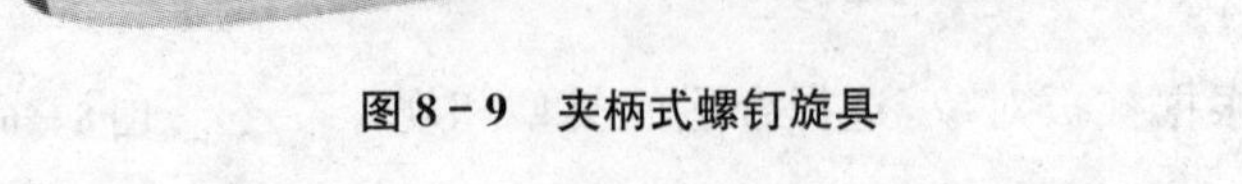

图8-9　夹柄式螺钉旋具

螺钉旋具规格参数一般为旋杆长度(mm)。螺钉旋具规格系列及其适用的螺钉规格见表8-4。

表8-4 螺钉旋具规格系列 单位:mm

旋杆长度	50	75	100	125	150	200	250	300	350
工作端口厚	0.4	0.6	0.6	0.8	1	1.2	1.6	2	2.5
工作端口宽	2.5	4	4	5.5	6.5	8	10	13	16
圆旋杆直径	3	4	5	6	7	8	9	9	11
方旋杆边宽	5	5	5	6	6	7	7	8	8

夹柄螺钉旋具参数为总长(mm),常用规格有 150、200、250、300。

使用时,右手握住螺钉旋具,手心抵住柄端,螺钉旋具与螺钉同轴心,压紧后用手腕扭转。松动后用手心轻压螺钉旋具,用手指快速扭转。

使用长杆螺钉旋具时,可用左手协助压紧和拧动手柄。

使用时需要注意以下事项:刀口应与螺钉槽口大小、宽窄、长短相适应,刀口不得残缺,以免损坏槽口;不能用锤子敲击螺钉旋具柄,当錾子使用;不能用螺钉旋具当撬棒使用;不可在螺钉旋具口端用扳手或钳子增加扭力,以免损伤螺钉旋具杆;施加力偶时,旋具与螺钉轴线尽可能重合。

(3)钳子。钳子用于夹持零件或弯折薄片形、圆柱形金属件及金属丝。常用的钳子有钢丝钳、尖嘴钳、扁嘴钳、挡圈钳以及鲤鱼钳。

① 钢丝钳又称为花腮钳、克丝钳。用于夹持或弯折薄片形、圆柱形金属零件及切断金属丝,其旁刃口也可用于切断细金属丝。如图8-10所示,钢丝钳可分为柄部带塑料套钢丝钳和不带塑料套钢丝钳两种。

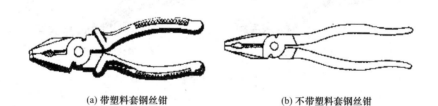

(a) 带塑料套钢丝钳 (b) 不带塑料套钢丝钳

图8-10 钢丝钳

② 尖嘴钳。图8-11所示为尖嘴钳,又称维修口钳、尖头钳、尖嘴钳。它由尖头、刀口和钳柄组成,是一种常用的钳型工具,能在较狭小的工作空间操作,不带刃口者只能起夹捏作用,带刃口者能剪切细小零件。图8-12所示扁嘴钳可装拆销、弹簧等零件;挡圈钳专门装拆弹性挡圈。挡圈钳又可根据使用性能分为直嘴、弯嘴和轴用、孔用四种,如图8-13所示。

③ 鲤鱼钳。鲤鱼钳用于加持扁形或圆柱形金属零件,如图8-14所示,其钳口的开口宽度有两档调节位置,可以夹持尺寸较大的零件,刃口可用于切断金属丝。使用时,用手握住钳柄后端,使钳口开闭、夹紧。

应根据工作选合适类型和规格的钳子;夹持工件应用力得当,防止工件变形或表面夹毛;用挡圈钳要防止挡圈弹出伤人；不能把钳子当手锤或其他工具使用；不可用钳子代替扳手来拧紧或拧松螺栓、螺母，以免损坏螺栓、螺母头部棱角；不可用钳子柄当撬棒使用，以免使之弯曲、折断或损坏。

（4）锤子。锤子又称榔头，锤子有各式各样的形式，常见的形式是一柄把手以及顶部。顶部的一面是平坦的，以便敲击，另一面则是锤头。锤头形状可以是楔形，其功能是用于金属薄板、皮制品的敲平及翻边，也有圆头形的锤头，称为圆头锤，如图 8－15 所示。锤子用于敲击工件，使工件变形、位移、震动，并可用于工件的校正、整形。锤子按照锤头的净重量（kg）确定其规格。斩口锤常用规格有 0.125、0.25、0.5；圆头锤常用规格有 0.22、0.34、0.45、0.68、0.91、1.13、1.36。

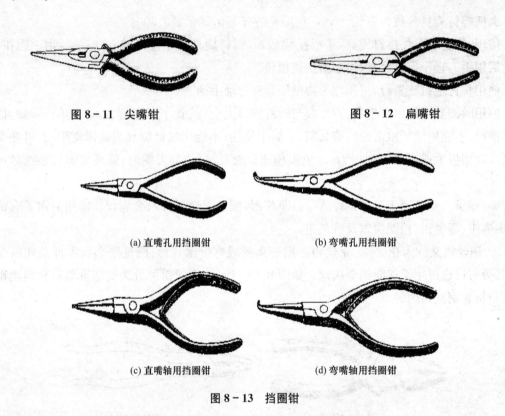

图 8－11　尖嘴钳　　　　　　　　　　　　图 8－12　扁嘴钳

(a) 直嘴孔用挡圈钳　　　　　　　　　　(b) 弯嘴孔用挡圈钳

(c) 直嘴轴用挡圈钳　　　　　　　　　　(d) 弯嘴轴用挡圈钳

图 8－13　挡圈钳

两挡调节位

图 8－14　鲤鱼钳

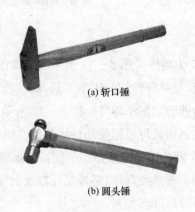

(a) 斩口锤

(b) 圆头锤

图 8－15　手锤

　　用锤子敲击时,右手握住锤柄后端约 10mm 处,握力适度,眼睛注视工件。手柄应安装牢固,用楔塞牢,防止锤头飞出伤人。锤头应平整地击打在工件上,不得歪斜,以防破坏工件表面形状。拆卸零部件时,禁止直接锤击重要表面或易损部位,以防出现表面破坏或损伤。

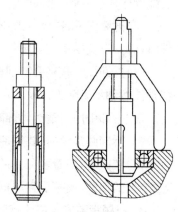

图 8 - 16　轴承顶拔器

　　(5)铜棒和铝棒。铜棒和铝棒常用于敲击不允许直接锤击的工件表面,不得用力太大。使用时一般和锤子共用,一手握住铜棒(铝棒),将其一端置于工件表面,一手用锤锤击铜棒(铝棒)另一端。

　　(6)轴承顶拔器。如图 8 - 16 所示,轴承顶拔器用于轴承的取出。使用时将轴承顶拔器张开,置于轴承端头,使顶拔器将轴承拉紧,逐渐收紧顶拔器,将轴承取出即可。使用时需要注意,顶拔器放置及拉紧部位要正确,用力均匀,缓慢拉出,以防损坏轴承。

　　(7)滑脂枪。滑脂枪又称黄油枪,是一种专门用来加注润滑脂(黄油)的工具,如图 8 - 17 所示。使用时,首先填充黄油,填充的步骤如下。

　　① 拉出拉杆使柱塞后移,拧下滑脂枪缸筒前盖。

　　② 把干净黄油分成团状,徐徐装入缸筒内,且使黄油团之间尽量相互贴紧,便于缸筒内的空气排出。

　　③ 装回前盖,推回拉杆,柱塞在弹簧作用下前移,使黄油处于压缩状态。

　　填充好黄油之后就可以注入需要润滑的地方,把滑脂枪接头对正被润滑的黄油嘴(滑脂嘴),直进直出,不能偏斜,以免影响黄油加注,并能减少润滑脂的浪费。注油时,如注不进油,应立即停止,并查明堵塞的原因,排除后再注油。

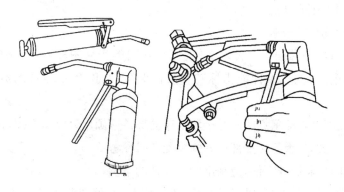

图 8 - 17　滑脂枪

2. 机械拆装注意事项

　　(1)拆卸前,仔细观察拆卸对象,熟悉各零件之间的装配关系,确定拆卸顺序,做好位置记号,编写拆卸方案。

　　(2)拆卸方案确认之后,按照预定的拆卸顺序,对机构、轴系组件、零件进行拆卸;拆下后按装配顺序成组放好;紧固螺钉、键、销等部件拆卸后装入原孔(槽)内,防止丢失。

(3)拆装中,用铜棒传力,不得用手锤直接敲打工件;拆卸滚动轴承用轴承拉子;拆卸轴上零件时,着力点应尽量靠近轮毂;拆装过程要放稳工件,注意安全。

(4)拆卸螺纹联接要特别检查有无防松垫片或其他防松措施;拆卸角接触轴承、推力轴承要特别注意轴承装配方向及其调整垫片的位置。

(5)拆卸中用力适当,拆卸弹性挡圈或调节弹簧力的螺纹联接件时,防止零件弹出伤人。

(6)拆卸圆锥销时,要用冲子,从小端施力,防止反向敲击。

(7)装配时,注意装配件的初始位置和装配顺序;螺纹紧固力应均匀;按要求进行间隙(游隙)位置的调整,调整后盘动机构,手感应轻便,且阻力均匀,无窜动。

3. 机械拆装安全操作规程

为了保障拆装安全,拆装时需要遵循以下规程。

(1)工作前要检查工、夹、量具,如手锤、钳子、锉刀、游标卡尺等,必须完好无损,手锤前端不得有卷边毛刺,锤头与锤柄不得松动。

(2)工作前必须穿戴好防护用品,工作服袖口、衣边应符合要求,长发要挽入工作帽内。

(3)禁止使用缺手柄的锉刀、刮刀,以免伤手。

(4)用手锤敲击时,注意前后是否有人,不许戴手套,以免手锤滑脱伤人;不准将锉刀当手锤或撬杠使用。

(5)不准把扳手、钳类工具当手锤使用;活动扳手不能反向使用,不准在扳手中间加垫片使用。

(6)工具、零件等物品不能放在窗口,要顺序排放,工具放回工具盒。

(7)拆装过程中,要严格遵守各项规章制度和操作规范,严禁用工具对着他人打闹。

4.1.2 机械零部件的测绘

1. 机械零部件测绘的步骤

(1)了解测绘对象。参阅有关技术文件、资料和同类产品图样,分析部件的工作原理、结构、装配关系,检测主要的技术性能指标和重要的装配尺寸,确定零件的拆卸顺序并作好相关记录。

(2)拆卸零件,画出装配示意图。对于较复杂的部件应画出装配示意图,记录零件间的工作位置、装配关系,以此作为重新装配部件和画装配图时参考。

(3)画零件草图。非标准零件,应画出所有零件的草图。

标准件(如螺柱、垫圈、螺母、键、销、轴承)不必画草图,但要测出其尺寸,并查阅有关手册,使其尺寸规范化、标准化。这类标准零件可以表格的形式列出其名称、标准代码、规格尺寸、数量、材料等内容或在示意图中按规定标记,为画装配图以及填写明细表提供方便。

具有标准结构的常用件(如齿轮、弹簧等)不仅要画草图,而且要测出其规格尺寸(如齿轮的模数),并按规定标记并画图。

(4)画装配图。根据零件草图、装配示意图和有关资料,确定绘图比例,用仪器拼画装配图。

(5)画零件图。根据装配图、零件草图用仪器绘制零件图。

2. 拆卸零件与画装配示意图

(1)拆卸零件要点。拆卸零件能使我们仔细观察和熟悉零部件结构、作用和装配关系,便于测绘。拆卸时应注意以下事项。

① 注意拆卸顺序,严防乱敲乱打。一般先将部件拆成几个组件,然后按组件拆成零件。并对全部零件编号、记数,避免零件丢失、损坏、混乱。

② 拆卸前应当先测量一些重要尺寸(如相对位置尺寸、运动零件极限尺寸、装配间隙等),以便重新装复时保持原来的装配要求。

③ 拆卸时,应使用合适的工具或专用工具,做到既不损坏零件,又便于拆卸。应避免拆卸不可拆联接及过盈配合,对不影响了解装配关系的部分也不要拆卸。

④ 拆卸中应仔细了解零件的作用和装配关系。对传动和配合关系、相对位置关系、润滑及密封装置都要作深入的了解,为测绘零件做好准备。

⑤ 拆卸后要按装配示意图对零件用扎标签的方法分别编号。

(2)装配示意图的画法。拆卸零件和画装配示意图结合进行。有些零件包含在部件外壳的内部,拆卸部分零件后才能看清内部的装配关系,这时应先拆卸这些零件并进行编号,画出装配示意图,一边拆卸,一边补充装配示意图。

装配示意图用以表示部件中各零件的相互位置和装配关系,它是拆卸零件后重新装配成部件和画装配图的依据。装配示意图的画法有以下特点。

① 把部件看成是透明体,以便同时看到部件内外零件的轮廓和装配关系。

② 只用简单的符号和线条表达各零件的大致形状和装配关系,一般只画一个图形(表达不完全也可增加图形)。

③ 一般零件可用简单的图形画出大致轮廓,有些零件可按国家标准规定的符号绘制。

④ 相邻零件的接触面或配合面之间应留有间隙,以便于区别(和画装配图不同)。

⑤ 装配示意图应包含零件明细表,全部零件进行编号并列表注明名称、数量、材料等内容。标准件需注明规定标记。图 8-18 所示为滑动轴承模型及装配示意图。

3. 零件测绘与零件草图

零件测绘先要画出零件草图,零件草图是画装配图和零件图的依据。零件草图和零件图的内容相同,其主要区别是在作图方法上。零件草图用徒手绘制,并辅以拓印法、制型法、描迹法与坐标法。合格的草图应当表达完整,线型分明,字体工整,图面整洁,投影关系正确。

(1)零件草图的绘制步骤。绘制零件草图应遵循以下步骤。

① 分析零件,确定视图表达方案。了解零件的名称、作用、材料、制造方法、与其他零件的关系;对零件进行形体分析、线面分析和结构分析,确定主视图、视图数量和表达方法。

② 徒手画零件图。徒手目测画零件视图,要尽量保持零件各部分的大致比例关系,尽量按 1:1 画,要求线型分明,图面整洁,表达清楚、简练。具体画图时,先画图框和标题栏。画视图时,应在视图之间留出标注尺寸的位置,然后根据选定的表达方案画全各个视图和剖视图(实物

(a) 滑动轴承模型

(b) 滑动轴承的组成

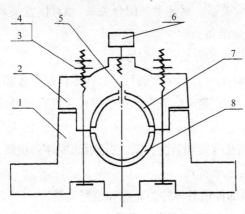

序号	名　　称	数量
1	轴承座	1
2	轴承盖	1
3	螺母GB/T 6170—M10	4
4	螺栓GB8—M10×90	2
5	轴瓦固定套	1
6	油杯JB/T 7940.3—B12	1
7	上轴瓦	1
8	下轴瓦	1

(c) 滑动轴承座装配示意图

图 8 – 18　滑动轴承模型及装配示意图

上的缺陷和磨损等都不记)。

③ 画出尺寸界线和尺寸线。然后一次测量并填写尺寸数值。

零件草图标注尺寸时应注意以下几点。

a. 两零件配合尺寸,测量其中一个即可。但应同时注在两个零件草图上,不应产生矛盾。

b. 重要尺寸有的要计算,如齿轮啮合中心距;有的测量数值应取标准值;对于不重要的尺寸,如为小数时,可取整数。

c. 已标准化的结构尺寸(倒角、键槽、退刀槽等),可查阅有关标准确定。

d. 与标准件配合的尺寸(如轴承),可通过标准部件查表确定。

④ 初定技术要求:用类比法确定表面粗糙度、公差配合等技术要求,全面检查后填写标题栏,签名。

⑤ 将所画草图交给本组其他同学校核、修正,取长补短,使所画的草图更完善。画草图时应注意:

a. 零件上的缺陷、磨损等都不应画出。

b. 工艺结构(倒角、退刀槽等)不可不画。

c. 严格检查尺寸是否遗漏或重复,相关件尺寸是否协调。

d. 零件应妥善保管、编号,避免丢失、损坏和混乱。

图 8 - 19 所示为滑动轴承中上轴瓦零件的草图及其绘制步骤。

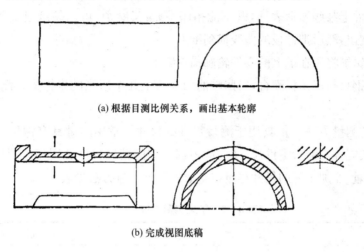

(a) 根据目测比例关系,画出基本轮廓

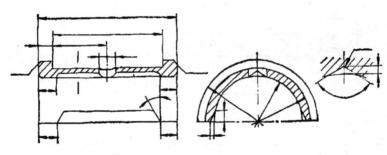

(b) 完成视图底稿

(c) 画出尺寸界线、尺寸线和箭头

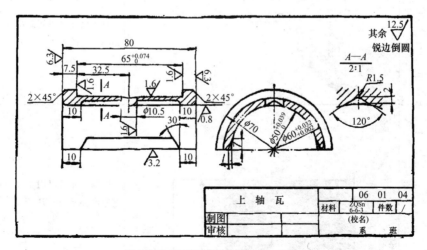

(d) 测量并填写尺寸数字后加深,完成草图

图 8 - 19　零件草图的绘制步骤举例

（2）零件草图图线的绘制方法。零件草图图线绘制常用以下几种方法。

①徒手绘图法。徒手绘图法依靠目测来估计物体各部分的尺寸比例，用铅笔和橡皮即可绘制草图的一种方法。

②拓印法。在测量部分涂印油等色料，然后印到纸面上，再根据印出的图形测出其各部分尺寸。

③制型法。零件上某些弧形表面，既不能拓印，测量又麻烦，可用硬纸或金属（铅丝、铜丝等）仿照弧面形状制出，然后把样板的曲线描到纸上。

④描迹法。用铅笔将压在纸上的零件轮廓描在纸上。

⑤坐标法。用钢尺与三角板配合，对回转曲面素线上几个适当的坐标进行测量，再按点的坐标求出所测曲线。

（3）零件尺寸的测量方法。量具用于测量零件的尺寸。常用的量具有钢尺、内卡钳、外卡钳、游标卡尺和螺纹规等。测量零件尺寸时，应根据尺寸的精确程度选用相应的量具。加工面的尺寸必须准确测量，非加工面的尺寸尽量取整数。常见测量方法见表 8 - 5。

表 8 - 5 常见测量方法

类　型	图　例	说　明
线性尺寸	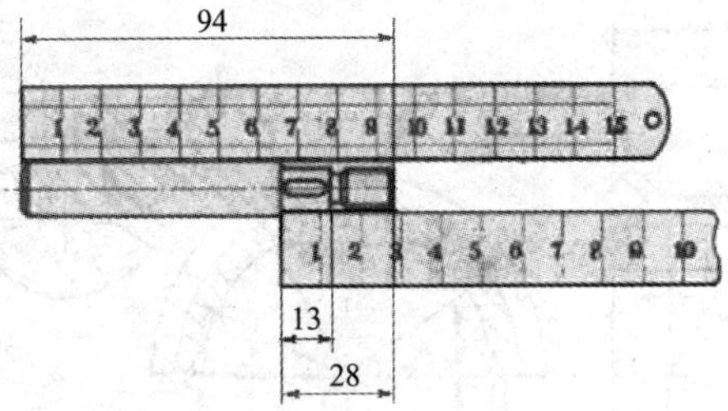	线性尺寸可用直尺直接测量读数，如图中长度：94、13、28
直径尺寸	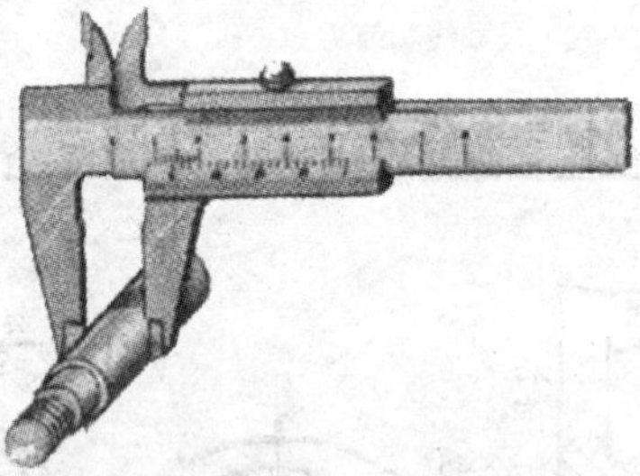	直径尺寸可以用游标卡尺直接读数，如图中直径 $\phi14$
壁厚尺寸	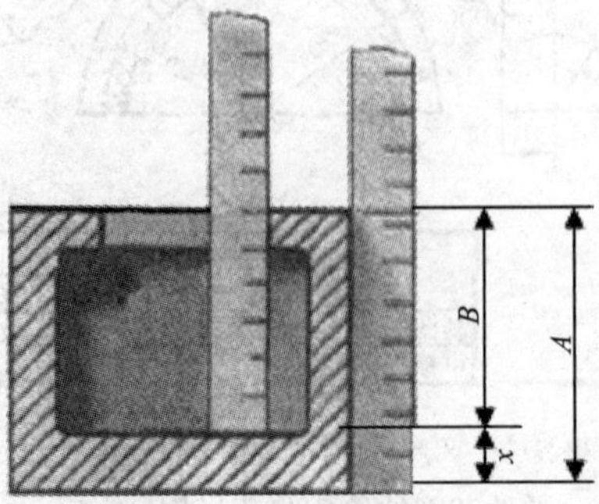	壁厚尺寸可以用直尺测量，如图中底壁厚度：$X = A - B$

续表

类　型	图　例	说　明
孔间距	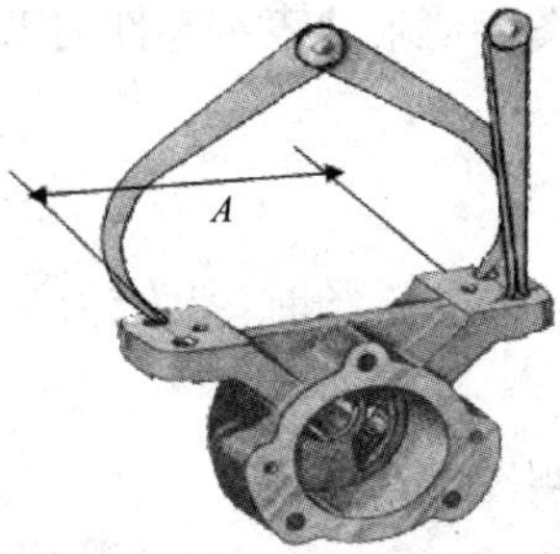A	孔间距可以用卡钳（或游标卡尺）结合直尺测量
中心高	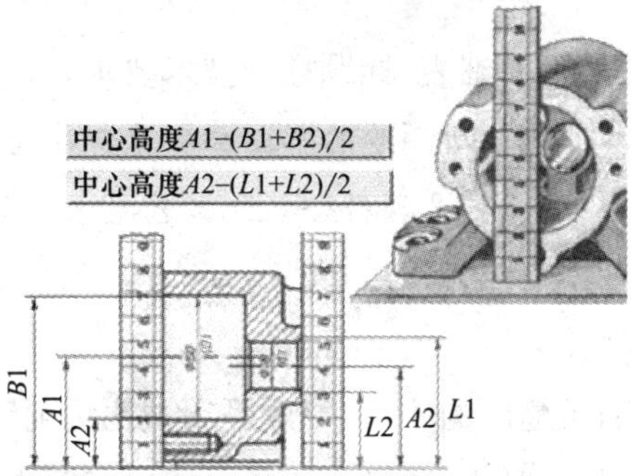中心高度A1-(B1+B2)/2 中心高度A2-(L1+L2)/2 B1 A1 A2 L2 A2 L1	中心高可用直尺和卡钳（或游标卡尺）测出
曲面轮廓	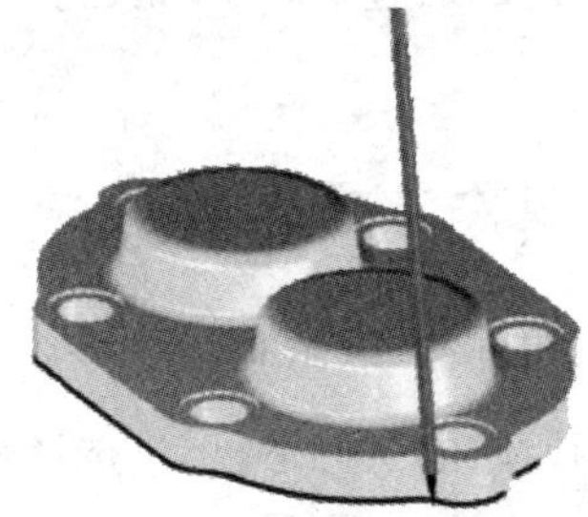	对精度要求不高的曲面轮廓，可以用拓印法（或描迹法）在纸面上拓出（或描出）它的轮廓形状，然后用几何作图的方法，求出各联接圆弧的尺寸和中心位置
螺纹	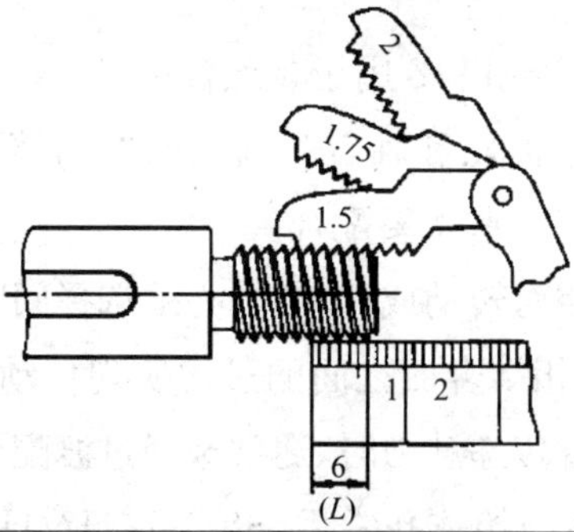2 1.75 1.5 1 2 6 (L)	螺纹的螺距 P 可用螺纹规或直尺测得。如图中螺距：$P=1.5$
齿轮的模数	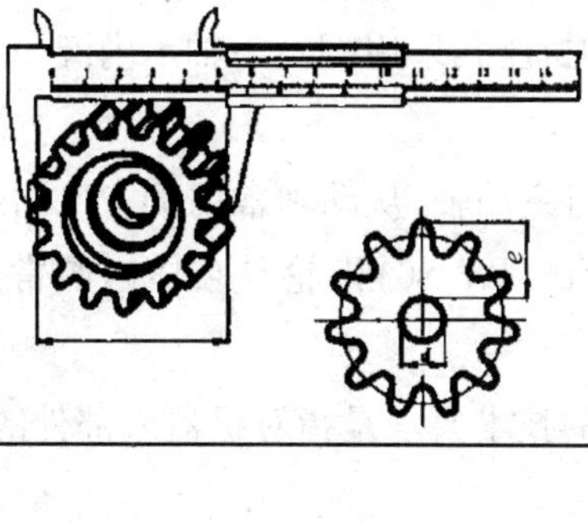e	对标准齿轮，其轮齿的模数可以先用游标卡尺测得 d_a，再计算得到模数 $m=d_a/(Z+2)$，奇数齿的顶圆直径 $d_a=2e+d$

4. 拼画装配图的步骤

画装配图要在已有零件图和装配示意图的基础上进行。

(1)确定合理的视图表达方案,使装配图能清晰地表示部件的工作原理、装配关系及主要零件的结构形状。

(2)画图框和标题栏、明细表的外框。

(3)布置视图,画出各视图的作图基线。布置视图时,要为标注尺寸和编写序号留出足够的位置。

(4)画底稿。一般从主视图入手,几个视图配合进行。

(5)画剖面线,标注尺寸。

(6)检查底稿后进行编号和加深,填写明细表、标题栏和技术要求。

注意:画部件装配图时必须一丝不苟地按所测绘的草图画。这样才能检查出测绘的草图是否正确。如尺寸是否完全、相关尺寸是否协调、是否符合装配工艺要求。如果发现问题,应及时对零件草图进行修改和补充。

5. 零件图与装配图中的技术要求

(1)表面粗糙度的确定。零件表面粗糙度的注写,一般可用类比法确定其级别。

①对配合表面,应根据配合性质、公差等级,通过查阅手册资料来解决。配合表面一般可采用 $\overset{0.2}{\triangledown} \sim \overset{1.6}{\triangledown}$ 。

②对非配合加工表面一般可采用 $\overset{12.5}{\triangledown} \sim \overset{3.2}{\triangledown}$ 。

③对铸锻非加工表面,可在图样的右上角标注"其余 $\triangledown$ "字样。

(2)公差等级的选择。在保证零件使用要求的条件下,尽量选择较低的公差等级,以减少零件加工的制造成本。

通常 IT5~IT12 用于配合尺寸,IT12~IT18 用于非配合尺寸。

例如:IT6,IT7 用于机床和减速器中齿轮和轴、皮带轮和轴、与滚动轴承相配合的轴及座孔。轴颈选 IT6,孔选 IT7,IT8,IT9 用于一些次要配合。

(3)配合的选择。当零件之间具有相对转动或移动时,必须选择间隙配合。

零件之间无键、销等紧固件,只依靠相结合面之间的过盈实现传动时,必须选择过盈配合。零件之间不要求相对运动、且不依靠配合传递动力时,通常选择过渡配合。

① 减速器中配合的选择。轴承端盖与箱体孔常用 H8/H7、H7/H6;大齿轮与轴常用 H7/r6、H7/K6;与轴承外圈(基准轴)相配的机座孔采用 H7;与轴承内圈(基准孔)相配的轴颈采用 K6、m6。

② 齿轮油泵中配合的选择。齿轮与主动轴、从动轴常用 H7/h6、Js7/h6;轴颈与衬套常用 F7/h6、H7/e6;衬套与泵体孔常用 H7/r6、H7/s6;齿轮与泵体内腔常用 H7/f6、H7/d7;齿轮端面与泵盖用 H7/h6、H7/e6。

(4)装配图中的技术要求。装配图的技术要求是指对机器或部件的装配、调试、检验、安装以及维修、使用等的要求。这些内容无法在视图中表示时，一般在明细表上方或左侧用文字加以说明。

例如某圆柱齿轮减速器的技术要求：

① 装配前，所有零件用煤油清洗，滚动轴承用汽油清洗。

② 机座内不许有任何杂物存在，内壁涂上不被机器侵蚀的涂料两次，机座内装 45 号机油至规定高度。

③ 运动时，整机平稳，无冲击，无异常震动和噪声。

④ 各剖分面、接触面及密封处，均不许漏油。

⑤ 啮合侧隙 C_n 用厚薄规检验，保证侧隙不少于 0.17mm。

⑥ 表面涂油漆。

★ 制定方案

分析开口凸轮箱工作原理，明确其有哪些零部件组成，各零部件之间如何联接，在此基础上制定开口凸轮箱拆装测绘方案。

提示：拆卸方案的制定一定要在熟悉整个部件的组成的前提下进行，小组分工一定要明确。

★ 任务实施

1. 小组分工实施开口凸轮箱拆卸测绘，测绘开口凸轮箱所有非标准零件，绘制其零件草图、开口凸轮箱装备草图。

提示：拆卸一定要使用相应的工具，不可以盲目动手，以免损坏开口凸轮箱，要掌握正确的拆装方法，正确使用拆装工具，拆卸下来的零件一定要按照顺序排放。测绘要测量所有的关键尺寸，并采用正确的测绘方法。零件图上要标注技术要求。

2. 小组分工，利用计算机绘制开口凸轮箱装配图、非标零件图。

提示：装配图一般用三个视图表示，用 0 号(841×1189)或 1 号(594×841)图纸绘制。一般用计算机(Auto CAD)辅助绘图，亦可手工绘图。装配图上一定要标注技术要求。

3. 撰写拆装测绘总结报告。

提示：对整个拆装测绘过程进行回顾总结，着重记录拆装测绘过程的实施步骤、遇到的问题及如何解决。

★ 习题

1. 常用零件草图的绘制方法有：_____、拓印法、制型法和坐标法。

2. 简述机械测绘步骤有哪些？有哪些特别需要注意的事项？

3. 如何使用轴承顶拔器来拆卸轴承？

4. 以直齿圆柱齿轮为例，阐述如何进行零件测绘。

5. 简述装配图上需要标注哪些技术要求？

任务4.2　轴的设计及强度校核计算

★ 学习目标

1. 能够对常见的齿轮传动进行受力分析。
2. 能够对轴进行结构设计,并进行强度校核计算。
3. 能够对轴轴承进行组合设计。
4. 能够撰写设计报告。

★ 任务描述

任务名称:开口凸轮箱中间轴结构设计与强度校核计算

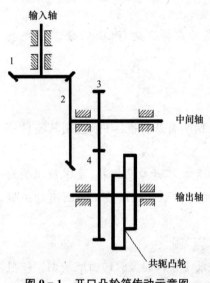

图9-1　开口凸轮箱传动示意图

ZGT622型开口凸轮箱,传动示意图如图9-1所示,中间轴上安装有两个齿轮,一个直齿圆锥齿轮,一个直齿圆柱齿轮。该轴是一个光轴,轴上的零件轴向和周向都是通过夹紧套固定的。现在要求对其进行改进设计,在不影响开口凸轮箱正常工作的情况下,将光轴修改设计为阶梯轴,并按给定工作条件对其进行强度校核。具体内容如下。

1. 根据给定条件对中间轴进行受力分析。
2. 对中间轴进行阶梯轴结构设计,确定轴的结构。
3. 对中间轴进行设计并进行强度校核。
4. 绘制中间轴零件工作图。
5. 对中间轴上的直尺圆柱齿轮进行结构设计。
6. 绘制改进后的开口凸轮箱装配图。

每个小组按照表9-1对应的题号选题,表9-1给出了开口凸轮箱输入轴的转速以及输入的功率。每个小组按照给出的数据完成阶梯轴的改进设计。

表9-1　计算初始参数表

题　号	1	2	3	4	5	6	7	8	9	10
输入轴转速(r/min)	750	900	1000	1200	1400	750	900	1000	1200	1400
输入功率(kW)	1.5	2	2.5	3	2	2	2.5	3	3.5	4

★ 知识学习

轴的设计,主要是根据工作要求并考虑制造工艺等因素,选用合适的材料,进行结构设计,经过强度和刚度计算,定出轴的结构形状和尺寸。

4.2.1　轴的材料及选择

1. 常用金属材料

金属材料主要指铸铁和钢,它们都是铁碳合金,它们的区别主要在于含碳量的不同。含碳量小于 2% 的铁碳合金称为钢,含碳量大于 2% 的称为铁。

(1)铸铁。常用的铸铁有灰铸铁、球墨铸铁、可锻铸铁、合金铸铁等品种。其中灰铸铁和球墨铸铁属脆性材料,不能辗压和锻造,不易焊接,但具有适当的易熔性和良好的液态流动性,因而可铸成形状复杂的零件。灰铸铁的抗压强度高,耐磨性、减振性好,对应力集中的敏感性小,价格便宜,但其抗拉强度较钢差。灰铸铁常用作机架或壳座。球墨铸铁的强度较灰铸铁高且具有一定的塑性,球墨铸铁可代替铸钢和锻钢用来制造曲轴、凸轮轴、油泵齿轮、阀体等机件。

(2)钢。钢的强度较高,塑性较好,可通过轧制、锻造、冲压、焊接和铸造方法加工各种机械零件,并且可以用热处理和表面处理的方法提高机械性能,因此其应用极为广泛。

钢的类型很多,按用途分,钢可分为结构钢、工具钢和特殊用途钢。结构钢可用于加工机械零件和各种工程结构。工具钢可用于制造各种刀具、模具等器件。特殊用途钢(不锈钢、耐热钢、耐腐蚀钢)主要用于特殊的工况条件下。按化学成分,钢可分为碳素钢和合金钢。碳素钢的性能主要取决于含碳量,含碳量越多,其强度越高,但塑性越低。碳素钢包括普通碳素结构钢和优质碳素结构钢。普通碳素结构钢(如 Q215、Q235)一般只保证机械强度而不保证化学成分,不宜进行热处理,通常用于不太重要的零件和机械结构中。

碳素钢的性能主要取决于其含碳量。低碳钢的含碳量低于 0.25%,其强度极限和屈服极限较低,塑性很高,可焊性好,通常用于制作螺钉、螺母、垫圈和焊接件等。含碳量在 0.1%～0.2% 的低碳钢零件可通过渗碳淬火使其表面硬而心部韧,一般用于制造齿轮、链轮等要求表面耐磨而且耐冲击的零件。中碳钢的含碳量在 0.3%～0.5%,它的综合力学性能较好,因此可用于制造受力较大的螺栓、螺母、键、齿轮和轴等零件。含碳量在 0.55%～0.7% 的高碳钢具有较高的强度和刚性,通常用于制作普通的板弹簧、螺旋弹簧和钢丝绳。

合金结构钢是在碳钢中加入某些合金元素冶炼而成的。每一种合金元素低于 2% 或合金元素总量低于 5% 的称为低合金钢。每一种合金元素含量为 2%～5% 或合金元素总含量为 5%～10% 的称为中合金钢。每一种合金元素含量高于 5% 或合金元素总含量高于 10% 的称为高合金钢。加入不同的合金元素可改变钢的机械性能,并具有各种特殊性质。例如铬能提高钢的硬度,并在高温时防锈、耐酸;镍使钢具有良好的淬透性和耐磨性。合金钢零件一般都需经过热处理才能提高其机械性能;此外,合金钢较碳素钢价格高,对应力集中亦较敏感,因此只有在碳素钢难以胜任工作时才考虑采用。

用碳素钢和合金钢浇铸而成的铸件称为铸钢,通常用于制造结构复杂、体积较大的零件,但铸钢的液态流动性比铸铁差,其收缩率比铸铁件大,故铸钢的壁厚常大于 10mm,其圆角和不同壁厚的过渡部分比铸铁件大。常用钢铁材料的机械性能见表 9-2。

表 9-2 常用钢铁材料的机械性能

材料		机械性能		
名　称	牌　号	抗拉强度 σ_b(MPa)	屈服强度 σ_s(MPa)	硬度 (HBS)
普通碳素结构钢	Q215	335～410	215	
	Q235	375～460	235	
	Q255	410～510	255	
	Q275	490～610	275	
优质碳素结构钢	20	410	245	156
	35	530	315	197
	45	600	355	220
合金结构钢	$18Cr_2Ni_4W$	118	835	260
	35SiMn	785	510	229
	40Cr	981	785	247
	40CrNiMo	980	835	269
	20CrMnTi	1079	834	≤217
	65Mn	735	430	285
铸钢	ZG230—450	450	230	≥130
	ZG270—500	550	270	≥143
	ZG310—570	570	310	≥153
灰铸铁	HT150	145	—	150～200
	HT200	195	—	170～220
	HT250	240	—	190～240
球墨铸铁	QT450—10	450	310	160～210
	QT500—7	500	320	170～230
	QT600—3	600	370	190～270
	QT700—2	700	420	225～305

(3)有色金属合金。有色金属合金具有良好的减磨性、跑合性、抗腐蚀性、抗磁性、导电性等特殊性能,在工业中应用最广的是铜合金、轴承合金和轻合金,但有色金属合金比黑色金属价格贵。铜合金有青铜与黄铜之分,黄铜是铜与锡的合金,它具有很好的塑性和流动性,能辗压和铸造各种机械零件。青铜有锡青铜和无锡青铜两类,它们的减磨性和抗腐蚀性均较好。轴承合金(简称巴氏合金)为铜、锡、铅、锑的合金,其减磨性、导热性、抗胶合性好,但强度低,且较贵,主要用于制作滑动轴承的轴承衬。

2. 轴的材料

轴的材料主要采用碳素钢和合金钢。轴的毛坯一般采用碾压件和锻件,很少采用铸件。由于碳素钢比合金钢成本低,且对应力集中的敏感性较小,所以得到广泛的应用,轴的常用材料及其主要机械性能见表9-3。

表9-3 轴的常用材料及其主要机械性能

材料及热处理	毛坯直径 (mm)	硬度 (HB)	强度极限 σ_B	屈服极限 σ_s	弯曲疲劳极限 σ_{-1}	应用说明
			MPa			
Q235			440	240	200	用于不重要或载荷不大的轴
35 正火	≤100	149～187	520	270	250	塑性好和强度适中,可做一般曲轴、转轴等机件
45 正火	≤100	170～217	600	300	275	用于较重要的轴,应用最为广泛
45 调质	≤200	217～255	650	360	300	
40Cr 调质	25		1000	800	500	用于载荷较大,而无很大冲击的重要的轴
	≤100	241～286	750	550	350	
	>100～300	241～266	700	550	340	
40MnB 调质	25		1000	800	485	性能接近于40Cr,用于重要的轴
	≤200	241～286	750	500	335	
35CrMo 调质	≤100	207～269	750	550	390	用于受重载荷的轴
20Cr 渗碳淬火回火	15	表面 HRC56～62	850	550	375	用于要求强度、韧性及耐磨性均较高的轴
	—		650	400	280	
QT400-100		156～197	400	300	145	结构复杂的轴
QT600-2		197～269	600	200	215	结构复杂的轴

常用的碳素钢有30号钢、40号钢、50号钢等品种,其中最常见的为45号钢。为保证轴材料的机械性能,应对轴材料进行调质或正火处理。轴受载荷较小或用于不重要的场合时,可用普通碳素钢(如Q235A、Q275A等)作为轴的材料。

合金钢具有较高的机械性能,可淬火性也较好,可以在传递大功率、要求减轻轴的重量和提高轴颈耐磨性时采用,如20Cr、40Cr等。

轴也可以采用合金铸铁或球墨铸铁制造,其毛坯是铸造成型的,所以易于得到更合理的形状。合金铸铁和球墨铸铁的吸震性高,可用热处理方法提高材料的耐磨性,材料对应力集中的敏感性也较低。但是铸造轴的质量不易控制,可靠性较差。

4.2.2 轴的结构设计

1. 制造安装要求

为了方便轴上零件的装拆,常将轴做成阶梯形。一般剖分式箱体中的轴,其直径从轴端逐渐向中间增大。

如图9-2所示,可依次将齿轮、套筒、左端滚动轴承、轴承盖和带轮从轴的左端装拆,另一滚动轴承从右端装拆。为使轴上零件易于安装,轴端及各轴段的端部应有倒角。

轴上磨削的轴段,应有砂轮越程槽,如图9-2中⑥与⑦的交界处所示;车制螺纹的轴段,应有退刀槽。在满足使用要求的情况下,轴的形状和尺寸应力求简单,以便于加工。

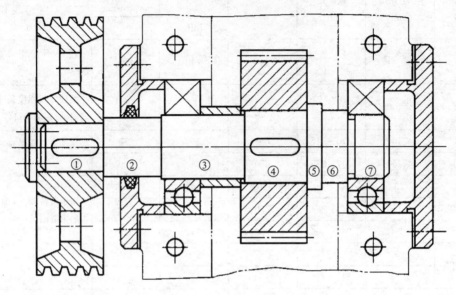

图9-2 轴的结构

2. 零件轴向和周向定位

(1)轴上零件的轴向定位和固定。阶梯轴上截面变化处叫轴肩,利用轴肩和轴环进行轴向定位,其结构简单、可靠,并能承受较大轴向力。在图9-2中,①、②间的轴肩使带轮定位;轴环⑤使齿轮在轴上定位;⑥、⑦间的轴肩使右端滚动轴承定位。

有些零件依靠套筒定位。在图9-2中,左端滚动轴承采用套筒③定位。套筒定位结构简单、可靠,但不适合高转速情况。

无法采用套筒或套筒太长时,可用圆螺母加以固定,如图9-3(a)、(b)所示。圆螺母定位可靠,并能承受较大轴向力。

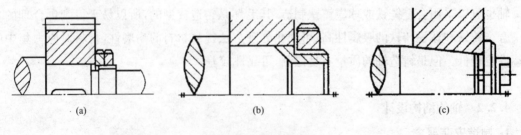

| (a) | (b) | (c) |

图9-3 圆螺母定位

在轴端部可以用圆锥面定位,如图9-3(c)所示,圆锥面定位的轴和轮毂之间无径向间隙,装拆方便,能承受冲击,但锥面加工较为麻烦。

图 9-4 和图 9-5 中的挡圈和弹性挡圈定位结构简单、紧凑,能承受较小的轴向力,但可靠性差,可在不太重要的场合使用。图 9-6 是轴端挡圈定位,它适用于轴端,可承受剧烈的振动和冲击载荷。在图 9-6 中,带轮的轴向固定是靠轴端挡圈。

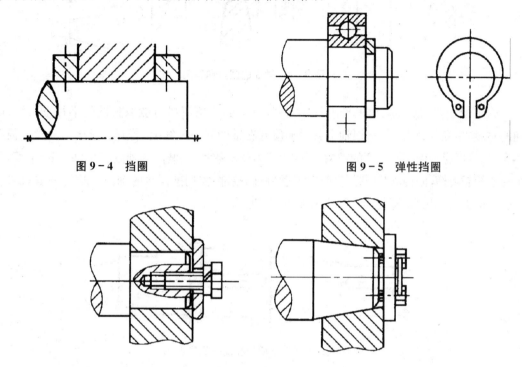

图 9-4　挡圈　　　　　　　　　　　　　　　图 9-5　弹性挡圈

图 9-6　轴端挡圈

圆锥销也可以用作轴向定位,它结构简单,用于受力不大且同时需要轴向定位和固定的场合,如图 9-7 所示。

(2)轴上零件的周向固定。轴上零件周向固定的目的是使其能同轴一起转动并传递转矩。轴上零件的周向固定,大多采用键、花键或过盈配合等联接形式。

3. 结构工艺性要求

从满足强度和节省材料考虑,轴的形状最好是等强度的抛物线回转体。但这种形状的轴既不便于加工,也不便于轴上零件的固定。从加工考虑,最好是直径不变的光轴,但光轴不利于轴上零件的装拆和定位。由于阶梯轴接近于等强度,而且便于加工和轴上零件的定位和装拆,所以实际上轴的形状多呈阶梯形。为了能选用合适的圆钢和减少切削加工量,阶梯轴各轴段的直径不宜相差太大,一般取 5～10mm。

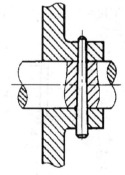

图 9-7　销定位

为了保证轴上零件紧靠定位面(轴肩),如图 9-8 所示,轴肩的圆角半径 r 必须小于相配零件的倒角 C_1 或圆角半径 R,轴肩高 h 必须大于 C_1 或 R。

在采用套筒、螺母、轴端挡圈作轴向固定时,应把装零件的轴段长度做得比零件轮毂短 2～3mm,以确保套筒、螺母或轴端挡圈能靠紧零件端面。

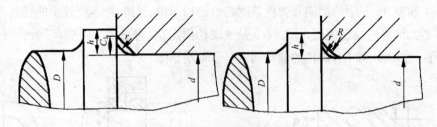

图 9-8 轴肩的圆角和倒角

为了便于切削加工,如图 9-9 所示,一根轴上的圆角应尽可能取相同的半径,退刀槽取相同的宽度,倒角尺寸相同;一根轴上各键槽应开在轴的同一母线上,若开有键槽的轴段直径相差不大时,尽可能采用相同宽度的键槽,以减少换刀的次数;需要磨削的轴段,如图 9-10(a)所示,应留有砂轮越程槽,以便磨削时砂轮可以磨到轴肩的端部;需切削螺纹的轴段,如图 9-10(b)所示,应留有退刀槽,以保证螺纹牙均能达到预期的高度。

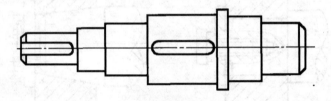

图 9-9 键槽应在同一母线上

为了便于加工和检验,轴的直径应取圆整值;与滚动轴承相配合的轴颈直径应符合滚动轴承内径的标准;有螺纹的轴段的直径应符合螺纹标准直径。如图 9-10(c)所示,为了便于装配,轴端应加工倒角(一般为 45°),以免装配时擦伤轴上零件的孔壁;过盈配合零件装入端常加工出导向锥面,如图 9-10(d)所示,以使零件能较顺利地压入。

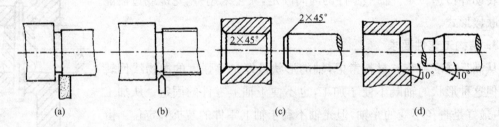

图 9-10 越程槽、退刀槽、倒角和锥面

4. 强度要求

在零件截面发生变化处会产生应力集中现象,从而削弱材料的强度。因此,进行结构设计时,应尽量减小应力集中。特别是合金钢材料对应力集中比较敏感,应当特别注意。在阶梯轴截面尺寸变化处应采用圆角过渡,且圆角半径不宜过小。另外,设计时尽量不要在轴上开横孔、切口或凹槽,必须开横孔时,应将边倒圆。在重要的轴结构中,可采用卸载槽[图 9-11(a)]、过

渡肩环[图 9 - 11(b)]或凹切圆角[图 9 - 11(c)]增大轴肩圆角半径,以减小局部应力。在轮毂上做出卸载槽 B [图 9 - 11(d)],也能减小过盈配合处的局部应力。

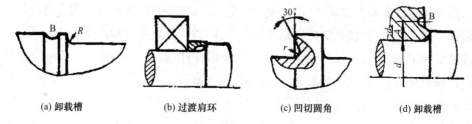

| (a) 卸载槽 | (b) 过渡肩环 | (c) 凹切圆角 | (d) 卸载槽 |

图 9 - 11　减小应力集中的措施

当轴上零件与轴为过盈配合时,可采用图 9 - 12 所示的各种结构,以减轻轴在零件配合处的应力集中。

| (a) 增大配合处轴径 | (b) 在配合边缘开卸载槽 | (c) 在轮毂上开卸载槽 |

图 9 - 12　几种轴与轮毂的过盈配合方法

此外,结构设计时,还可以用改善受力情况、改变轴上零件位置等措施来提高轴的强度。例如,在图 9 - 13 所示的起重机卷筒的两种不同方案中,图(a)的结构是大齿轮和卷筒联成一体,转矩经大齿轮直接传给卷筒。这样,卷筒轴只受弯矩而不传递转矩,起重同样载荷 Q 时,轴的直径可小于图(b)的结构。

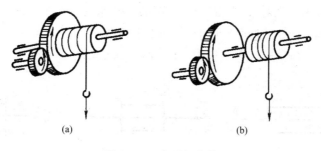

| (a) | (b) |

图 9 - 13　起重机卷筒

4.2.3　轴的强度校核计算

1. 轴的拉伸强度计算

(1)材料力学基本知识。一般来说,机器和设备正常工作的条件是:组成机器的各部件(称为构件),必须具有足够的强度、刚度和稳定性。强度是指构件抵抗破坏的能力,刚度是指构件抵抗变形的能力,稳定性是指构件保持原有平衡形式的能力。除满足上述条件外,还要考虑省料、实用、价廉等经济方面的要求,合理地解决安全与经济的矛盾,为构件选用合适的材料、确定合理的截面形状和尺寸、提供必要的理论基础和计算方法,是材料力学的基本任务。

构件的形式很多,但最常见的形式是杆件。所谓杆件,就是长度远大于横向尺寸的构件。如果杆的轴线为直线,且各横截面都相等,称为等截面直杆,它是材料力学的主要研究对象。

在对圆形杆件——轴进行强度计算时,常对杆件作如下假设。

①关于材料的假设。

a. 均匀连续性假设。即认为物体内部毫无间隙地充满了物质,且任何相等的体积内所含物质的量相同。

b. 各向同性假设。指材料沿各个方向的力学性质相同。

一般的金属材料符合以上假设。

②关于变形的假设。杆件的基本变形形式有拉压、剪切、扭转、弯曲四种形式。工程实际中,发生轴向拉伸和压缩变形的杆件很多,如起吊重物的钢索、千斤顶的螺杆、曲柄滑块机构中的连杆等,均属此列。其受力特点是:外力(或外力的合力)的作用线与杆的轴线重合。其变形特点是:杆件产生沿轴线方向的伸长或缩短。

(2)轴拉伸时的内力。构件在受到外力作用之前,为了保持其固有形状,分子间已存在着结合力,构件受到外力作用而产生变形时,其内部各质点之间的相互作用力发生了改变。这种由于外力作用而引起构件内各质点之间相互作用力的改变量,称为"附加内力",简称内力。

求内力常采用截面法,有以下主要步骤。

①在要求内力的截面处,假想地将杆截成两部分。

②任取其中一部分为研究对象,另一部分对其的作用用内力代替。

③运用平衡方程求内力。

图 12-14 所示为一拉杆。为了确定其截面 $m-n$ 上的内力,假想地沿横截面 $m-n$ 将杆截成两段。若取左段为研究对象,则右段对其作用用 N 来代替。由于内力是分布在整个横截面上的,N 表示内力的合力。它的大小可由平衡方程求得。

$$\sum F_x = 0 \quad N - P = 0 \quad N = P$$

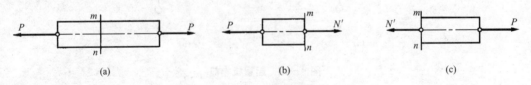

图 9-14 拉杆的内力

如图 9-14(c)所示,若取右段为研究对象,同理可求得左段对其作用力 $N' = P$。N 和 N' 为左右两段相互作用的内力,是一对作用力和反作用力。因而求内力时,可取截面两侧的任一部分来研究。

(3)轴力和轴力图。由上述可以看出,轴向拉伸或压缩时,横截面上的内力沿杆的轴线方向,称为轴力。通常规定:拉伸时引起的轴力为正,压缩时引起的轴力为负。

当杆件受到多个轴向外力作用时,杆件各段的轴力是不同的。为了形象而直观地表示轴力沿轴线变化的情况,用轴线作为 x 轴,表示横截面的位置,用纵坐标(y 轴)表示轴力的大小,这样给出的轴力沿轴线变化的图形称为轴力图。

例 9-1　设阶梯杆自重不计,受外力如图 9-15(a)所示,试画其轴力图,并说明 BC 与 CD 段内力是否相同。

讨论:若将右端力 P 从杆截面 D 油轴线移至截面 C[图 9-15(f)],则轴力图变为图 9-15(g)所示,这说明了什么问题?

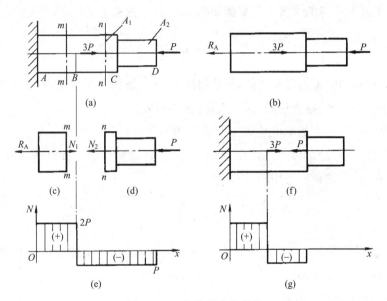

图 9-15　阶梯轴内力分析

解:

①求约束反力。

取阶梯杆为研究对象,并画出受力图如图 9-15(b)所示,由平衡方程:

$$\sum P_x = 0 \quad 3P - P - R_A = 0$$

得
$$R_A = 2P$$

②分段,以外力作用点为分界线,将杆分为 AB 与 BD 两段。

③求 AB 与 BD 段各截面的轴力。

AB 段,取任一截面 m—m 之左段为研究对象,如图 9-15(c)所示,由平衡条件得:

$$N_1 = R_A = 2P$$

BD 段,取任一截面 n—n 之右为研究对象,如图 9-15(d)所示,由平衡条件得:

$$N_2 = -P$$

上式中的负号,说明 N_2 的方向与原设方向相反。

④作轴力图。首先取坐标系 xON,坐标原点与杆的左端对应,x 轴平行于杆轴线,然后根据以上数据,按比例作图。AB 和 BD 段各截面的轴力均为常量,如图 9-15(e)所示,轴力图是两条平行于 x 轴的直线,AB 段轴力为正,故位于 x 轴上方;BD 段轴力为负,位于 x 轴下方。由轴力图可知,虽 BC 段、CD 段截面面积不同,但内力一样。

(4)轴向拉压时横截面上的内力。两根相同材料制成的粗细不同的杆件,在相同的拉力作用下,它们的内力是相同的。但当拉力逐渐增大时,细杆必先被拉断,这说明杆的强度不仅与内力有关,还与截面的面积有关,即内力的密集程度(集度)才是影响强度的主要原因。

应力是内力在某一点的集度。若取微面积 ΔA,其上内力为 ΔP,则定义应力为:

$$P = \lim_{\Delta A \to 0} \frac{\Delta P}{\Delta A}$$

一般情况下,应力并不沿截面法向,通常将应力 P 分解为两个分量,一个沿截面法向,称为正应力,用 σ 表示;一个沿截面切向,用 τ 表示,称为剪应力。

在国际单位制中,应力的单位是 N/m^2,称为帕斯卡,简称帕(Pa)。

由实验观察并进行分析可知,轴向拉伸或压缩时,杆的横截面上各点剪应力为 0,轴力在横截面上均匀分布,各点的正应力相同,即有:

$$\sigma = \frac{N}{A} \tag{9-1}$$

例 9-2 试计算图 9-15 中阶梯杆在截面 m—m 和 n—n 上的应力。设 $P = 1.31\text{kN}$,阶梯杆 AC 段的直径 $d = 10\text{mm}$。

解:截面 m—m 上的应力 σ_m:

$$\sigma_m = \frac{N_1}{A} = \frac{2.62 \times 10^3}{\frac{\pi \times 10^2}{4}} = 33.4(\text{N}/\text{mm}^2) = 33.4(\text{MPa})$$

截面 n—n 上的应力 σ_n:

$$\sigma_n = \frac{N_2}{A} = \frac{1.31 \times 10^3}{\frac{\pi \times 10^2}{4}} = 16.7(\text{N}/\text{mm}^2) = 16.7(\text{MPa})$$

(5)轴向拉压时的变形。

①轴向变形。如图 9-16 所示,设杆的原长为 l,在轴向拉力作用下,杆长由 l 变为 l_1,则杆的轴向伸长为:

$$\Delta l = l_1 - l$$

式中:Δl——绝对变形。

实验证明:在弹性范围内,杆的绝对变形 Δl 跟轴力 N 成正比,跟杆的长度 l 成正比,跟杆

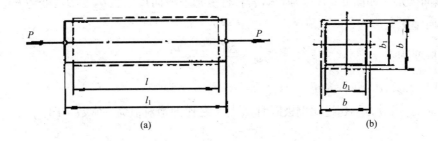

图 9 - 16 轴向拉压时变形

的横截面积 A 成反比,即:

$$\Delta l \propto \frac{Nl}{A}$$

引进比例系数 E,则有:

$$\Delta l = \frac{Nl}{EA} \qquad (9-2)$$

这个关系称为虎克定律。比例系数 E 称为材料的弹性模量,随材料而异,可由实验测定。表 9 - 4 给出了一些常用材料的 E 值。

表 9 - 4 拉(压)弹性模量及横向变形系数

材料名称	$E\ 10^5\,\mathrm{MPa}(10^6\,\mathrm{kg/cm^2})$	μ
钢	1.9~2.2	0.25~0.33
铸铁(灰、白)	1.15~1.60	0.23~0.27
球墨铸铁	1.60	0.25~0.29
铝及硬铝合金	0.71	0.33
铜及其合金	0.74~1.30	0.31~0.42

由式(9-2)可知。当内力 N 和长度 l 一定时,乘积 EA 越大,则绝对变形越小,它反映了杆件抵抗拉伸(或压缩)变形的能力。故 EA 称为杆件的抗拉(压)刚度。

由于绝对变形 Δl 与杆的长度 l 有关,为消除长度的影响,以单位长度的伸长(或缩短)来表示杆件的变形,称为相对变形或应变,以 ε 表示,即:

$$\varepsilon = \frac{\Delta l}{l} \qquad (9-3)$$

式中 ε 为轴向应变,是一个无量纲的量。拉伸时为正,压缩时为负。

式(9-2)可写成如下形式:

$$\varepsilon = \frac{\sigma}{E} \quad 或 \quad \sigma = E\varepsilon \qquad (9-4)$$

② 横向变形。如图 9-16(b)所示,若杆件变形前横向尺寸为 b,变形后变为 b_1。

则横向绝对变形为:

$$\Delta b = b_1 - b$$

横向应变为:

$$\varepsilon' = \frac{\Delta b}{b} = \frac{b_1 - b}{b}$$

拉伸时,为负;压缩时,为正。

实验证明,当应力不超过比例极限时,ε' 与 ε 之比的绝对值为一常数。即:

$$\mu = \left| \frac{\varepsilon'}{\varepsilon} \right| \tag{9-5}$$

式中 μ 称为横向变形系数或泊松比。μ 为无量纲的量,其值随材料而异,可由实验测定,一些常用材料的 μ 值见表 9-4。

ε 与 ε' 的关系也可表示为:

$$\varepsilon' = -\mu\varepsilon$$

(6)轴向拉压时的强度计算。

① 许用应力和安全系数。为了保证构件能安全地工作,要求构件在工作时不产生过大的塑性变形或断裂。构件产生过大的塑性变形或断裂时的应力称为极限应力。对于塑性材料,屈服极限为其极限应力;对于脆性材料,极限应力为其强度极限 σ_b。

为了保证构件安全可靠地工作,应使它的工作应力小于材料的极限应力。工作实际中,把材料的极限应力除以一个大于 1 的系数 n(称为安全系数),作为构件工作时所允许的最大应力,称为许用应力,以 $[\sigma]$ 表示。

塑性材料 $\qquad\qquad [\sigma] = \dfrac{\sigma_s}{n_s} \qquad n_s = 1.5 \sim 2.0$

脆性材料 $\qquad\qquad [\sigma] = \dfrac{\sigma_b}{n_b} \qquad n_b = 2.0 \sim 5.0 \tag{9-6}$

安全系数的确定与许多因素有关,例如材料的均匀性、载荷计算的精确性、构件的重要性以及工作条件等因素。

② 轴间拉压时的强度条件。为了保证拉压杆能安全、正常地工作,必须保证杆内最大工作应力不超过材料的许用应力。同时可以证明(不作介绍),轴间拉压时,横截面上的正应力为杆内最大正应力,因而,轴间拉压时的强度条件为:

$$\sigma = \frac{N}{A} \leqslant [\sigma] \tag{9-7}$$

在工程实际中,可利用上述强度条件解决三种形式的问题。

a. 强度校核。已知杆件的材料、截面尺寸及所受载荷,将已知 $[\sigma]$、A、N 代入式(9-7),若符合式(9-7)则强度足够,否则,强度不够。

b. 设计截面尺寸。已知载荷及所用材料,即 N、$[\sigma]$ 已知,由式(9-7)求出横截面面积 A,进而确定截面尺寸。

c. 确定许可载荷。已知杆件的材料及截面尺寸,即 $[\sigma]$、A 已知,求杆能承受的载荷。

例 9-3　图 9-17 所示水压机的最大压力为 600kN，两立柱 A 和 B 的直径均为 $d=80$mm，材料的许用应力 $[\sigma]=80$MPa。试校核立柱的强度。

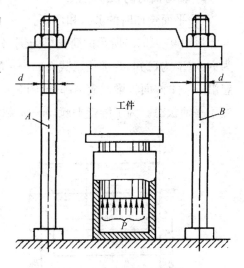

解：最大压力 $P=600$kN，由两立柱承担，故每一立柱的内力为：

$$N=\frac{P}{2}=\frac{600}{2}=300\text{kN}$$

拉应力为：

$$\sigma=\frac{N}{A}=\frac{300\times10^3}{\frac{\pi}{4}\times80^2}=59.7\text{MPa}<[\sigma]=80\text{MPa}$$

所以立柱的强度足够。

例 9-4　某冷镦机的曲柄滑块机构如图 9-18 所示，镦压工件时连杆 AB 接近水平位置，承受的镦压力 $P=3.78\times10^3$kN，连杆 AB 横截面为矩形，高与宽之比 $\frac{h}{b}=1.4$，材料的许用应力 $[\sigma]=90$MPa，试设计连杆 AB 的截面尺寸 h 和 b。

图 9-17　压力机示意图

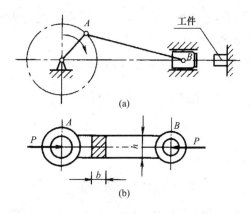

(a)

(b)

图 9-18　冷镦机曲柄示意图

解：由于镦压时连杆位置接近水平，所以取连杆所承受压力等于镦压力 P，因此连杆的内力：

$$N=P=3.78\times10^3\text{kN}$$

由式(9-7)得：

$$A\geqslant\frac{N}{[\sigma]}=\frac{3.78\times10^6}{90\times10^6}=42\times10^{-3}(\text{m}^2)=42\times10^3(\text{mm}^2)$$

$A=b\times h，h=1.4b$ 代入上式解得：

$$b\geqslant173\text{mm}，\quad h\geqslant242\text{mm}$$

2. 轴弯曲时的强度校核

(1)平面弯曲时的剪力和弯矩。

以图 9 - 19(a)所示的简支梁为例,分析梁弯曲时横截面上的内力。设载荷为 P,支座反力为 R_A,R_B 为已知,要求任意截面 m—n 的内力,和前章轴向拉伸压缩时类似,采用截面法。假想沿 m—n 截面将梁截成两部分[图 9 - 19(b)、(c)],由于整个梁是平衡的,它的任一部分也应处于平衡状态。为了维持平衡,m—n 截面上必存在两个内力分量。

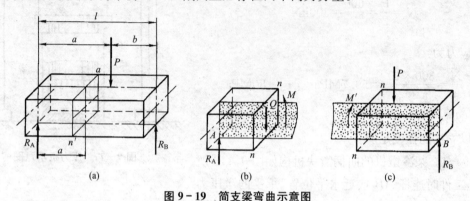

图 9 - 19　简支梁弯曲示意图

①剪力 $Q(Q')$,其作用线沿截面切向,并通过形心,故称剪力。

②力偶矩 $M(M')$,其作用面垂直于横截面,故称弯矩。

如图 9 - 19(c)所示,若取右段为研究对象,m—n 截面上的剪力和弯矩以 Q' 和 M' 表示。Q' 与 Q、M' 与 M 互为作用与反作用,大小相等,方向相反。

现取左段为研究对象,以截面形心 c 为矩心,列平衡方程。

$$\sum F_y = 0 \quad R_A - Q = 0$$

$$\sum m_c = 0 \quad R_A \cdot x - M = 0$$

由上式可求得截面 m—n 上的内力:

$$Q = R_A, \quad M = R_A \cdot x$$

剪力和弯矩的正负规定:对于剪力[图 9 - 20(a)],若截面在研究对象的左侧,向上的剪力为正,反之为负;若截面在研究对象的右侧,向下的剪力为正,反之为负。简称左上右下为正,反之为负。

对于弯矩,如图 9 - 21(b)所示,若截面在研究对象的左侧,顺时针弯矩为正,反之为负;若截面在研究对象右侧,逆时针弯矩为正,反之为负。简称左顺右逆为正,反之为负。

梁弯曲时横截面上的内力一般有剪力和弯矩两个,剪力和弯矩都影响梁的强度,但根据理论分析并经实践证明,对跨度 l 较大的梁$\left(\dfrac{l}{h} \geqslant 5\right)$,剪力的影响很小,一般情况下可略去不计。故下面主要讨论弯矩对梁强度的影响。

(2)弯矩图和剪力图。一般情况下,梁的横截面上的弯矩是随截面位置变化的。为了能清

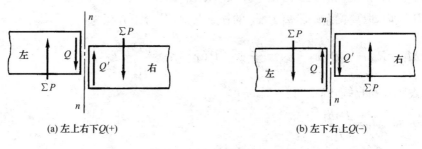

(a) 左上右下 $Q(+)$　　　　　　　(b) 左下右上 $Q(-)$

图 9-20　剪力的正负

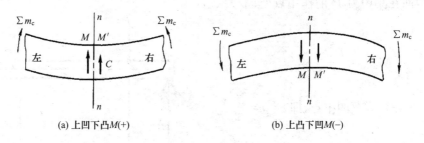

(a) 上凹下凸 $M(+)$　　　　　　　(b) 上凸下凹 $M(-)$

图 9-21　弯矩的正负

楚地看出弯矩沿梁轴线变化的情况,常用图形来表示,这种图形称为弯矩图。下面举例说明列方程画弯矩图的方法。

例 9-5　如图 9-22(a)所示,简支梁 AB 的跨度为 l,在 C 点受集中力 P 作用,尺寸 a、b 为已知,试作此梁的弯矩图,并确定最大弯矩。

解:

(1)求支座反力,由平衡条件可求得:

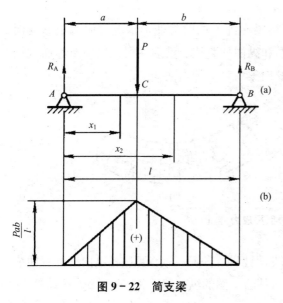

图 9-22　简支梁

$$R_A = \frac{Pb}{l}, R_B = \frac{Pa}{l}$$

(2)作弯矩图。因为集中力 P 作用于 C 点,梁在 AC 和 CB 两段内的弯矩不能用同一个方程表示,所以应分段研究。

①在 AC 段内,取离梁左端距离为 x_1 的任一截面,其弯矩方程为:

$$M_B = R_A x_1 = \frac{Pb}{l} x_1 \quad (0 \leqslant x_1 \leqslant a)$$

上式表示一斜直线,确定两点:

当 $x_1 = 0$ 时,$M_B = 0$

当 $x_1 = a$ 时,$M_B = \dfrac{Pab}{l}$

根据以上两点,按适当的比例绘出 AC 段弯矩图,如图 9-22(b)所示。

②在 CB 段内,取离梁左端距离为 x_2 的任一截面,其弯矩方程为:

$$M_B = R_A x_2 - P(x_2 - a) = \frac{Pb}{l}x_2 - P(x_2 - a) = \frac{Pa}{l}(l - x_2)(a \leqslant x_2 \leqslant l)$$

上式也表示一斜直线,确定两点:

当 $x_2 = a$ 时,$M_B = \dfrac{Pab}{l}$

当 $x_2 = l$ 时,$M_B = 0$

根据以上两点,按与上述相同的比例绘出 CB 段弯矩图,如图 9-22(b)所示。由图上可以看出:危险截面在集中力 P 的作用点处,最大弯矩为:

$$M_{Bmax} = \frac{Pab}{l}$$

如果力 P 作用在梁的中点,即 $a = b = \dfrac{l}{2}$,则最大弯矩为:

$$M_{Bmax} = \frac{Pl}{4}$$

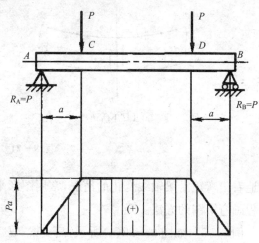

图 9-23　简支梁的应力分析

(3)平面弯曲时的应力。前面对梁弯曲时横截面上的内力作了分析,还需进一步分析横截面上的应力。一般情况下,横截面上既有剪力,又有弯矩,称为剪切弯曲。若梁的横截面上只有弯矩而没有剪力,称为纯弯曲。如图9-23所示的简支梁,CD 段内任一横截面上只有弯矩,没有剪力,CD 段的弯曲为纯弯曲。

① 纯弯曲时梁横截面上的正应力。首先观察梁在纯弯曲时的变形情况。取一矩形截面梁,如图 9-24(a)所示,在梁的侧面画上许多横向和纵向的直线。然后在梁的纵向对称面内加一对大小相等、方向相反的力偶[图 9-24(b)],这时梁就产生纯弯曲变形。

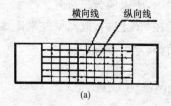
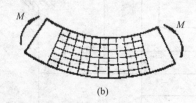

图 9-24　矩形截面梁应力分析

从梁的弯曲变形可以看到:各横向线仍为直线,但相对转过了一个角度;各纵向线都弯曲成弧线,但仍与横向线垂直,内凹一侧的纵向线缩短,外凸一侧的纵向线伸长。

根据实验观察到的现象，可以进行由表及里的分析，提出如下平面假设：梁的横截面变形后仍为垂直于轴线的平面，且无相对错动。同时各纵向纤维有的伸长，有的缩短，因而得出的结论是：横截面上各点剪应力为 0，有拉应力，也有压应力。

由于变形是连续的，可以想象纵向纤维中必有一层既不伸长也不缩短，这一纵向纤维层，称为中性层，如图 9-25 所示。中性层与横截面的交线称为中性轴。

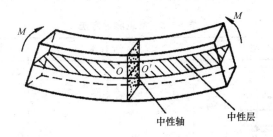

图 9-25 梁的中性层

由理论分析可知（不作介绍），中性轴必然过横截面的形心。

横截面上各点正应力的大小与该点到中性轴的距离 y 成正比。正应力在横截面上的分布如图 9-26 所示，正应力计算公式：

$$\sigma = E \cdot \frac{y}{\rho} \tag{9-8}$$

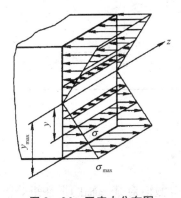

图 9-26 正应力分布图

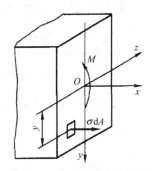

图 9-27 横截面上的弯矩

由式（9-8）仍无法求出正应力的值，必须根据静力平衡来导出正应力公式。如图 9-27 所示，横截面上的弯矩实质上是截面上各部分内力对中性轴力矩的代数和。所以任意一点的正应力公式为：

$$\sigma = \frac{My}{I_z} \tag{9-9}$$

记 $W_z = \dfrac{I_z}{y_{\max}}$，则由式（9-9）可知，最大正应力为：

$$\sigma_{\max} = \frac{My_{\max}}{I_z} = \frac{M}{W_z} \tag{9-10}$$

② 截面的轴惯性矩和抗弯截面模量。式(9-9)中的 $I_z = \int y^2 dA$ 称为截面对中性轴的轴惯性矩。式(9-10)中的 W_z 称为截面的抗弯截面模量或抗弯截面系数。这两个量的大小取决于截面的几何形状和尺寸,它们是反映截面抗弯能力的参数。

简单形状截面的惯性矩可直接根据上述定义,用积分方法求得。常见测量方法见表9-5。

表 9-5 常见测量方法

形状	截 面 图	轴惯性矩	抗弯截面系数
矩形		$I_x = \frac{1}{12}bh^3$ $I_y = \frac{1}{12}hb^3$	$W_x = \frac{1}{6}bh^2$ $W_y = \frac{1}{6}hb^2$
圆形		$I_x = I_y = \frac{\pi}{64}d^4$	$W_x = W_y = \frac{\pi}{32}d^3$

对外径为 D、内径为 d 的圆环,过形心轴的轴惯性矩为:

$$I_x = I_y = \frac{\pi}{64}(D^4 - d^4)$$

由简单形状截面组合而成的截面称为组合截面。组合截面对某一轴的惯性矩等于各简单形状截面对同一轴的惯性矩之和。

(4)平面弯曲时的强度计算。梁的材料一般为塑性材料,其抗拉、抗压能力相等,故正应力的强度条件为:

$$\sigma_{\max} = \frac{M}{W_z} \leqslant [\sigma] \tag{9-11}$$

利用式(9-11)可对梁进行强度校核、设计截面尺寸和确定许可载荷三类问题的计算。

例 9-6 火车轮轴如图 9-28(a)所示,已知作用力 $P=50\text{kN}$,尺寸 $a=250\text{mm}$,材料的许用应力 $[\sigma]=50\text{MPa}$,试确定火车轮轴中间部分的直径 d。

解：

(1)确定最大弯矩。

如图 9-28(b)所示，将火车轮轴简化成受集中力作用的外伸梁。因为轮轴所受的载荷左、右对称，所以支座反力：

$$R_A = R_B = P$$

作弯矩图如图 9-28(c)所示，其中截面 A 与 B 的弯矩相等，其值为：

$$M_{BA} = M_{BB} = -Pa$$

轮轴在 AB 段内各截面上的弯矩相等。

故最大弯矩为 $M_{Bmax} = Pa = 50 \times 10^3 \times 250 = 1.25 \times 10^7 (\text{N·mm})$

(2)计算轴的直径。

将式(9-11)改写为：

$$W_z \geq \frac{M_{Bmax}}{[\sigma]}$$

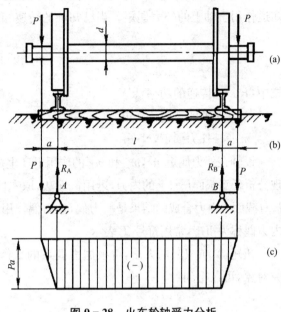

图 9-28　火车轮轴受力分析

将圆截面的抗弯截面模量 $W_z = 0.1d^3$ 代入上式，即可求得轮轴中间部分的直径。

$$d \geq \sqrt[3]{\frac{M_{Bmax}}{0.1[\sigma]}} = \sqrt[3]{\frac{1.25 \times 10^7}{0.1 \times 50}} = 136(\text{mm}) = 13.6(\text{cm})$$

3. 圆轴扭转时的强度校核

(1)扭转的概念。机械中的轴，多数是圆截面或圆环截面杆，常称为圆轴。在传递动力时，往往受到力偶作用。例如，汽车中传递发动机动力的传动轴 AB[图 9-29(a)]，传递方向盘动力的轴 CD[图 9-29(b)]。它们具有相同的受力特点：载荷是一对力偶，力偶的作用面均垂直于杆的轴线，但转向相反。产生的变形，轴线仍为直线，各横截面绕杆轴线发生相对转动，这种变形称为扭转变形。

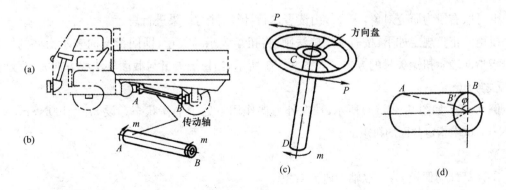

图 9-29　常见的圆轴

（2）圆轴扭转时的内力。扭转时的内力就是圆轴所受的扭矩，计算轴扭转的扭矩时，必须先知道作用于轴上的外力偶矩。当已知轴的转速和传递的功率时，外力偶矩的计算公式为：

$$m = 9550 \frac{P}{n} \tag{9-12}$$

式中：P——传递的功率，kW；

$\quad n$——轴的转速，r/min；

$\quad m$——外力偶矩，N·m。

设轴在外力偶矩 m_1，m_2 和 m_3 的作用下产生扭转变形，并处于平衡状态，如图 9-30(a) 所示。现分析任意截面 I—I 上的内力，运用截面法，取左段（或右段）为研究对象，由力偶的平衡条件知，I—I 截面上内力合成的结果是一力偶，且力偶作用面与 I—I 重合，如图 9-30(b) 和(c) 所示，这种内力偶称为扭矩，常用符号 T 表示。

扭矩 T（或 T'）的大小，可根据力偶系的平衡条件求得。如图 9-30(b) 所示，取左段为研究对象，可以得到：

$$\sum m_x = 0, \quad T - m_1 = 0$$

得到：$T = m_1$

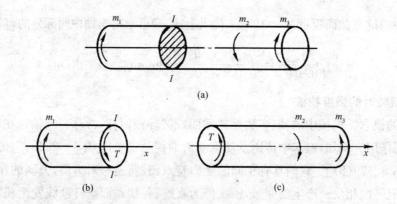

图 9-30 轴扭转时的内力计算

也可取右段为研究对象，求 T'，由读者自行计算，并对结果进行思考。

扭矩的正负规定如下：按右手螺旋法则，将扭矩表示为矢量，即四指弯向表示力偶的转向，大拇指指向表示扭矩矢量的方向。如图 9-31 所示，当扭矩矢量与截面外法线方向 n 一致时为正，反之为负。

例 9-7 如图 9-32(a) 所示，轴在外力偶作用下处于平衡状态。设 $m_1 = 100$N·m，$m_2 = 300$N·m，试求指定截面的扭矩。

解：

①计算外力偶矩 m_3。取轴为研究对象。

由 $\qquad \sum m = 0, m_1 - m_2 + m_3 = 0$

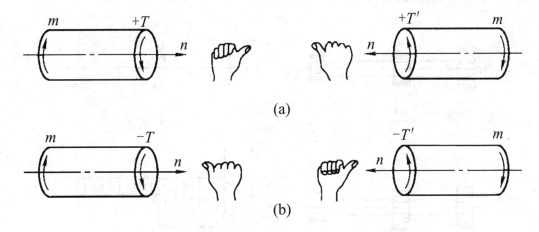

图 9－31　扭矩的正负

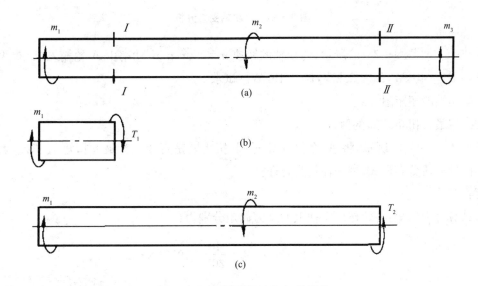

图 9－32　圆轴截面上扭矩的计算

得
$$m_3 = m_2 - m_1 = 200(\text{N·m})$$

②计算 $I-I$ 截面上的扭矩 T_1。

如图 9－32(b)所示，取左段为研究对象进行计算，则：

$$T_1 = m_1 = 100(\text{N·m})$$

③计算 $II-II$ 截面上的扭矩 T_2

如图 9－32(c)所示，同样取左段为研究对象进行计算，则：

$$T_2 = m_1 - m_2 = -200(\text{N·m})$$

(3)扭矩图。为了形象地表示各截面扭矩的大小和正负，以便分析危险截面，常需画出扭矩随截面位置变化的图形，这种图形称为扭矩图。其画法与轴力图类似，取轴线为 x 轴，表示各横截面位置,纵坐标表示扭矩。

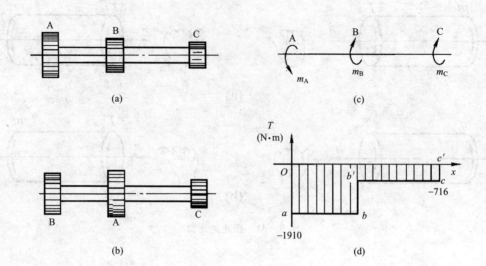

图 9 - 33 传动轴受力分析

例 9 - 8 如图 9 - 33(a)所示,传动轴的转速 $n=200\text{r/min}$,功率由 A 轮输入,B、C 两轮输出。已知 $P_A=40\text{kW}$,$P_B=25\text{kW}$,$P_C=15\text{kW}$。试求:

①画出轴的扭矩图。

②确定最大扭矩 $T_{\max}$ 的值。

③如图 9 - 33(b)所示,将 A 轮和 B 轮对调,扭矩图是否变化? 最大扭矩值 $T_{\max}$ 为多少? 两种不同的载荷分布形式,哪一种较为合理?

解:

①计算外力偶矩,各轮作用于轴上的外力偶矩分别为:

$$m_A=9550\frac{P_A}{n}=9550\times\frac{40}{200}=1910(\text{N·m})$$

$$m_B=9550\frac{P_B}{n}=9550\times\frac{25}{200}=1194(\text{N·m})$$

$$m_C=9550\frac{P_C}{n}=9550\times\frac{40}{200}=716(\text{N·m})$$

②画出轴的扭转计算简图,如图 9 - 33(c)所示。

③计算扭矩。

由图 9 - 33(c)可知,轴 AB 段各截面的扭矩(以截面左侧的外力偶矩计算)均为:

$$T_1=m_A=1910(\text{N·m})$$

BC 段各截面的扭矩(以截面右侧的外力偶矩计算)均为:

$$T_2=m_C=716(\text{N·m})$$

④画扭矩图。

根据以上数据,按比例作扭矩图如图 9 - 33(d)所示。

⑤确定最大扭矩 T_{max} 的值。

由扭矩图可见,轴 AB 段各截面的扭矩最大。

$$T_{max} = T_1 = 1910(\text{N·m})$$

问题③请读者分析。

(4)圆轴扭转时横截面上的剪应力。求出了横截面上的扭矩后,为了对圆轴进行强度计算,还需要进一步分析横截面上的应力。如图 9 - 34(a)所示,取一等截面圆轴,在其表面画一组平行于轴线的纵向线和代表横截面边缘的圆周线,形成许多矩形。然后在垂直于轴线的平面内施加力偶矩 m,使轴产生扭转变形。如图 9 - 34(b)所示,可以观察到轴表面的变形情况:各圆周线绕轴线发生了相对转动,但其形状、大小及相互之间的距离均无变化;所有纵向线倾斜了同一微小角度 γ,原来的矩形均变为平行四边形,但纵向线仍近似为直线。

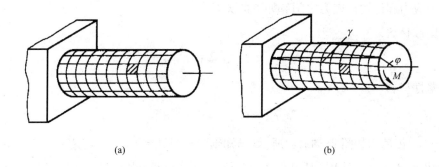

(a)　　　　　　　　　　(b)

图 9 - 34　圆轴扭转应力分析

由观察到的现象,进行由表及里的分析,可提出如下平面假设:圆轴扭转时,其横截面在变形后仍为平面,且形状、大小不变。仅像刚性平面一样绕轴线发生相对转动。

由此可得到如下两点结论。

①横截面上各点正应力为 0。

②横截面上各点有剪应力,其方向与该点的半径垂直。

圆轴扭转时横截面上任一点的剪应力公式为:

$$\tau_\rho = \frac{T\rho}{I_p} \tag{9 - 13}$$

式(9 - 13)中的 I_p 为截面对其形心的极惯性矩。它反映了截面的几何性质。

对圆截面:$I_p = \dfrac{\pi}{32}d^4$

对圆环形截面:$I_p = \dfrac{\pi}{32}D^4(1 - \alpha^4)$

其中,$\alpha = \dfrac{d}{D}$

由式(9-13)不难看出 ρ 最大时 τ 也最大。

$$\tau_{max}=\frac{T\rho_{max}}{I_p}=\frac{T}{W_T} \tag{9-14}$$

$W_T=\dfrac{I_p}{\rho_{max}}$ 称为抗扭截面模量。

对于圆截面，$W_T=\dfrac{\pi}{16}d^3$，对于圆环形截面，$W_T=\dfrac{\pi}{16}D^3(1-\alpha^4)$。

(5)圆轴扭转时的强度计算。圆轴扭转时产生最大剪应力的截面为危险截面。为了使轴能安全地工作，必须使危险截面上的最大剪应力不超过材料的许用剪应力$[\tau]$，因此圆轴扭转时的强度条件为：

$$\tau_{max}=\frac{T}{W_T}\leqslant[\tau] \tag{9-15}$$

许用剪应力和许用拉应力之间有如下的关系：

对于塑性材料：

$$[\tau]=(0.5\sim0.6)[\sigma]$$

对于脆性材料：

$$[\tau]=(0.8\sim1.0)[\sigma]$$

例9-9 传动轴如图9-35(a)所示，已知轴的直径 $d=4.5\text{cm}$，转速 $n=300\text{r/min}$。主动轮输入的功率 $P_A=36.7\text{kW}$，从动轮 B、C、D 输出的功率分别为 $P_B=14.7\text{kW}$，$P_C=P_D=11\text{kW}$。轴的材料为 45 钢，$[\tau]=40\text{MPa}$，试校核轴的强度。

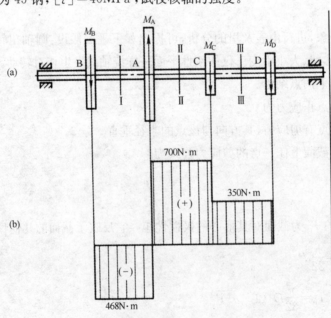

图9-35 传动轴强度校核

解：

（1）计算外力偶矩。

$$M_A = 9550 \frac{P_A}{n} = 9550 \times \frac{36.7}{300} = 1168(\text{N·m})$$

$$M_B = 9550 \frac{P_B}{n} = 9550 \times \frac{14.7}{300} = 468(\text{N·m})$$

$$M_C = M_D = 9550 \frac{P_C}{n} = 9550 \times \frac{11}{300} = 350(\text{N·m})$$

（2）画扭矩图，求最大扭矩。

先用截面法求 AB、AC、CD 各段任意截面上的扭矩，得：

$$T_1 = -M_B = -468(\text{N·m})$$

$$T_2 = -M_B + M_A = -468 + 1168 = 700(\text{N·m})$$

$$T_3 = M_D = 350(\text{N·m})$$

然后画扭矩图如图 9-35(b)所示。由扭矩图可知危险截面在 AC 段内，最大扭矩：

$$T_{\max} = T_2 = 700(\text{N·m})$$

（3）校核强度。

$$\tau_{\max} = \frac{T_{\max}}{W_T} = \frac{700 \times 10^3}{0.2 \times 45^3} = 38.4(\text{MPa}) < [\tau] = 40(\text{MPa})$$

所以传动轴的扭转强度足够。

例 9-10　某汽车传递动力的主传动轴如图 9-36 所示，由 45 钢的无缝钢管制成，其外径 $D = 90\text{mm}$，内径 $d = 85\text{mm}$。轴传递的最大力偶矩 $M = 1500\text{N·m}$。已知材料的许用剪应力 $[\tau] = 60\text{MPa}$。试校核此轴的强度，并分析如果采用实心轴，是否经济？

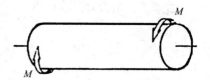

图 9-36　汽车传动轴强度校核

解：

（1）校核传动轴的强度。

$$\tau_{\max} = \frac{T_{\max}}{W_T} = \frac{M}{0.2D^3(1-\alpha^4)} = \frac{1500 \times 10^3}{0.2 \times 90^3 \left[1 - \left(\frac{85}{90}\right)^4\right]} = 50.3(\text{MPa})$$

$$[\tau] = 60\text{MPa}$$

因为 $\tau_{\max} < [\tau]$，故该轴的扭转强度足够。

（2）如采用实心轴，按强度条件可求得：

$$d_1' \geqslant \sqrt[3]{\frac{T_{\max}}{0.2[\tau]}} = \sqrt[3]{\frac{1500 \times 10^3}{0.2 \times 60}} = 50(\text{mm})$$

在空心轴与实心轴长度相等、材料相同的情况下，其重量之比应等于横截面积之比，于是：

$$\frac{A_\text{实}}{A_\text{空}} = \frac{\dfrac{\pi d_1^{\,2}}{4}}{\dfrac{\pi}{4}(D^2 - d^2)} = \frac{50^2}{90^2 - 85^2} = 2.86$$

可见,在其他条件相同的情况下,实心轴的重量是空心轴重量的 2.86 倍。因此,对于直径较大的轴采用空心轴比较经济。

4. 弯扭组合变形的强度计算

一般机器上的传动轴如图 9-37(a)所示,同时产生弯曲和扭转组合变形。此时危险截面上既有弯曲引起的正应力,又有扭转产生的剪应力。

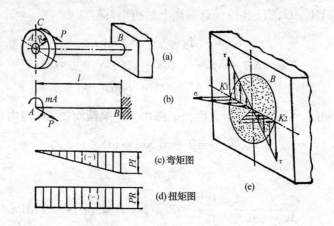

图 9-37 传动轴的强度校核

由图 9-37(e)可见,在 K_1、K_2 两点处,弯曲正应力和扭转剪应力同时为最大值,其值分别为:

$$\sigma = \frac{M}{W} \qquad \tau = \frac{T}{W_\text{T}}$$

由于危险点上的正应力 σ 和剪应力 τ 不沿同一方向,这种情况属于复杂应力状态,不能简单地进行叠加。人们从长期的生产实践中,综合材料破坏的现象和资料,经过判断和推理,对材料的破坏现象提出一些假说。这些假说认为不论是简单应力状态,还是复杂应力状态,材料的某一类型的破坏是某一特定因素引起的,因而可以用简单应力状态(轴向拉伸)下的试验结果来建立复杂应力状态下的强度条件。这些假说称为强度理论。强度理论建立后,再回到实践中验证。到目前为止,实践证明,对塑性材料的弯扭组合变形,较为适用的有第三强度理论(最大剪应力理论)和第四强度理论(形状改变比能理论)。

第三强度理论的强度条件为:

$$\sqrt{\sigma^2 + 4\tau^2} \leqslant [\sigma] \tag{9-16}$$

第四强度理论的强度条件为:

$$\sqrt{\sigma^2 + 3\tau^2} \leqslant [\sigma] \tag{9-17}$$

对于圆轴：

$$\sigma = \frac{M}{W} \; , \; \tau = \frac{T}{W_{\mathrm{T}}} \; , \; W_{\mathrm{T}} = 2W$$

代入式(9-16)、式(9-17)得到：

$$\frac{\sqrt{M^2 + T^2}}{W} \leqslant [\sigma] \tag{9-18}$$

$$\frac{\sqrt{M^2 + 0.75T^2}}{W} \leqslant [\sigma] \tag{9-19}$$

式(9-18)、式(9-19)分别为第三、第四强度理论对圆轴弯扭组合变形时的强度条件。第四强度理论较第三强度理论更接近实际情况，但相差不大。在工程实际中，第三、第四强度理论被广泛采用。

例9-11　如图9-38(a)所示，转轴 AB 由电动机带动，在轴的中点 C 处装一皮带轮。已知，带轮直径 $D=400\mathrm{mm}$，皮带紧边拉力 $T_1=6\mathrm{kN}$，松边拉力 $T_2=3\mathrm{kN}$，轴承间距离 $l=200\mathrm{mm}$，轴材料为钢，许用应力 $[\sigma]=120\mathrm{MPa}$。试确定 AB 轴的直径 d_0。

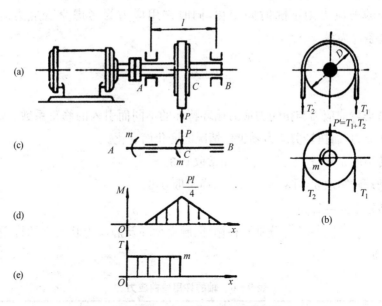

图9-38　电动机传动轴强度校核

解：

(1)外力分析。由皮带轮的受力分析图9-38(b)可知，作用于轴上的载荷，有垂直向下的力 P 和作用面垂直于轴线的力偶矩 m，AB 轴的受力分析简图如图9-38(c)所示，其中：

$$P = T_1 + T_2 = 6 + 3 = 9(\mathrm{kN})$$

$$m = (T_1 - T_2) \cdot \frac{D}{2} = (6-3) \times \frac{0.4}{2} = 0.6(\mathrm{kN \cdot m})$$

力 P 使轴产生弯曲变形，力偶矩 m 使轴产生扭转变形，所以，AB 轴为弯扭组合变形。

(2)内力分析。做出轴的弯矩图和扭矩图如图 9 - 38(d)和(e)所示。横截面 C 为危险截面,该横截面上的弯矩 M 和扭矩 T 分别为:

$$M = \frac{1}{4}Pl = \frac{1}{4} \times 9 \times 0.2 = 0.45(kN \cdot m)$$

$$T = m = 0.6(kN \cdot m)$$

(3)确定直径。

$$W \geqslant \frac{\sqrt{M^2 + T^2}}{[\sigma]} = \frac{\sqrt{0.45^2 + 0.6^2}}{120} \times 10^6 = 6250(mm^3)$$

由

$$W = \frac{\pi d^3}{32} \geqslant 6250(mm)^3$$

得 AB 轴的直径 d:

$$d \geqslant \sqrt[3]{\frac{32 \times 6250}{\pi}} = 40(mm)$$

工程实际中,机器的传动轴是转动的,此时危险点由弯曲引起的正应力随时间作周期性变化,而扭转引起的剪应力则不随时间变化,同时许用应力为考虑交变应力时的持久极限 $[\sigma_{-1b}]$。故强度条件为:

$$\frac{\sqrt{M^2 + (\alpha T)^2}}{W} \leqslant [\sigma_{-1b}] \tag{9-20}$$

式中 α 为考虑弯曲应力与扭转剪应力循环特性的不同而引入的修正系数。通常弯曲应力为对称循环变化应力,而扭转剪应力随工作情况的变化而变化。

对于不变转矩取 $\alpha = [\sigma_{-1b}]/[\sigma_{+1b}]$,通常取 0.3。

对于脉动循环转矩取 $\alpha = [\sigma_{-1b}]/[\sigma_{0b}]$,通常取 0.6。

对称循环转矩取 $\alpha = 1$。

其中 $[\sigma_{-1b}]$、$[\sigma_{0b}]$、$[\sigma_{+1b}]$ 分别对称循环、脉动循环及静应力状态下的许用弯曲应力,具体数值见表 9 - 6。

表 9 - 6　轴的许用弯曲应力　　　　　　　　　　　　　　　　单位:MPa

材料	热处理	毛坯直径 (mm)	σ_B	$[\sigma_{+1b}]$	$[\sigma_{0b}]$	$[\sigma_{-1b}]$
			MPa			
Q235A	热轧或锻后空冷	≤100	400~420	170	105	40
		>100	375~390			
45	正火	≤10	590	225	140	55
	回火	>100	570	245	135	
	调质	≤200	640	275	155	60
20Cr	淬火 回火	≤60	640	305	160	60

续表

材料	热处理	毛坯直径 (mm)	σ_B	$[\sigma_{+1b}]$	$[\sigma_{0b}]$	$[\sigma_{-1b}]$
			MPa			
40Cr	调质	≤100	735	355	200	70
		>100	685	355	185	
40CrNi	调质	≤100	900	430	260	75
		>100	785	370	210	
QT600－3			600	100	215	
QT800－2			800	120	290	

5. 轴的设计及强度校核计算

开始设计轴时,通常还不知道轴上零件的位置及支点位置,无法确定轴的受力情况,只有待轴的结构设计基本完成后,才能对轴进行受力分析及强度、刚度等校核计算。因此,一般在轴的结构设计前,先按纯扭转受力情况对轴的直径进行估算。

(1)按扭转强度计算估算轴的直径。设轴在转矩 T 的作用下,产生剪应力 τ。对于圆截面的实心轴,其抗扭强度条件为:

$$\tau = \frac{T}{W_T} = \frac{9.55 \times 10^6 P}{0.2d^3 n} \leqslant [\tau] \qquad (9-21)$$

式中:T——轴所传递的转矩,N·mm;

$\quad$ W_T——轴的抗扭截面系数,mm³;

$\quad$ P——轴所传递的功率,kW;

$\quad$ n——轴的转速,r/min;

τ、$[\tau]$——分别为轴的剪应力、许用剪应力,MPa;

$\quad$ d——轴的估算直径,mm。

轴的设计计算公式为:

$$d \geqslant \sqrt[3]{\frac{T}{0.2[\tau]}} = \sqrt[3]{\frac{9.55 \times 10^6 P}{0.2[\tau] \cdot n}} = C\sqrt[3]{\frac{P}{n}} \qquad (9-22)$$

常用材料的 $[\tau]$ 值、C 值可查表 9－7。$[\tau]$ 值、C 值的大小与轴的材料及受载情况有关。当作用在轴上的弯矩比转矩小,或轴只受转矩时,$[\tau]$ 值取较大值、C 值取较小值,否则相反。

表 9－7 常用材料的 $[\tau]$ 值和 C 值

轴的材料	Q235,20	Q275,35	45	40C$_r$,35SiMn
$[\tau]$(MPa)	12~20	20~30	30~40	40~52
C	160~135	135~118	118~107	107~98

由式求出直径值,需圆整成标准直径,并作为轴的最小直径。如轴上有一个键槽,可将算得的最小直径增大 3%~5%,如有两个键槽,可增大 7%~10%。

(2)按轴的弯扭合成进行强度校核计算。估算好轴的最小直径之后就可以按照装配关系完成轴的结构设计,确定各个轴段的长度及直径,完成轴的结构设计。

完成轴的结构设计后,作用在轴上外载荷(转矩和弯矩)的大小、方向、作用点、载荷种类及支点反力等就已确定,就可以按弯扭合成的理论进行轴危险截面的强度校核。

进行强度计算时,通常把轴当作置于铰链支座上的梁,作用于轴上零件的力作为集中力,其作用点取零件轮毂宽度的中点。支点反力的作用点一般可近似地取在轴承宽度的中点上。其具体的计算步骤如下:

①画出轴的空间力系图。将轴上作用力分解为水平面分力和垂直面分力,并求出水平面和垂直面上的支点反力。

②分别作出水平面上的弯矩(M_H)图和垂直面上的弯矩(M_V)图。

③计算出合成弯矩 $M = \sqrt{M_H^2 + M_V^2}$,绘出合成弯矩图。

④作出转矩(T)图。

⑤计算当量弯矩 $M_e = \sqrt{M^2 + (\alpha T)^2}$,绘出当量弯矩图。对正反转频繁的轴,可将转矩 T 看成是对称循环变化。当不能确切知道载荷的性质时,一般轴的转矩可按脉动循环处理,取 $\alpha = 0.6$。

⑥校核危险截面的强度。根据当量弯矩图找出危险截面,进行轴的强度校核,其公式如下:

$$\sigma_e = \frac{M_e}{W} = \frac{M_e}{\pi d^3/32} = \frac{\sqrt{M^2 + (\alpha T)^2}}{0.1 d^3} \leqslant [\sigma_{-1b}]$$

式中:W——轴的抗弯截面系数,mm^3;

M——合成弯矩,N·mm;

T——转矩,N·mm;

M_e——当量弯矩,N·mm;

d——轴的估算直径,mm;

σ_e——当量弯曲应力,MPa。

如果轴的危险截面均满足强度要求,则轴的结构设计合理完成轴的设计,否则需要重新修改轴的结构尺寸,然后再次进行强度校核计算,直至设计出满足要求的轴。最后绘制出轴的零件工作图,完成轴的设计。

例 9-13　如图 9-39 所示,已知作用在带轮 D 上的转矩 $T = 78100N$,斜齿轮 C 的压力角 $\alpha_n = 20°$,螺旋角 $\beta = 9°41'46''$,分度圆直径 $d = 58.333mm$,带轮上的压力 $Q = 1147N$,轴的直径为 40mm,其他尺寸如图 9-39(a)所示,试对该轴危险截面进行强度校核。

解:

(1)计算作用在轴上的力。首先对齿轮受力进行分析,如图 9-39(a)所示,并进行如下计算。

圆周力：

$$F_t = \frac{2T}{d} = \frac{2 \times 78100}{58.333} = 2678(N)$$

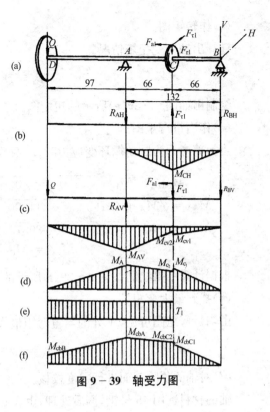

图 9-39 轴受力图

径向力：

$$F_r = \frac{F_t \tan a_n}{\cos\beta} = \frac{2678 \times \tan 20^\circ}{\cos 9^\circ 41' 46''} = 988.8(N)$$

轴向力：

$$F_a = F_t \tan\beta = 2678 \times \tan 9^\circ 41' 46'' = 457.6(N)$$

（2）计算支座反力。以轴为研究对象在两个平面上计算支座反力如下。

水平面：

$$R_{AH} = R_{BH} = \frac{F_t}{2} = \frac{2678}{2} = 1339(N)$$

垂直面：

$$\sum M_B = 0$$

$$R_{AV} \times 132 - F_r \times 66 - F_a \times \frac{d}{2} - Q(97 + 132) = 0$$

$$R_{AV} = 2585(N)$$

$$\sum F = 0$$

$$R_{BV} = R_{AV} - Q - F_r = 2585 - 1147 - 988.8 = 449.2(N)$$

（3）作弯矩图。

水平面弯矩：

$$M_{CH} = -R_{BH} \times 66 = -1339 \times 66 \approx -88370(N \cdot mm)$$

垂直面弯矩：

$$M_{AV} = -Q \times 97 = -1147 \times 97 \approx -111300(N \cdot mm)$$

$$M_{CV1} = -Q(97 + 66) + R_{AV} \times 66 = -1147 \times 163 + 2585 \times 66 \approx -16350(N \cdot mm)$$

$$M_{CV2} = -R_{BV} \times 66 = -449.2 \times 66 \approx -29650(N \cdot mm)$$

合成弯矩：

$$M_A = M_{AV} = 111300 (N \cdot mm)$$

$$M_{C1} = \sqrt{M_{CH}^2 + M_{CV1}^2} = \sqrt{88370^2 + 16350^2} \approx 89870 (N \cdot mm)$$

$$M_{C2} = \sqrt{M_{CH}^2 + M_{CV2}^2} = \sqrt{88370^2 + 29650^2} \approx 93210 (N \cdot mm)$$

根据计算结果绘制水平面弯矩图、垂直面弯矩图以及合成弯矩图如图 9-39(b)、(c)、(d)所示。

（4）作转矩图。

计算出轴所受扭矩情况。

$$T_1 = 78100 (\text{N} \cdot \text{mm})$$

绘制出如图 9-39(e) 所示的扭矩图。

（5）作当量弯矩图。

当扭剪应力为脉动循环变应力时，取系数 $\alpha = 0.6$，则：

$$M_{caD} = \sqrt{M_D^2 + (aT_1)^2} = \sqrt{0^2 + (0.6 \times 78100)^2} \approx 46860 (\text{N} \cdot \text{mm})$$

$$M_{caA} = \sqrt{M_A^2 + (aT_1)^2} = \sqrt{111300^2 + (0.6 \times 78100)^2} \approx 120762.4 (\text{N} \cdot \text{mm})$$

$$M_{caC1} = \sqrt{M_{C1}^2 + (aT_1)^2} = \sqrt{89870^2 + (0.6 \times 78100)^2} \approx 101353.2 (\text{N} \cdot \text{mm})$$

$$M_{caC2} = M_{C2} = 93210 (\text{N} \cdot \text{mm})$$

根据计算结果绘制如图 9-39(f) 所示的当量弯矩图。

（6）找到最大弯矩。

由当量弯矩图可见，A 处的当量弯矩最大，为：

$$M_e = 120762.4 (\text{N} \cdot \text{mm})$$

（7）对轴的危险截面进行强度校核。

轴的材料选用 45 号钢，调质处理，由表 9-2 查得 $\sigma_b = 650\text{MPa}$，由表 9-6 查得许用弯曲应力 $[\sigma_{-1b}] = 60\text{MPa}$，则：

$$\sigma_e = \frac{M_e}{W} = \frac{M_e}{0.1d^3} = \frac{120762.4}{0.1 \times 40^3} = 18.87\text{MPa} < [\sigma_{-1b}]$$

所以，满足强度要求。

6. 轴的设计计算步骤

轴的一般设计步骤如下。

（1）根据轴的工作条件选择材料，确定许用应力。

（2）按扭转强度估算出轴的最小直径。

（3）设计轴的结构，绘制轴的结构草图。具体包括：根据工作要求确定轴上零件的位置和固定方式、确定各段轴直径、确定各轴段长度。

（4）根据设计手册确定轴的结构细节，如圆角、倒角、退刀槽的尺寸等。

（5）按弯扭合成进行轴的强度计算。一般选取轴上 2～3 个危险截面进行校核。若危险截面强度不够，则必须修改轴的结构。

（6）修改轴的结构后再进行校核。反复校核和修改，直到设计出合理的轴的结构。

（7）绘制轴的零件图。

★ 制定方案

小组成员相互协作，了解轴上零件的轴向固定方法及周性固定方法，并结合开口凸轮箱的结构特点，查阅资料，小组讨论后制定出中间轴的阶梯轴结构设计方案。

★ 任务实施

小组成员分工协作,在教师指导下实施轴设计方案,逐一完成以下任务,并填写小组项目任务实施过程记录表(见附录)。

1. 对中间轴进行受力分析并进行强度校核。

2. 绘制中间轴零件工作图。

3. 对中间轴上的直尺圆柱齿轮进行结构设计。

4. 绘制改进后的开口凸轮箱装配图。

★ 习题

1. 三角架由 AB 与 BC 两根材料相同的圆截面杆构成,材料的许用应力 $[\sigma]=100\mathrm{MPa}$,载荷 $P=10\mathrm{kN}$ 。试设计两杆的直径。

2. A3 钢钢板的厚度 $l=12\mathrm{mm}$,宽度 $b=100\mathrm{mm}$,铆钉孔的直径 $d=17\mathrm{mm}$ 。设轴向力 $P=100\mathrm{kN}$,每个孔上承受的力为 $P/4$,安全系数取 $n_s=2$,试校核其强度。

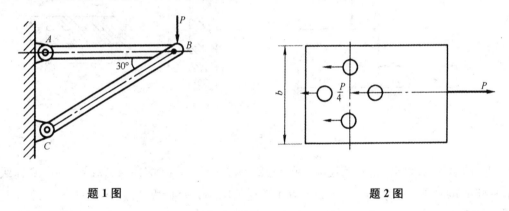

题 1 图　　　　　　　　　　　　　　　题 2 图

3. 压板靠螺栓 CD 夹紧工作,已知螺栓为 M18,内径 $d=15.3\mathrm{mm}$,许用应力 $[\sigma]=50\mathrm{MPa}$ 。若工件在加工过程中需夹紧力 $P=2.5\mathrm{kN}$,试校核螺栓的强度。

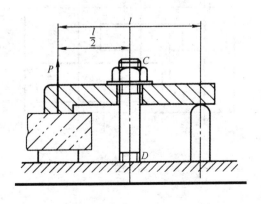

题 3 图

4. 试用弯矩方程作出下列各梁的弯矩图,并确定最大弯矩。

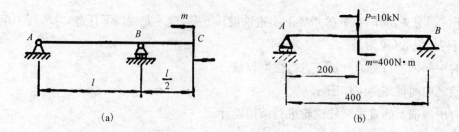

(a)　　　　　　　　　　(b)

题 4 图

5. 简支梁为矩形截面。已知: $b \times h = 50\text{mm} \times 150\text{mm}$, $P = 16\text{kN}$。试求:

(1)梁的最大正应力。

(2)若将梁的截面转 $90°$[图(c)],则最大正应力是原来最大正应力的几倍。

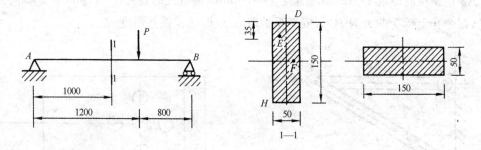

题 5 图

6. 图示为二级圆柱齿轮减速器。已知: $Z_1 = Z_3 = 20, Z_2 = Z_4 = 40, m = 4\text{mm}$,高速级齿宽 $b_{12} = 45\text{mm}$,低速级齿宽 $b_{34} = 60\text{mm}$,轴 I 传递的功率 $P = 4\text{kW}$,转速 $n_1 = 960\text{r/min}$,不计摩擦损失。图中 a、c 取 $5 \sim 20\text{mm}$,轴承端面到减速箱内壁距离取 $5 \sim 10\text{mm}$。试设计轴 II,初步估算轴的直径,并按弯扭合成强度校核此轴。

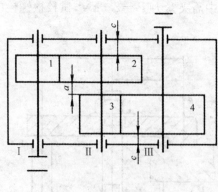

题 6 图

项目 5　机械结构改进与机械创新设计

★ 学习任务

机械结构改进与机械创新设计,具体学习任务可以从以下四个任务中选择一个。

1. 机械结构的改进设计。
2. 机械创新设计。
3. 选择某一机械设备,分析其机械结构并提出改进方案。
4. 构思设计一种新的机械,可以减轻工厂工人的工作强度或提高生产效率。

★ 学习目标

完成本项目的学习之后,学生应具备以下能力。

1. 了解机械结构改进方法。
2. 了解机械创新设计的基础知识。
3. 启迪学生的创新思维,开拓创新视野。
4. 培养学生创新意识及创新能力,培养学生的团结协作能力,能根据工作任务进行合理的分工,互相帮助,互相协作。
5. 培养学生语言表达能力,任务完成之后能进行工作总结,并进行总结发言。

★ 知识学习

5.1　机械创新设计概述

设计是人类社会最基本的一种生产实践活动,强调创新设计是要求在设计中更充分发挥设计者的创造力,利用最新科技成果,在现代设计理论和方法的指导下,设计出更具有竞争力的新颖产品。

5.1.1　概念

机械创新设计是指充分发挥设计者的创造力和智慧,利用人类已有的相关科学理论、方法和原理,进行新的构思,设计出新颖、有创造性及实用性的机构或机械产品(装置)的一种实践活动。

1. 机械创新设计与常规机械设计的关系

虽然机械的类型、用途、性能和结构的特点千差万别,但它们的设计过程却大多遵循着同样的规律。概括地说,常规机械设计过程一般分为四个阶段,即机械总体方案设计、机械的运动设计、机械的动力设计、机械的结构设计。

常规设计一般是在给定机械结构或只对某些结构作微小改动的情况下进行的,其主要内容是进行尺度设计、动力设计和结构设计。机械创新设计是相对常规设计而言的,它特别强调人在设计过程中,特别是在总体方案设计阶段中的主导性及创造性作用。

2. 机械创新设计与机械创造发明的关系

机械的创造发明大多属于机械结构方案的创新设计。创造发明过程及方法的专著已问世,但大多是作宏观概括的论述,缺少具体的可操作性。学生学过之后,在机械创新设计的原理、方法及实现等方面仍缺少实用的知识。机械创新设计要完成的一个核心内容,就是要探索机械产品创新发明的机理、模式及方法,要具体描述机械产品创新设计过程,并将它程式化、定量化,乃至符号化、算法化。

5.1.2 机械创新设计的过程

机械创新设计的目标是由所要求的机械功能出发,改进、完善现有机械或创造发明新机械实现预期的功能,并使其具有良好的工作品质及经济性。

图 10-1 所示为机械创新设计的一般过程,它分四个阶段。

(1)确定机械的基本工作原理。它可能涉及机械学对象的不同层次、不同类型的机构组合,或不同学科的知识、技术问题。

(2)机构结构类型综合及优选。结构类型对机械整体性能和经济性具有重大影响,它多伴随新机构的发明。因此,结构类型综合及其优选,是机械设计中最富有创造性、最有活力的阶段,但又是十分复杂和困难的问题。它涉及设计者的知识(广度与深度)、经验、灵感和想象力等众多方面。

(3)机构运动尺度综合及其运动参数优选。其难点在于求得非线性方程组的完全解(或多解),为优选方案提供较大的空间。随着优化法、代数消元法等数学方法引入机构学,使该问题有了突破性进展。

(4)机构动力学参数综合及其动力参数优选。其难点在于动力参数量大、参数值变化域广的多维非线性动力学方程组的求解,这是一个急待深入研究的课题。

完成上述机械工作原理、结构学、运动学、动力学分析与综合,便形成了机械设计的优选方案。而后,即可进入机械结构创新设计阶段。

5.1.3 机械创新设计的特点

机械创新设计具有以下特点。

(1)独创性。机械创新设计必须具有独创性和新颖性。设计者应追求与前人、众人不同的方案,打破一般思维的常规惯例,提出新功能、新原理、新机构、新材料,在求异和突破中体现创新。

(2)实用性。机械创新设计必须具有实用性,纸上谈兵无法体现真正的创新,发明创造成果只是一种潜在的财富,只有将它们转化为现实生产力或市场商品,才能真正为经济发展和社会进步服务。设计的实用化主要表现为市场的适应性和可生产性两方面。

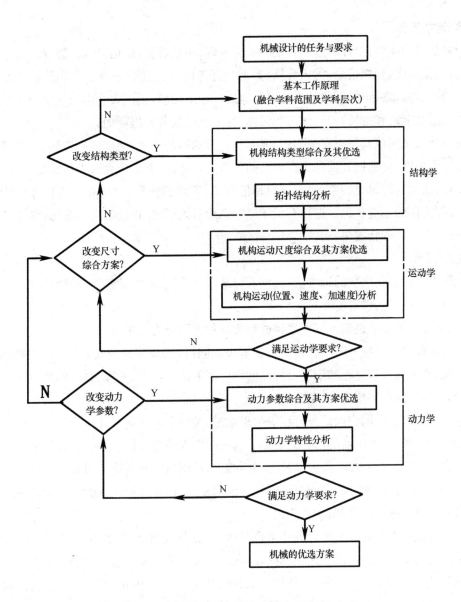

图 10－1 机械创新设计的一般过程

(3)多方案选优。机械创新设计涉及多种学科,如机械、液压、电力、气动、热力、电子、光电、电磁及控制等多种科技的交叉、渗透与融合。应尽可能从多方面、多角度、多层次寻求多种解决问题的途径,在多方案比较中求新、求异、选优。以发散性思维探求多种方案,再通过收敛评价取得最佳方案,这是创新设计方案的特点。

5.1.4 机械创新设计中的创新思维与技法

机械创新设计是人类创造活动的具体领域,需要设计者对创新思维的特点、本质、形成过程有所掌握,认识创新思维与其他类型的思维、创新原理、创新技法的关系。

创新设计不是简单地模仿或技术改造,而应具有突破性、新颖性、创造性、实用性以及带来的社会效益性。

1. 创造力开发

创造力是多种能力、个性和心理特征的综合表现,包括观察、记忆、想象、思维、表达、自我控制等能力,文化素质、理想信念、意志性格、兴趣爱好等因素。其中想象能力和思维能力是创造力的核心,它是将观察、记忆所得信息有控制地进行加工变换,创造表达出新成果的整个创造活动的中心。这些能力和素质,经过学习和锻炼,都是可以改善和提高的。

机械设计人员应该具备丰富的知识和经验、高度的创新精神、健康的心理品质、严谨而科学的管理方法等条件,自觉地开发和提高自己的创造力。此外,要尽力克服思想僵化和片面性,树立辩证观点;摆脱传统思想的束缚,不盲目相信权威;消除胆怯和自卑;克服妄自尊大的排他意识,注意发挥群体的创造意识。这样有了正确的思想基础,加强创新思维的锻炼,掌握必要的创新技法,必然会产出创新成果。

2. 创新思维

创新思维是一种高层次的思维活动,创新思维主要有综合性、跳跃性、新颖性及潜意识的自觉性、顿悟性、流畅灵活性等特点。

(1)创新思维的形成过程。创新思维的形成过程大致分为三个阶段。

①储存准备阶段。这一阶段就是明确要解决的问题,围绕问题收集信息,并试图使之概括化和系统化,使问题和信息在脑细胞及神经网络中留下印记。大脑的信息存储和积累是诱发创新思维的先决条件,存储愈多,诱发愈多。

②悬想加工阶段。围绕问题进行积极的思索时,大脑会不断地对神经网络中的递质、突触、受体进行能量积累,为产生新的信息而运作。这一阶段人脑能总体上根据各种感觉、知觉、表象提供的信息,认识事物的本质,使大脑神经网络的综合、创造力有超前力量和自觉性。在准备之后,一种研究的进行或一个问题的解决,难以一蹴而就,往往需经过探索尝试。故这一阶段也常常叫作探索解决问题的潜伏期、孕育阶段。

③顿悟阶段。人脑有意无意地突然出现某些新的形象、新的思想,使一些长久未能解决的问题在突然之间得以解决。进入这一阶段,问题的解决一下子变得豁然开朗。创造主体突然被特定情景下的某一特定启发唤醒,创新意识猛然被发现,以前的困扰顿时一一化解,问题顺利解决。这一阶段是创新思维的重要阶段,被称为"直觉的跃进"、"思想上的光芒"。

(2)影响创新思维的因素。一个人创新思维能力的形成和发展,现代心理学家做过许多试验。试验结果表明,影响创新思维能力的主要因素有三个。一是先天赋予的能力(遗传的大脑生理结构)。天赋能力只是一种资质、一种倾向,一旦遇到合适的条件,天赋能力才能充分展现,如果缺少必要的现实条件,天赋再高的人也无能为力。二是生活实践的影响(环境对大脑机能的影响),后天的实践活动对于个人思维能力具有积极意义。三是科学安排的思维训练。思维能力可以通过训练而得到提高,而训练方法是否具有科学性和简单易行等特点,对促进掌握创新思维的方法和技巧有很大影响。

(3)创新思维的激发和捕捉。创新思维是艰苦思维的结果,是建立在知识、信息积累之上的高层次思维,创新思维的激发离不开这些基础。此外,还应注意下列问题。

①掌握和使用有利于创新思维发展的思维方法。思维方法是思维和认识问题的途径、具体

的步骤和明确的方向。如分散思维及相应的方法、直觉思维及相应的方法、动态有序思维及相应的方法等,它们都是有利于创新思维发展的思维形式和方法。此外,还应了解和掌握并自觉使用如突破思维定式法、生疑提问法、欲擒故纵松弛法、智慧碰撞法等思维方法。只有熟练掌握和使用良好的思维方法,才能发挥自身巨大的创新思维的潜能。

②创新思维的捕捉。创新思维是大脑皮层紧张的产物,神经网络之间的一种突然闪过的信息场。信息在新的精神回路中流动,创造出一种新的思路。由于这种状态受大脑机理的限制,不可能维持很久时间,所以创新思维是突然而至而悠然飞去。如不立刻用笔记下来,紧紧抓住使之物化,等思维"温度"一低,连接线一断,就再难寻回。

3. 常用创新技法

创新技法是以创新思维为基础,通过时间总结出的一些创造发明的技巧和方法。由于创新设计的思维过程复杂,有时发明者本人也说不清楚是用哪种方法获得成功的,但通过不断的实践和对理论的总结,大致可总结出以下几种方法。

(1)智力激励法(集思广益法)。智力激励法是一种典型的群体集智法。其中包括以下一些方法。

①激励智慧法。这是一种发挥集体智慧的方法,是美国创造学家奥斯本提出的一种方法。它是通过召开智力激励会来实施的。一般步骤为:会议主持人明确会议主题并确定参加会议人选,经过一段时间的准备后召开会议,会议上要想方设法造成一种高度激励的气氛,使与会者能突破种种思维障碍和心理约束,提出自己的新概念、新方法、新思路、新设想,各抒己见,借助与会者之间的知识互补、信息刺激和情绪鼓励,提出大量有价值的设想与方案,经分析讨论,整理评价,评出最优设想,付诸实施。

②书面集智法。在推广使用群体集智法的过程中,人们发现存在一些局限性。如有的创造性强的人喜欢沉思,但会议无此条件;会上表现力和控制力强的人会影响他人提出的设想;会议严禁批评,虽然保证了自由思考,但难以及时对众多的设想进行评价和集中。为此,出现了基本激励原理不变,但操作形式和规则有异的改进型技法。其中最常用的是书面集智法,即以笔代口的默写式智力激励法。一般步骤为:确定会议议题,邀请 6 名与会者参加,组织者给每人发卡片,要求每人在第一个 5min 内在卡片上写出 2 种设想,然后卡片相互交换,在第二个 5min 内,要求每人根据他人设想的启发再在卡片上写出 2 种新的设想。如此循环下去,半小时内可得72 种设想。然后在收集上来的设想卡片中,根据一定的评判准则筛选出有价值的设想。

(2)提问追溯法。提问追溯法在思维方面具有逻辑推理的特点。它是通过对问题进行分析,加以推理以扩展思路,或把复杂问题进行分解,找出各种影响因素,再进行分析推理,从而寻求问题解答的一种创新技法。其中包括以下一些方法。

①5W2H 法。5W2H 法的运用步骤是:针对需要解决的问题,提出 7 个疑问,从中启发创新构思。以设计新产品为例提问如下。

a. Why? 为何设计该产品? 采用何种总体布局?

b. What? 产品有何功能? 是否需要创新?

c. Who? 产品用户是谁? 谁来设计?

d. When? 何时完成该设计？各设计阶段时间如何划分？

e. Where? 产品用于何处？在何处生产？

f. How to do? 如何设计？形状、材料、结构如何？

g. How much? 单件还是批量生产？

5W2H法的特点是：适合用于任何工作，对不同工作的发问具体内容不同。可以突出其中任何一问，试求创新构思。

②设问法。设问法的运用步骤是：针对问题，从不同角度提出疑问进行启发，以期出现创新成果。以设计新产品为例，可从以下角度设置问题。

a. 转化该产品能否稍作改动或不改动而移作他用？

b. 引申能否从该产品中引出其他产品？或用其他产品模仿该产品？

c. 变动能否对产品进行某些改变？如运动、结构、造型、工艺？

d. 放大该产品，放大（加厚、变深、……）后如何？

e. 缩小该产品，缩小（变薄、变软、……）后如何？

f. 能否正反（上下、前后、……）颠倒使用？

g. 替代该产品，能否用其他产品替代？

h. 重组零件能否互换？

i. 现有产品能否组合为一个产品？或者部件组合、功能组合等。

设问法的特点是：可从不同角度提问题。可把问题列成检核表，逐一检查，并可补充扩展。检核表可以变形，成为进一步针对具体问题的检核表。例如对产品设计过程提问：增加功能、提高性能、降低成本、增加销售等。

③反向探求法。对现有的解决方案系统地加以否定，或寻找其他的，甚至相反的一面，找出新的解决方法，或启发新的想法。可以细分为逆向和转向两类方法。

（3）联想类推法。联想类推法是通过启发、类比、联想、综合等创造出新的想法，以解决问题。主要有以下一些方法。

①相似联想法。通过相似联想进行推理，寻求创造性解法。例如通过河蚌育珠的启示，在牛胆中埋入异物，刺激牛产生胆结石而得到珍贵药材牛黄。

②抽象类比法。用抽象反映问题实质的类比方法来扩展思路，寻求新解法。如要发明一种开罐头的新方法，可先抽象出"开"的概念，列出各种"开"的方法，如打开、撕开、拧开、拉开等，然后从中寻找对开罐头有启发的方法。

③借用法。从各个领域借用一切有用的信息，诱发新的设想，即把无关的要素结合起来，找出相似地方的一种借用方法。例如，电模拟，以电轴代替丝杠传动等就是一种借用方法。

④仿生法。通过对生物的某些特性进行分析和类比，启发出新的想法或创造性方案的一种方法。它是现代发展新技术的重要途径之一。例如，飞机构件中的蜂窝结构等，就是仿生法在技术设计中的应用。

（4）组合创新法。组合创新法就是利用事物间的内在联系，用已有的知识和成果进行新的组合而产生新的方案。主要有以下两种方法。

①组合法。把现有的技术或产品通过功能、原理、模块等方法的组合变化，形成新的技术思想或新的产品。例如，把刀、剪、锉、锥等功能集中起来的万用旅行刀等就是组合法的应用。

②综摄法。将已知的东西作为媒介，把毫无关联的、不相同的知识要素结合起来，摄取各种产品的长处，将其综合在一起，制造出新产品的一种新的创新技法。它具有综合摄取的组合特点。例如，日本南极探险队在输油管不够的情况下，因地制宜，用铁管做模子，绑上绷带，层层淋水使之结成一定厚度的冰，做成冰管，作为输油管的代用品，这就是综摄法的应用。

5.2　机械机构的创新设计

机械产品设计是为了满足产品的某种功能要求。机构运动简图设计是机械产品设计的第一步，其设计内容包括选定或开发机构构型并加以巧妙组合，同时进行各个组成机构的尺度综合，使此机构系统完成某种功能要求。机构运动简图设计的好坏是决定机械产品质量、水平高低、性能优劣和经济效益好坏的关键性一步。机构运动简图的设计，主要包括下列内容。

(1)功能原理方案的设计和构思。根据机械所要实现的功能，采用有关的工作原理，并由此出发设计和构思出工艺动作过程，这就是功能原理方案设计。灵巧的功能原理是创造新机械的出发点和归宿。

(2)机械运动方案的设计。根据功能原理方案中提出的工艺动作及各个动作的运动规律要求，选择相应的若干个执行机构，并按一定的顺序把它们组成机构运动示意图。机械运动方案的设计是机构运动简图设计的综合。

(3)机构运动简图的尺度综合。根据机械运动方案中各执行机构工艺动作的运动规律和机械运动循环图的要求，通过分析、计算、确定机构运动简图中各机构的运动学尺寸。在进行尺度综合时，应同时考虑其运动条件和动力条件。

5.2.1　机构运动简图设计的程序

1. 机械总功能的分解

将机械需要完成的工艺动作过程进行分解，即将总功能分解成多个功能元，找出各功能元的运动规律和动作过程。

2. 功能原理方案确定

将总功能分解成多个功能元之后，对功能元进行求解，即将需要的执行动作，用合适的执行机构来实现。将功能元的解进行组合、评价、选优，从而确定其功能原理方案，即机构系统简图。

为了得到能实现功能元的机构，在设计中，需要对执行构件的基本运动和机构的基本功能有一全面了解。

(1)执行机构基本运动。常用机构执行构件的运动形式有回转运动、直线运动和曲线运动三种，回转和直线运动是最简单的机械运动形式。按运动有无往复性和间歇性，基本运动的形式见表 10-1。

表 10-1　执行构件的基本运动形式

序号	运动形式	举　例
1	单向转动	曲柄摇杆机构中的曲柄、转动导杆机构中的转动导杆、齿轮机构中的齿轮
2	往复摆动	曲柄摇杆机构中的摇杆、摆动导杆机构中的摆动导杆、摇块机构中的摇块
3	单向移动	带传动机构或链传动机构中的输送带(链)移动
4	往复移动	曲柄滑块机构中的滑块、牛头刨床机构中的刨头
5	间歇运动	槽轮机构中的槽轮、棘轮机构中的棘轮、凸轮机构、连杆机构也可以构成间歇运动
6	实现轨迹	平面连杆机构中的连杆曲线、行星轮系中行星轮上任意点的轨连等

　　(2)机构的基本运动。机构的功能是指机构实现运动变换和完成某种功用的能力。利用机构的功能,可以组合成完成总功能的新机械。表 10-2 表示常用机构的一些基本功能。

表 10-2　常用机构的基本功能

序号	基本功能		举　例
1	变换运动形式	转动↔转动	双曲柄机构、齿轮机构、带传动机构、链传动机构
		转动↔摆动	曲柄摇杆机构、曲柄滑块机构、摆动导杆机构、摆动从动件凸轮机构
		转动↔移动	曲柄滑块机构、齿轮齿条机构、挠性输送机构、螺旋机构、正弦机构、移动推杆凸轮机构
		转动→单向间歇转动	槽轮机构、不完全齿轮机构、空间凸轮间歇运动机构
		摆动↔摆动	双摇杆机构
		摆动↔移动	正切机构
		移动↔移动	双滑块机构、移动推杆移动凸轮机构
		摆动→单向间歇转动	齿式棘轮机构、摩擦式棘轮机构
2	变换运动速度		齿轮机构(用于增速或减速)、双曲柄机构
3	变换运动方向		齿轮机构、蜗杆机构、锥齿轮机构等
4	进行运动合成(或分解)		差动轮系、各种二自由度机构
5	对运动进行操作或控制		离合器、凸轮机构、连杆机构、杠杆机构
6	实现给定的运动位置或轨迹		平面连杆机构、连杆—齿轮机构、凸轮连杆机构、联动凸轮机构
7	实现某些特殊功能		增力机构、增程机构、微动机构、急回特性机构、夹紧机构、定位机构

3. 机构的分类

　　为了使所选用的机构实现某种动作或有关功能,还可以将各种机构按运动转换的种类和实现的功能进行分类。表 10-3 介绍了按功能进行机构分类的情况。

表 10-3　机构的分类

序号	执行构件实现的运动或功能	机　构　形　式
1	匀速转动机构(包括定传动比机构、变传动比机构)	摩擦轮机构、齿轮机构和轮系、平行四边形机构、转动导杆机构、各种有级或无级变速机构
2	非匀速转动机构	非圆齿轮机构、双曲柄四杆机构、转动导杆机构、组合机构、挠性机构

续表

序号	执行构件实现的运动或功能	机 构 形 式
3	往复运动机构（包括往复移动和往复摆动）	曲柄—摇杆往复运动机构、双摇杆往复运动机构、滑块往复运动机构、凸轮式往复运动机构、齿轮式往复运动机构、组合机构
4	间歇运动机构（包括间歇转动、间歇摆动、间歇移动）	间歇转动机构（棘轮、槽轮、凸轮、不完全齿轮机构）、间歇摆动机构（一般利用连杆曲线上近似圆弧或直线段实现）、间歇移动机构（由连杆机构、凸轮机构、组合机构等来实现单侧停歇、双单侧停歇、步进移动）
5	差动机构	差动螺旋机构、差动棘轮机构、差动齿轮机构、差动连杆机构、差动滑轮机构
6	实现预期轨迹机构	直线机构（连杆机构、行星齿轮机构等）、特殊曲线（椭圆、抛物线、双曲线等）绘制机构、工艺轨迹机构（连杆机构、凸轮机构、凸轮连杆机构等）
7	增力及夹持机构	斜面杠杆机构、铰链杠杆机构、肘杆式机构
8	行程可调机构	棘轮调节机构、偏心调节机构、螺旋调节机构、摇杆调节机构、可调式导杆机构

4. 机构运动简图的尺度综合

按各功能元的运动规律、动作过程、运动性能等要求进行机构运动简图的尺度综合。

应当指出的是，选择执行机构并不仅仅是简单的挑选，而是包含着创新。因为要得到好的运动方案，必须构思出新颖、灵巧的机构系统。这一系统的各执行机构不一定是现有的机构，为此，应根据创造性基本原理和法则，积极进行创造性思维，灵活使用创造技术进行机构构型的创新设计。

5.2.2　机构构型的创新设计方法

1. 机构构型的变异的创新设计方法

为了满足一定的工艺动作要求，或为了使机构具有某些性能与特点，改变已知机构的结构，在原有机构的基础上，演变发展出新的机构，称此种新机构为变异机构。常用的变异方法有以下几类。

（1）机构的倒置。机构内运动构件与机架的转换，称为机构的倒置。按照运动的相对性原理，机构倒置后各构件间的相对运动关系不变，但可以得到不同的机构。

（2）机构的扩展。以原有机构为基础，增加新的构件，构成一个扩大的新机构，称为机构的扩展。机构扩展，原有机构各构件间的相对运动关系不变，但所构成的新机构的某些性能与原机构差别很大。

（3）机构局部结构的改变。改变机构局部结构（包括构件运动结构和机构组成结构），可以获得有特殊运动性能的机构。

（4）机构结构的移植与模仿。将一机构中的某些结构应用于另一种机构中的设计方法，称为结构的移植。利用某一结构特点设计新的机构，称为结构的模仿。

（5）机构运动副类型的变换。改变机构中的某个或多个运动副的形式，可设计创新出不同运动性能的机构。通常的变换方式有两种，即转动副与移动副之间的变换，高副与低副之间的变换。

2. 利用机构运动特点创新机构

利用现有机构工作原理,充分考虑机构运动特点,各构件相对运动关系及特殊的构件形状等,创新设计出新的机构,主要有以下几种途径。

(1)利用连架杆或连杆运动特点设计新机构。

(2)利用两构件相对运动关系设计新机构。

(3)用成型固定构件实现复杂动作过程。

3. 基于组成原理的机构创新设计

根据机构组成原理,将零自由度的杆组依法联接到原动件和机架上或者在原有机构的基础上,搭接不同级别的杆组,均可设计出新机构,主要有以下几种途径。

(1)杆组依次联接到原动件和机架上设计新机构。

(2)将杆组联接到机构上设计新机构。

(3)根据机构组成原理优选出合适的机构构型。

4. 基于组合原理的机构创新设计

把一些基本机构按照某种方式结合起来,创新设计出一种与原机构特点不同的新的复合机构。机构组合的方式很多,常见的有串联组合、并联组合、混接式组合等形式。

(1)机构的串联组合。将两个或两个以上的单一机构按顺序联接,每一个前置机构的输出运动是后续机构的输入运动,这样的组合方式,称之为机构的串联组合。三个机构Ⅰ、Ⅱ、Ⅲ串联组合框图如图10-2所示。

图 10 - 2 机构的串联组合

①构件固接式串联。若将前一个机构的输出构件和后一个机构的输入构件固接,串联组成一个新的复合机构。不同类型机构的串联组合有各种不同效果。

a. 将匀速运动机构作为前置机构与另一个机构串联,可以改变机构输出运动的速度和周期。

b. 将一个非匀速运动机构作为前置机构与机构串联,则可改变机构的速度特性。

c. 由若干个子机构串联组合能得到传力性能较好的机构系统。

②轨迹点串联。假若前一个基本机构的输出为平面运动构件上某一点 M 的轨迹,通过轨迹点 M 与后一个机构串联,这种联接方式称轨迹点串联。

(2)机构的并联组合。以一个多自由度机构作为基础机构,将一个或几个自由度为1的机构(可称为附加机构)的输出构件接入基础机构,这种组合方式称为并联组合。图10-3所示为并联组合几种常见联接方式的框图。最常见的由具有共同输入的并联组合而成的机构,如图10-3(b)和(c)所示;有的并联组合系统也有两个或多个不同输入,如图10-3(a)所示;还有一种并联组合系统的输入运动是通过本组合系统的输出构件回授的,如图10-3(e)所示。

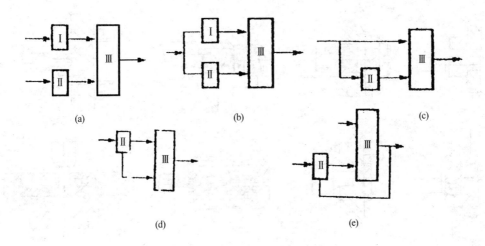

图 10 - 3　并联组合的几种常见方式

（3）机构的混接式组合。综合运用串联—并联组合方式可组成更为复杂的机构，此种组合方式称之为机构的混接式组合。基于组合原理的机构设计可按下述步骤进行。

①工作确定执行构件所要完成的运动。

②将执行构件的运动分解成机构易于实现的基本运动或动作，分别拟定能完成这些基本运动或动作的机构构型方案。

③将上述各机构构型组合成一个新的复合机构。

5.3　机械结构创新设计

5.3.1　结构创新的变性原理

变性原理即改变属性的原理，在机械设计中也称变异。一个对象的属性是多种多样的，如果将该对象的属性作若干改变，则会出现许多新的设计。

在机械结构设计方法中，变元法是运用变性原理和组合原理产生的一种结构创新设计方法。变元一般是指机械结构可改变的基本元素，包括零部件的数量、几何形状、零部件的位置、零件之间的联接、零件的材料、零件的制造工艺等。变元法是对机械结构变元进行变化组合的一种机械结构设计方法。

图 10 - 4 所示是几种小型旋转机构中的圆柱支承。为减小摩擦和磨损，常采用宝石轴瓦。为消除或减小轴向间隙，可采用轴向调整结构或轴向弹性浮动结构。

图 10 - 5 所示是三种顶尖支撑结构形式。图 10 - 5(a)所示为一般顶尖支承，定心精度不高，承载能力较差；图 10 - 5(b)所示顶尖支撑接触面较大，承载能力较强，适当调整后可使支承副的间隙为 0，并可获得较好的定心精度；图 10 - 5(c)所示为滚动摩擦顶尖支撑，其转动灵活。也可调整其间隙为 0，并可获得较好的定心精度。

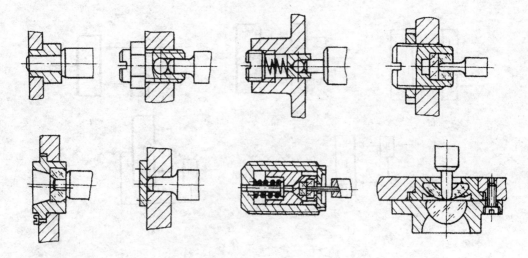

图 10 - 4 小型旋转机构中的圆柱支撑

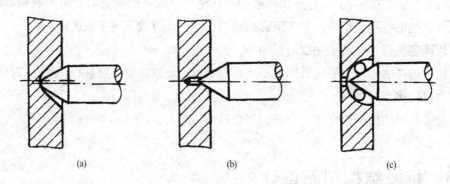

(a)   (b)   (c)

图 10 - 5 三种顶尖支撑结构形式

图 10 - 6 所示结构采用轴向调整或轴向浮动的顶尖支撑结构，从而可以进一步提高定心精度。

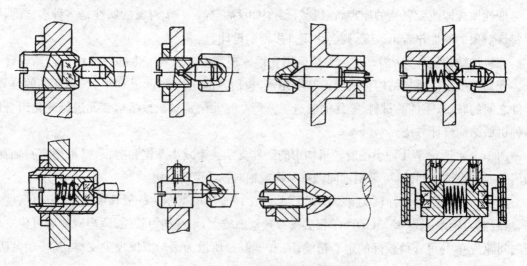

图 10 - 6 轴向顶尖支撑结构

图 10-7 所示为仪器基座的几种支撑结构。螺旋副支撑除了可以支撑重力,还能用以调整仪器的水平位置,并常与球面支撑配合使用。

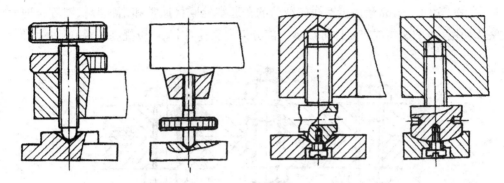

图 10-7　基座的支撑结构

图 10-8 所示为扭簧张力调整结构。图 10-8(a)所示是只有刀口支撑的扭簧张力调整结构;图 10-8(b)所示是刀口结构与圆柱支撑共同作用的扭簧张力调整结构,调整效果更好。

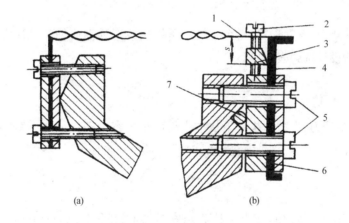

(a)　　　　　　　　(b)

图 10-8　扭簧张力调整结构

1—扭簧　2—微调螺杆　3—刀口支撑块　4—支撑片簧　5—调整螺钉　6—压板　7—支撑圆柱

5.3.2　结构创新的组合原理

组合的过程就是一种创造的过程。

如图 10-9(a)所示,轴在承受弯矩作用的条件下,如果齿轮再经过轴将转矩传递给卷筒,

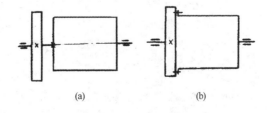

(a)　　　　　　　　(b)

图 10-9　轴的结构设计

则轴为转轴,受力较大。如果将齿轮和卷筒组合在一起,用螺栓直接联接,则轴不受转矩作用,轴为转动心轴,结构较合理,如图 10-9(b)所示。

如图 10-10 所示,靠摩擦传递横向载荷的普通螺栓联接通常和销、套筒、键等抗剪元件组合在一起使用,由于这些抗剪元件可以承担部分横向载荷,因此可以提高螺纹联接的可靠性。

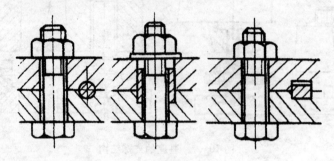

图 10-10 组合联接

★ 制订计划

结合讲座所学知识,查阅资料,每个小组成员提出改造计划或创新设计方案。填写机械机构改进及机械创新设计选题表(见附录)。

★ 做出决策

小组讨论,群策群力,在教师指导下从本小组成员方案中选择最佳方案,并进行修改完善。确定小组最后的方案,并制订详细实施计划。

★ 任务实施

小组成员分工协作,按照制订的计划实施改造计划及机械创新设计;绘制相关图纸,撰写创新设计报告;结合实训室情况进行实际实施,并填写项目实施过程记录表,以及实施过程中小组讨论记录表(见附录)。

★ 评价反馈

小组提交项目实施相关记录,并制作幻灯片进行总结汇报,教师和其他小组对小组项目实施情况进行评价,并填写项目总结汇报评分表(见附录)。

附　录

一、机械制图标准——机构运动简图规定符号

1. 构件的规定符号和低副机构运动简图图例

构件		
名　称	基本符号	可用符号及附注
机架		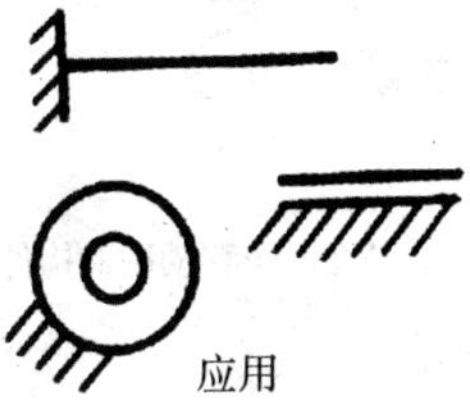 应用
轴、杆		
构件组成部分的永久联接		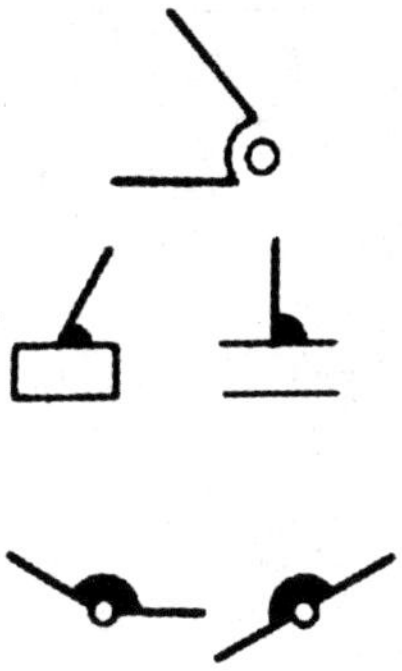
构件组成部分与轴(杆)的固定联接	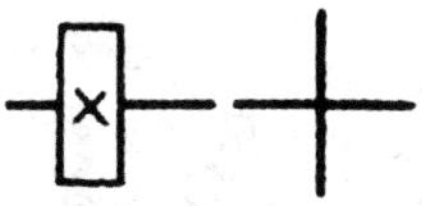	
构件的组成部分为可调联接		
构件是转动副的一部分	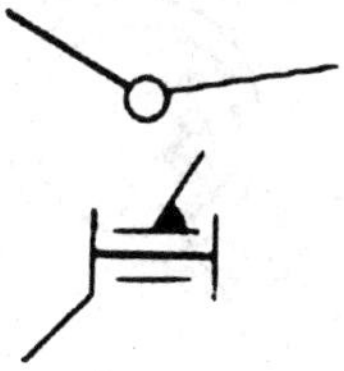	

续表

构件		
名　称	基本符号	可用符号及附注
机架是转动副的一部分		
构件是移动副的一部分	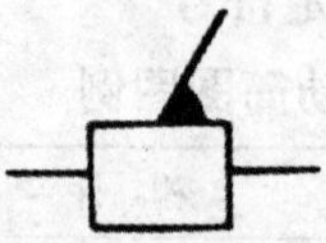	
具有两个移动副的构件	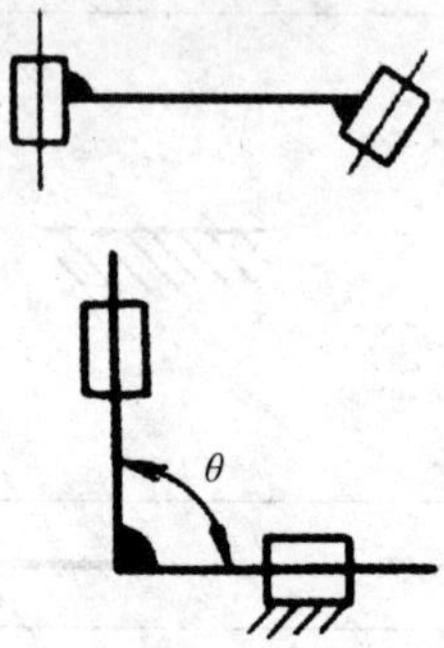 θ	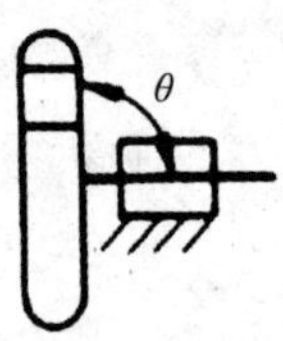 （θ角为任意值）
具有两个转动副的连杆	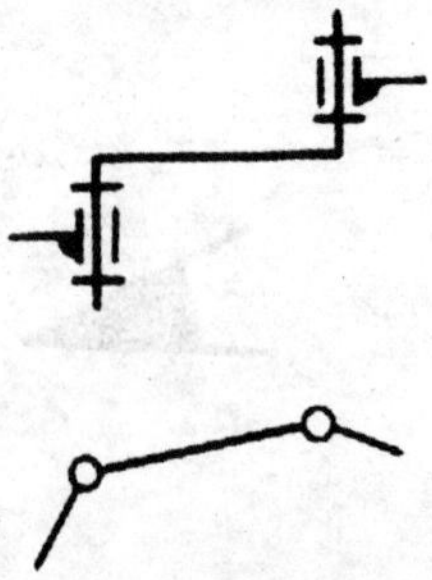 平面机构	 空间机构
具有两个转动副的曲柄（或摇杆）	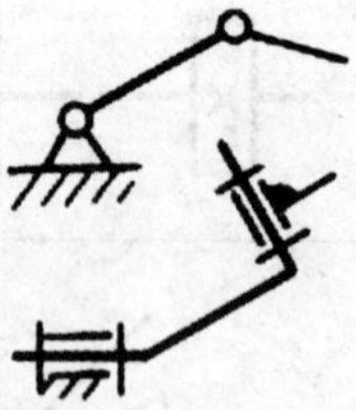	平面机构 空间机构
具有两个转动副的偏心轮	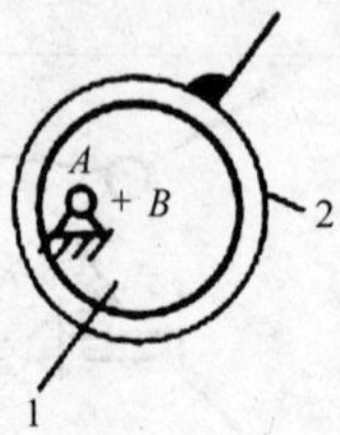	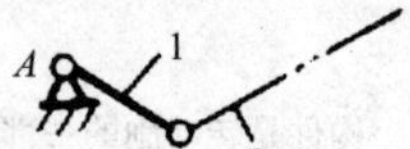

续表

构 件		
名 称	基本符号	可用符号及附注
具有一个移动副和一个转动副的构件	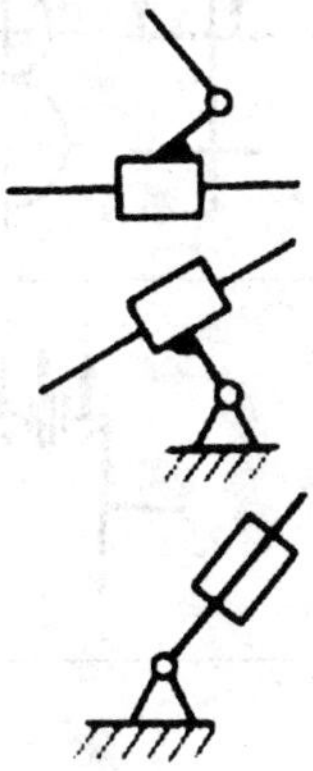	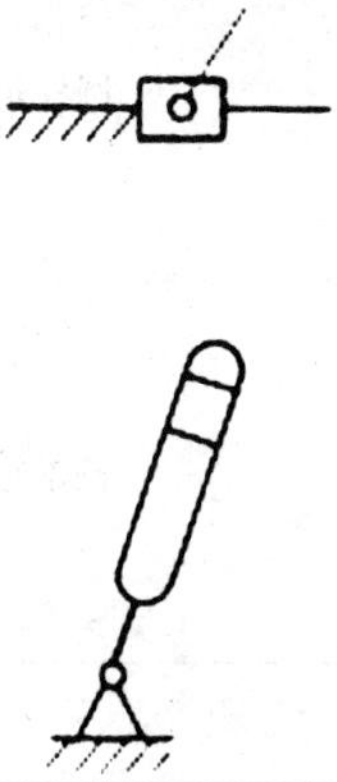
具有三个运动副的构件	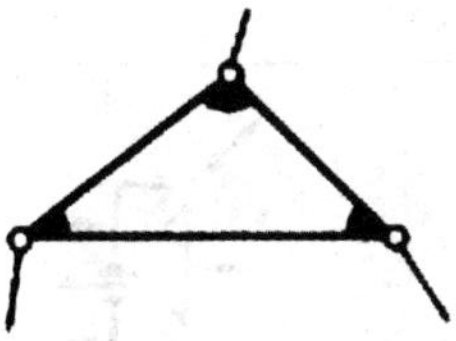	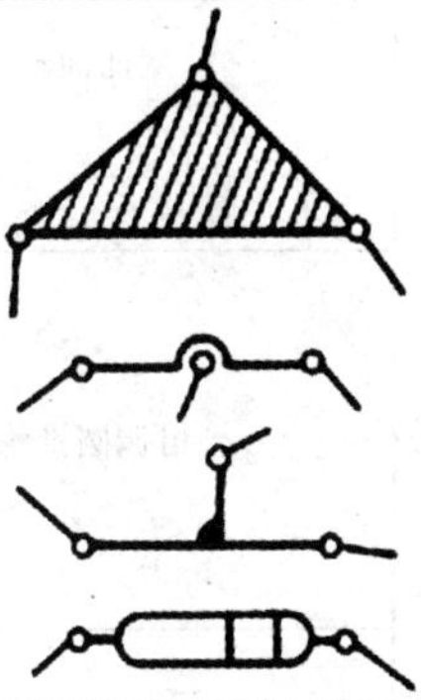

低副机构运动简图图例

平面四杆机构	平面多杆机构	空间机构
对心曲柄滑块机构 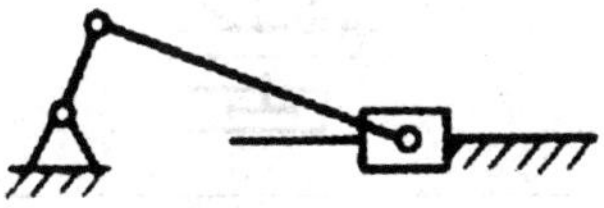	双导杆机构 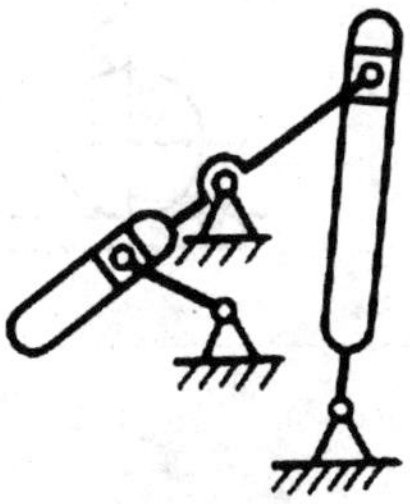	空间五杆机构 
铰链四杆机构 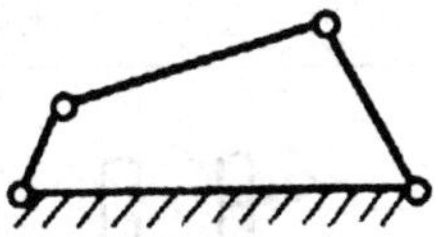	压缩机机构 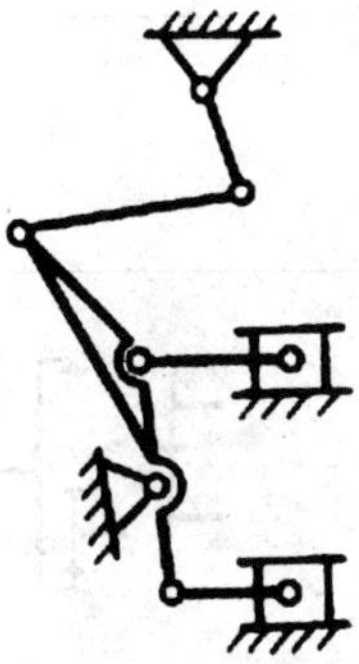	空间四杆机构 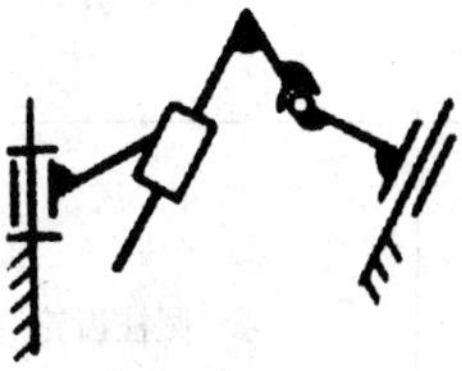

2. 摩擦轮和齿轮机构的规定符号和画法

	名　称	基本符号	可用符号
摩擦轮机构	圆柱轮	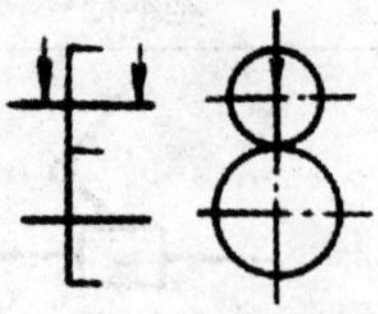	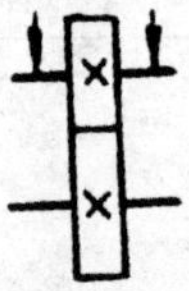
	圆锥轮		
	双曲面轮		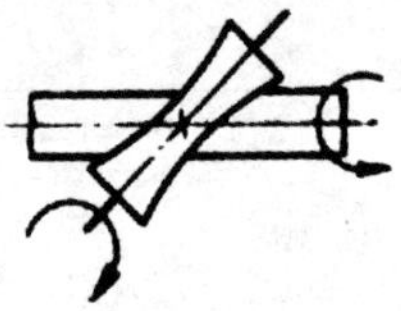
	可调圆锥轮		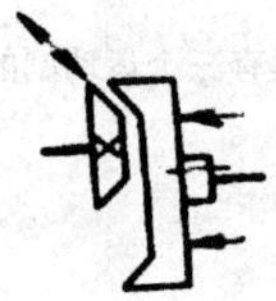
	可调冕状轮		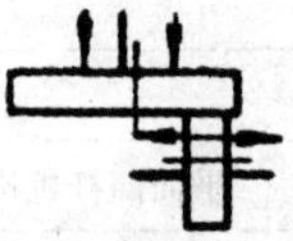
齿条机构	一般情况	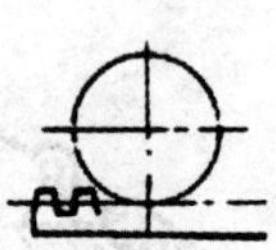	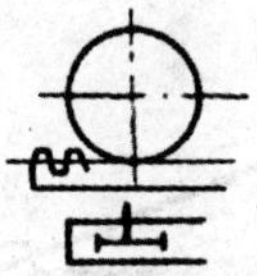
	蜗线齿条与蜗杆		
	齿条与蜗杆		
齿轮机构	圆柱齿轮	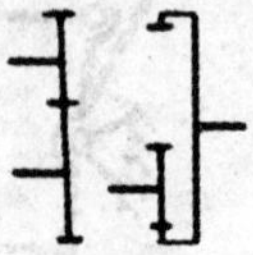	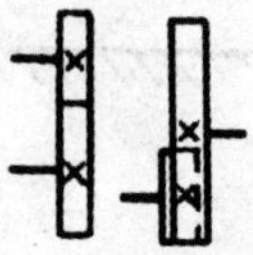

续表

名　称		基本符号	可用符号
齿轮机构	非圆齿轮		
	圆锥齿轮		
	准双曲面齿轮		
	蜗轮与圆柱蜗杆		
	蜗轮与球面蜗杆		
	交错轴斜齿轮副		
	扇形齿轮		

注 当齿轮机构轮齿的齿线需表明时,可在其相应图上分别用"≡"、"ℐ"、"⎨"、"⋀"和"⌒"表示直齿、斜齿(右旋,左旋)、人字齿和弧形齿的齿线方向。

3. 凸轮机构的规定符号和画法

名　称	基本符号
平面凸轮 — 盘形凸轮	
平面凸轮 — 沟槽盘形凸轮	
平面凸轮 — 移动凸轮	
平面凸轮 — 与其他杆相固接和可调凸轮	固接　　可调
空间凸轮 — 圆柱凸轮	
空间凸轮 — 圆锥凸轮	
空间凸轮 — 双曲面凸轮	
从动推杆 凸轮从动件 — 尖顶从动件	在凸轮副中的符号
从动推杆 凸轮从动件 — 曲面从动件	在凸轮副中的符号
从动推杆 凸轮从动件 — 滚子从动件	在凸轮副中的符号
从动推杆 凸轮从动件 — 平底从动件	在凸轮副中的符号

4. 槽轮机构和棘轮机构的规定符号和画法

名　称		基本符号	可用符号
槽轮机构	一般啮合 （不指明类型）	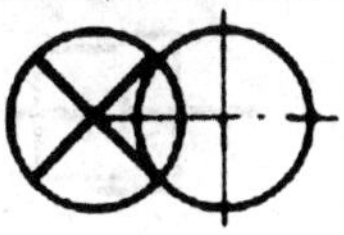	
	外啮合	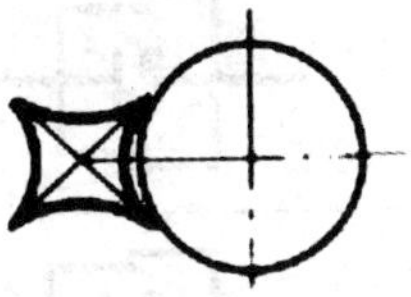	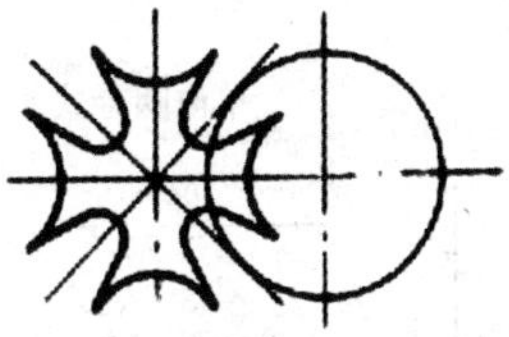
	内啮合		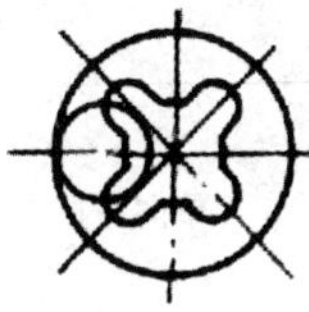
棘轮机构	外啮合		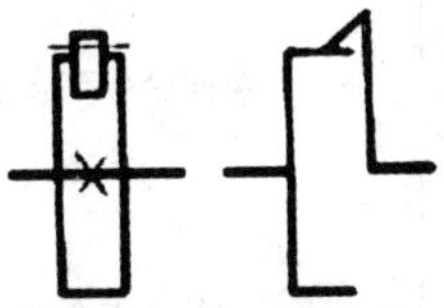
	内啮合		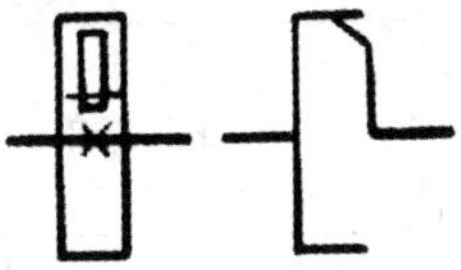
	棘齿条	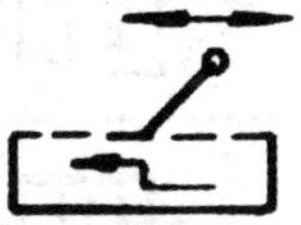	

5. 联轴器和离合器的规定符号和画法

名　称		基本符号	可用符号
联轴器	一般符号	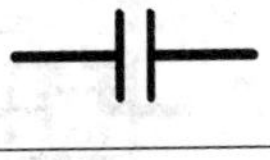	
	固定式联轴器		
	可移式联轴器	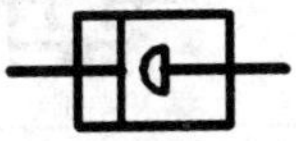	
	弹性联轴器		

名 称	基本符号	可用符号
可控离合器 一般符号 不指明类型		
可控离合器 单向啮合式		
可控离合器 双向啮合式		
可控离合器 单向摩擦离合器		
可控离合器 双向摩擦离合器		
可控离合器 电磁离合器		
可控离合器 液压离合器		
自动离合器 一般符号 不指明类型		
自动离合器 离心离合器		
自动离合器 超越离合器		
自动离合器 安全离合器 有易损件		
自动离合器 安全离合器 无易损件		
制动器 制动器		

6. 轴承的规定符号和画法

名　称		基本符号	可用符号
向心轴承	普通轴承		
	滚动轴承		
推力轴承	单向推力		
	双向推力		
	推力滚动轴承		
	单向向心推力普通轴承		
	双向向心推力普通轴承		
	向心推力滚动轴承		

7. 弹簧及原动机的规定符号和画法

名　称		基本符号	可用符号
弹簧	压缩弹簧	Φ或□	
	拉伸弹簧		
弹簧	扭转弹簧		
	碟型弹簧		
	板状弹簧		
	涡卷弹簧		
原动机	不指明型号		
	电动机		
	装在支架上的电动机		

二、学习过程中的表单

项目实施过程记录表

班　　级		组　　别		组　长	
成　　员					
项目名称					
项目任务 描述					

项目计划	时间段		完成内容		

项目分工	内容细分	承担人	备注		
	任务负责				
	过程记录				

续表

班　级		组　别		组　长	
项目过程 记录					
项目总结 （自评）					

小组成员 贡献指数	姓名	贡献指数	姓名	贡献指数

成员确认签字：_____

注：贡献指数（整数，取值1～10）按照小组成员在项目实施过程中的表现及承担任务多少由小组讨论后确定，并经成员签字确认。

小组讨论记录表

班　　级		组　　别		记录人	
讨论地点		讨论时间			
讨论主题					
参加人员					
讨论 内容 记录					
讨论结果 （自评）					

成员确认签字：_____

机械机构改进及机械创新设计选题表

学生姓名		班　级		学　号	
项目名称				组　别	
本项目（设计）产生背景					
拟完成的目标及要点					
实施本项目具备的条件					
小组意见					

组长：
　年　　月　　日

项目总结汇报评分表

班　级		评分人		日　期	
项目名称					
组　别	过程记录（20%）	总结报告内容（35%）	总结报告格式（15%）	汇报答辩（30%）	合计
第1组					
第2组					
第3组					
第4组					
第5组					
第6组					
第7组					
第8组					
第9组					
第10组					

项目总结评分标准

评价指标	评分标准			
	优秀（86~100）	良好（76~85）	合格（60~75）	不合格（<60）
过程记录情况	过程记录完备，分工明确，内容记录准确详细	过程记录完备，分工明确，内容记录准确	过程记录完备，有分工，有内容记录	过程记录不完备
总结报告内容	总结报告、汇报文档条理清晰，内容完整，详略得当，叙述准确	总结报告、汇报文档条理清晰，内容完整	总结报告、汇报文档条理基本清晰，内容基本完整	总结报告、汇报文档无条理，内容不完整
总结报告格式	总结报告、汇报文档格式规范，层次分明，界面美观、清爽且有特色	总结报告、汇报文档格式基本规范，界面统一美观	总结报告、汇报文档格式基本规范	总结报告、汇报文档格式混乱，界面杂乱
汇报答辩	讲解流畅，表达清晰，小组同学相互配合，准确回答教师及其他同学提出的所有问题	讲解基本流畅，表达清晰，小组同学相互配合，准确回答教师及其他同学提出的大部分问题	讲解基本流畅，表达基本清晰，能够回答教师及其他同学提出的个别问题	口齿表达不清，讲解断断续续，不能回答教师及其他同学提出的问题

参考文献

[1] 周其甦. 纺织机械基础概论[M]. 2版. 北京:中国纺织出版社,2008.

[2] 周海波,周其甦. 机械设计基础[M]. 北京:化学工业出版社,2007.

[3] 黄华梁,彭文生. 机械设计基础[M]. 4版. 北京:高等教育出版社,2007.

[4] 郭佳萍. 机械拆装与测绘[M]. 北京:机械工业出版社,2011.

[5] 强建国. 机械原理创新设计[M]. 武汉:华中科技大学出版社,2008.

[6] 廖汉元,孔建益. 机械原理[M]. 北京:机械工业出版社,2007.

[7] 穆征. 纺织设备机电一体化技术[M]. 北京:中国纺织出版社,2008.

[8] 黄劲枝,程时甘. 机械分析应用基础[M]. 北京:化学工业出版社,2006.

[9] 黄平,朱文坚. 机械设计基础[M]. 北京:科学出版社,2009.

[10] 鲍光明. 机械拆装实训指导[M]. 合肥:安徽科学技术出版社,2007.

[11] 张美麟. 机械创新设计[M]. 北京:化学工业出版社,2010.

[12] 陕西宝成新型纺织机械有限公司. FA320A高速并条机说明书. 西安,2007.

[13] 王文博. 缝纫机使用和维修技术[M]. 北京:化学工业出版社,2008.

[14] GBT4460-1984 机械制图机构运动简图符号[S]. 北京:国家标准局,1984.